全本全注全译丛书

中华经典名著

檀作文◎译注

颜氏家训

中华书局

图书在版编目（CIP）数据

颜氏家训／檀作文译注. —北京：中华书局，2022. 6
（2025. 3 重印）
（中华经典名著全本全注全译丛书）
ISBN 978-7-101-15746-8

Ⅰ. 颜… Ⅱ. 檀… Ⅲ. ①家庭道德–中国–南北朝时代
②《颜氏家训》–译文③《颜氏家训》–注释 Ⅳ. B823. 1

中国版本图书馆 CIP 数据核字（2022）第 082476 号

书　　名	颜氏家训	
译 注 者	檀作文	
丛 书 名	中华经典名著全本全注全译丛书	
责任编辑	王守青	
封面设计	毛　淳	
责任印制	管　斌	
出版发行	中华书局	
	（北京市丰台区太平桥西里 38 号　100073）	
	http://www. zhbc. com. cn	
	E-mail：zhbc@ zhbc. com. cn	
印　　刷	北京盛通印刷股份有限公司	
版　　次	2011 年 10 月第 1 版	
	2022 年 6 月第 2 版	
	2025 年 3 月第 20 次印刷	
规　　格	开本/880×1230 毫米　1/32	
	印张 10⅝　字数 260 千字	
印　　数	151001-161000 册	
国际书号	ISBN 978-7-101-15746-8	
定　　价	27. 00 元	

目　录

前言 ……………………………………………… 1

卷一

序致第一 ………………………………………… 1

教子第二 ………………………………………… 7

兄弟第三 ………………………………………… 19

后娶第四 ………………………………………… 26

治家第五 ………………………………………… 34

卷二

风操第六 ………………………………………… 47

慕贤第七 ………………………………………… 85

卷三

勉学第八 ………………………………………… 94

卷四

文章第九 ………………………………………… 141

名实第十 ………………………………………… 169

涉务第十一 ………………………………… 178

卷五

省事第十二 ………………………………… 184

止足第十三 ………………………………… 197

诚兵第十四 ………………………………… 201

养生第十五 ………………………………… 206

归心第十六 ………………………………… 211

卷六

书证第十七 ………………………………… 232

卷七

音辞第十八 ………………………………… 288

杂艺第十九 ………………………………… 302

终制第二十 ………………………………… 319

前言

　　《颜氏家训》的作者颜之推是南北朝时期的著名学者。

　　颜之推，字介，据相关史料推算，当生于梁武帝中大通三年（531），卒于隋文帝开皇十年（590）之后不久。其家原籍琅邪临沂（今山东临沂），自九世祖颜含随晋元帝东渡，世居建康（今江苏南京）。其父颜勰，曾为梁湘东王萧绎镇西府谘议参军，卒于大同五年（539）。颜之推幼年丧父，不辍于学，十二岁时值萧绎自讲《庄》、《老》，曾预门徒，然性不喜道家之言，故仍精研其家世传之《礼记》、《左传》之学，博览群书，辞采华茂，深为梁湘东王赏识。太清三年（549），颜之推十九岁，被任为湘东王国右常侍，加镇西墨曹参军。大宝元年（550）随中抚军将军梁湘东王世子萧方诸出镇郢州，迁中抚军外兵参军，掌管记。大宝二年（551）四月，侯景击破郢州刺史萧方诸军，颜之推亦被囚送建业。大宝三年（552）三月，侯景败死；十一月，梁湘东王萧绎称帝于江陵，改元承圣，史称梁元帝。颜之推回到江陵之后，被梁元帝任命为散骑侍郎，奏舍人事。承圣三年（554）九月，西魏宇文泰命其柱国万纽、于谨率军来寇，十一月俘梁元帝萧绎，十二月杀之。西魏军攻破江陵，大肆杀掠，江陵文物，玉石俱焚；北齐则以礼遣返梁之旧臣谢挺、徐陵，颜之推遂生奔齐之心，于齐天保七年丙子（556），经砥柱之险，具船将妻子奔齐。次年十月，陈霸先称帝。颜之推遂仕于北齐，于文宣帝天保年间为奉朝请，于武成帝河清末年,被举为赵州功曹参军;后主武平四年(573),北齐置文林馆,颜之推待诏文林馆,实掌馆事,除司徒录事参军,后为直散骑常侍、迁黄门侍郎。武平七年(576),北周陷晋阳,北齐后主高纬轻骑还邺,颜之推因宦者侍中邓长颙进奔陈之策,仍劝募吴士千余人以为左右,取青、徐路共投陈国;丞相高阿那肱沮之,后主不能用其策,然命颜之推为平原太守,令守河津。次年,北周灭北齐,颜之推遂入北周,于北周静帝大象年间被征为御史上士。公元581年,北周禅隋,颜之推入隋,曾于开皇二年(582)上书隋文帝正雅乐,后被太子杨勇召为东宫学士,大约卒于开皇十年(590)之后不久。

颜之推的著作,据历代著录,主要有《家训》七卷、《训俗文字略》一卷、《证俗音字略》六卷、《急就章注》一卷、《笔墨法》一卷、《集灵记》二十卷、《冤魂志》三卷、《七悟》一卷、《稽圣赋》一卷等数种,另有《观我生赋》一篇。

颜之推最有影响的著作,自然是《颜氏家训》。《颜氏家训》一书通行本,多题署"北齐黄门侍郎颜之推撰",但《颜氏家训·书证》篇写到隋朝开皇二年的事情,《终制》篇又说"今虽混一,家道罄穷",当在隋文帝平陈以后,另据王利器先生考证,书中多次提到"《广雅》"而不避隋炀帝杨广的名讳,可以断定《颜氏家训》成书于隋文帝平陈以后,隋炀帝即位之前,是颜之推晚年之作。

《颜氏家训》通行本分七卷,共二十篇:卷一:《序致》、《教子》、《兄弟》、《后娶》、《治家》;卷二:《风操》、《慕贤》;卷三:《勉学》;卷四:《文章》、《名实》、《涉务》;卷五:《省事》、《止足》、《诫兵》、《养生》、《归心》;卷六:《书证》;卷七:《音辞》、《杂艺》、《终制》。

颜之推在《颜氏家训·序志》篇里阐明了自己写这本《家训》的目的,即将自己一生的经验和心得系统地整理出来,传给后世子孙,希望可以整顿门风,并对子孙后人有所帮助。《颜氏家训》是一部系统完整的家庭教育教科书,是作者关于立身、治家、处事、为学的经验总结,在传统中国的家庭教育史上影响巨大,享有"古今家训,以此为祖"(王三聘《古今事物考》)的美誉。清人王钺在《读书丛残》中说:"北齐黄门颜之推《家训》二十篇,篇篇药石,言言龟鉴,凡为人子弟者,当家置一册,奉为明训,不独颜氏。"宋人晁公武《郡斋读书志》也说《颜氏家训》"述立身治家之法,辨正时俗之谬,以训世人"。

颜之推三经世变,身仕四朝,以一介儒生,保持家业不坠,诚然不易,因此他对于立身处世的经验之谈,对于后人有一定的借鉴意义,这是《颜氏家训》受后人追捧的一个重要原因。《颜氏家训》反复劝人要好好读书,自求上进,并强调为学贵在真知,不可自欺欺人。这在今日社会,仍有教育意义。

但《颜氏家训》一书所体现出的颜之推的人生哲学,也有明哲保身、老于世故的缺点。颜之推为人确有乡愿一面,《颜氏家训·勉学》篇将以嵇康为代表的魏晋名士全盘否定,《文章》篇又将以屈原、司马迁为代表的古今文人数落个遍,《省事》篇竟然质疑向君王进谏,这都是颜之推明哲保身庸人哲学的表现。颜之推不敢走极致,与名士、文人的价值取向迥异,这是他不能成为一流文学家的原因所在。

虽然颜之推的人生哲学中有许多庸人思想,但《颜氏家训》一书还是有相当的文化价值。诚如王利器先生指出:

> 此书涉及范围,比较广泛。那时,河北、江南,风俗各别,豪门庶族,好尚不同。颜氏对佛教之流行,玄风之复扇,鲜卑语之传播,俗文字之兴盛,都作了较为翔实的记录。

王利器先生高度肯定了《颜氏家训》一书的历史文献价值,指出该书对研究南北诸史、《汉书》、《经典释文》、《文心雕龙》等专门学问,有重要参考价值。并专门指出《颜氏家训·音辞》一篇,"尤为治音韵学者多当措意"。

范文澜先生《中国通史简编》(修订本)第二编之第六章《黄河流域各族大融化时期——北朝》之第三节《北朝的文化》,也高度评价颜之推

的学术成就和《颜氏家训》的学术价值,说:

　　　　他是当时南北两朝最通博最有思想的学者,经历南北两朝,深
　　知南北政治、俗尚的弊病,洞悉南学北学的短长,当时所有大小知
　　识,他几乎都钻研过,并且提出自己的见解。《颜氏家训》二十篇就
　　是这些见解的记录。《颜氏家训》的佳处在于立论平实。平而不流
　　于凡庸,实而多异于世俗,在南方浮华北方粗疏的气氛中,《颜氏家
　　训》保持平实的作风,自成一家言,所以被看做处世的良轨,广泛地
　　流传在士人群中。

　　颜之推是一位百科全书式的学者,《颜氏家训》涉及范围也极广泛,
可补正史之不足,向我们展示了一幅幅南北朝社会的生活画卷。研读
《颜氏家训》一书,有助于我们对中国历史尤其是南北朝社会生活史的
了解。

　　《颜氏家训》里还有一些很有趣的知识,譬如《归心》篇本是论证佛
理的,里头却有一段讲到对宇宙星球的认识,反映了一千多年前中国古
人的天文学知识水平,是既有趣又难得的资料。

　　本书底本采用王利器先生的《颜氏家训集解》(中华书局版"新编诸
子集成"本)。注释和译文,广泛参考前哲时贤相关著作,而断以己意。
写作过程中,友人尤君若帮我做了大量工作,特致谢忱。

檀作文

2011 年夏于京西雏诵堂

卷一

序致第一

【题解】

这一篇相当于本书的自序,作者先阐明了自己写这本《家训》的目的,即将自己一生的经验和心得系统地整理出来,传给后世子孙,希望可以整顿门风,并对子孙后人有所帮助。接下来又用自己的亲身经历作为例证来强调早期家庭教育的重要性,交代了自己写这本书的原因。

夫圣贤之书,教人诚孝①,慎言检迹②,立身扬名③,亦已备矣④。魏、晋已来⑤,所著诸子⑥,理重事复,递相模效⑦,犹屋下架屋,床上施床耳⑧。吾今所以复为此者,非敢轨物范世也⑨,业以整齐门内⑩,提撕子孙⑪。夫同言而信,信其所亲;同命而行,行其所服。禁童子之暴谑⑫,则师友之诫不如傅婢之指挥⑬;止凡人之斗阋⑭,则尧、舜之道不如寡妻之诲谕⑮。吾望此书为汝曹之所信,犹贤于傅婢寡妻耳。

【注释】

①诚孝:即忠孝,隋朝人为了避隋文帝父杨忠之讳而将"忠"改为"诚"。《隋书》所引当时名臣言论文章,"忠臣"例作"诚臣",如:

《皇甫绩传》引皇甫绩与顾子元书:"何劳踵轻敝之俗,作虚伪之辞,欲阻诚臣之心,徒惑骁雄之志。"《杨素传》引隋炀帝手诏:"古人有言曰:'疾风知劲草,世乱有诚臣。'"《许善心传》引隋文帝之言:"我平陈国,唯获此人。既能怀其旧君,即是我诚臣也。"

②检迹:检点行为。是六朝时习用语,意思是行为自持,不放纵。

③立身扬名:立身,指处世、为人;扬名,使名声得以传播、宣扬。《孝经·开宗明义章》:"立身行道,扬名于后世,以显父母,孝之终也。"

④备:完备。

⑤已来:以来。已,通"以"。后不另注。

⑥诸子:一般指先秦诸子,这里指魏晋以来的学者阐述儒家学说的著述,如《隋书·经籍志》记载魏晋以来的徐干《徐氏中论》、王肃《王子正论》、杜恕《杜氏体论》、顾谭《顾子新语》、谯周《谯子法训》、袁准《袁子正论》、夏侯湛《新论》等书。

⑦递相:互相。模效:模仿,效法。

⑧屋下架屋、床上施床:皆六朝人习用语,比喻毫无创新、不必要的重复。《世说新语·文学》:"庾仲初作《扬都赋》成,以呈庾亮。亮以亲族之怀,大为其名价云:'可三《二京》、四《三都》。'于此人人竞写,都下纸为之贵。谢太傅云:'不得尔,此是屋下架屋耳,事事拟学,而不免俭狭。'"

⑨轨物:作为事物的规范。范世:作为世俗的模范。

⑩业以整齐门内:即以整齐门内为业。业,功业,功用。门内,指家庭内部。

⑪提撕:扯拉,提引。引申为提醒、教导。《诗经·大雅·抑》:"匪面命之,言提其耳。"《笺》云:"我非但对面语之,亲提撕其耳。"

⑫暴谑(xuè):过分的笑闹。

⑬傅婢:保姆,侍婢。

⑭凡人：一本作"兄弟"。斗阋(xì)：指家庭内兄弟之间的争执。阋，
　争斗。《诗经·小雅·常棣》："兄弟阋于墙，外御其务。"

⑮寡妻：嫡妻，正妻。《诗经·大雅·思齐》："刑于寡妻，至于兄弟，
　以御于家邦。"

【译文】

　　古代圣贤的著述，教诲人们要忠诚孝顺，说话谨慎，行为庄重，要建立高尚的人格并且宣扬美好的名声，这些道理，他们已经说得很完备了。魏、晋以来，阐述古代圣贤思想的著作，道理重复，内容雷同，前后模仿，就好比屋里再建屋子，床上再放床一样，都是无谓的重复。现在我又来写这种书，并不敢以它做世人行为的规范，只是为了整顿自家门风，警醒后辈罢了。同样一句话，有的人会信服，是因为说话者是他们所亲近的人；同样一个命令，有的人会执行，是因为下命令者是他们所敬服的人。要禁止孩子的过分淘气，师友的劝诫比不上保姆的命令；要制止兄弟间的争斗，尧、舜的教导还不如他们自家妻子的诱导规劝。我希望这本书能被你们信服，希望它能胜过保姆对孩童、妻子对丈夫所起的作用。

　　吾家风教①，素为整密②。昔在龆龀③，便蒙诱诲④；每从两兄⑤，晓夕温清⑥，规行矩步⑦，安辞定色⑧，锵锵翼翼⑨，若朝严君焉⑩。赐以优言⑪，问所好尚⑫，励短引长⑬，莫不恳笃⑭。年始九岁，便丁荼蓼⑮，家涂离散⑯，百口索然⑰。慈兄鞠养⑱，苦辛备至；有仁无威，导示不切⑲。虽读《礼》、《传》⑳，微爱属文㉑，颇为凡人之所陶染㉒，肆欲轻言㉓，不修边幅㉔。年十八九，少知砥砺㉕，习若自然㉖，卒难洗荡㉗。二十已后，大过稀焉㉘；每常心共口敌，性与情竞，夜觉晓非，今悔昨失，自怜无教㉙，以至于斯。追思平昔之指㉚，铭肌镂

骨^㉛,非徒古书之诚,经目过耳也。故留此二十篇,以为汝曹后车耳^㉜。

【注释】

①风教:门风家教。风、教,同义。《诗大序》:"风,风也,教也。风以动之,教以化之。"

②素:一向,向来。整密:严谨。

③龆龀(tiáo chèn):儿童垂髫换齿时,指童年。龆,通"髫",指儿童下垂的头发。龀,儿童换齿。

④诱诲:诱导教诲。

⑤两兄:据前人考证,为颜之仪、颜之善。《南史·颜协传》:"子之仪、之推。"颜真卿《颜氏家庙碑》提及颜之善。

⑥温凊(qìng):即冬温夏凊。这是古代子女奉养父母之举。《礼记·曲礼上》:"凡为人子之礼,冬温而夏凊。"凊,扇席使凉。

⑦规行矩步:指行为举止循规蹈矩,比喻品行方正。

⑧安辞定色:指言语得当,神色安详。《礼记·曲礼上》:"安定辞。"《注》云:"审言语也。"《礼记·冠义》:"礼义之始,在于正容体、齐颜色、顺辞令。容体正,颜色齐,辞令顺,而后礼义备。"

⑨锵锵:形容行走时大方得体的样子。翼翼:形容行为举止恭敬谨慎的样子。

⑩朝:面见。严君:指父母。《周易·家人》卦之象辞曰:"家人有严君焉,父母之谓也。"

⑪优言:褒奖、赞美之言。

⑫好(hào)尚:喜好和崇尚。

⑬励短:磨砺以改正短处。励,通"砺"。引长:引导使发扬长处。

⑭恳笃:恳切。

⑮丁:遭遇,古时称遭逢父母死丧为丁忧。荼蓼(tú liǎo):荼的味道

很苦,蓼的味道辛辣,因此用来比喻艰难困苦,这里喻指丧父。

⑯家涂:家道。

⑰百口:全家。索然:离散零落的样子。

⑱鞠养:抚养,养育。鞠,生养,抚育。

⑲导示:教导训示。不切:不够严厉。

⑳《礼》、《传》:《颜氏家训·勉学第八》云:"士大夫子弟,数岁已上,莫不被教,多者或至《礼》、《传》,少者不失《诗》、《论》。"《礼》、《传》与《诗》、《论》对文,《诗》、《论》既指《诗经》、《论语》,则《礼》、《传》指《礼记》及《春秋》经传。王利器《颜氏家训集解》此注以礼传连读:"《礼传》,所以别《礼经》而言,《礼经》早已失传,今之《礼记》与《大戴礼记》,即《礼传》也。"似不确。《颜氏家训》"礼经"一词出现频率极高,至其据《礼经》所引,则多为《礼记》之文。则"传"固为解经之说,西汉戴德、戴圣兄弟传先儒说礼之文,分别为《大戴礼记》、《(小戴)礼记》,从体例上说,实"传"而非"经";然《颜氏家训》行文用例,"礼经"为一词,"礼、传"为二词;"礼经"即为"礼、传"之礼。

㉑微:稍。属(zhǔ)文:写文章。

㉒凡人:世俗之人。陶染:熏陶渐染。

㉓肆欲轻言:指随心所欲、信口开河,不注意言行。

㉔不修边幅:形容不讲究服饰、仪表;亦用以形容行为随便、不拘小节。

㉕少:同"稍"。砥砺:磨练意志。

㉖习若自然:《大戴礼记·保傅》:"孔子曰:'少成若性,习贯之为常。'"

㉗洗荡:指彻底改变不良习惯。

㉘大过:大的过错。稀:少。

㉙无教:缺少教育。

㉚指：通"旨"，意旨，意向。

㉛铭肌镂骨：铭心刻骨，比喻感受极其深刻。

㉜汝曹：你们。后车：后继之车。引申为借鉴。《汉书·贾谊传》引
　　鄙谚："前车覆，后车戒。"

【译文】

　　我家的门风家教，一向严整缜密。在很小的时候，我就接受了这方面的启蒙和教诲；跟着我两位兄长，早晚侍奉双亲，冬日暖被，夏天扇凉，做事循规蹈矩，神色安详，言语平和，走路小心恭敬，就同在给父母大人请安时一样。长辈经常勉励我，关心我的喜好，鼓励我克服自己的短处，发扬自己的长处，态度都十分恳切深厚。我刚满九岁时，父亲便去世了，家道中衰，人口凋敝。慈爱的兄长抚养我长大，历尽了千辛万苦；但他只有慈爱而没有威严，对我的督导不够严厉。我虽然读了《礼》、《传》，喜欢写点文章，但因为与世俗之人交往，受到他们的熏染，所以轻狂放纵，信口开河，而且不修边幅，不注重容貌的整洁庄重。到了十八九岁时，才渐渐懂得要磨砺自己的操行，但习惯已成自然，最终还是难以彻底改掉不良习惯。二十岁以后，大的过失很少犯了；常常是在信口开河时，心里就警觉起来而加以控制，理智与感情往往处于矛盾状态，夜晚能够觉察到白天的错误，今日追悔昨日的过失，我自伤因为小时候没有得到好的教育，以致到这种地步。追想平素所立的志向，这种感受真是铭心刻骨，绝不仅仅是把古书上的告诫读读看看就能体会到的。所以我留下这二十篇《家训》，以此作为你们的后车之鉴。

教子第二

【题解】

  在这一篇当中，作者主要阐述了有关子女教育的问题。他重视儿童的早期教育，认为"当及婴稚，识人颜色，知人喜怒，便加教诲"；强调在对子女的教育过程中要处理好严教和慈爱的关系，并举例说明父母对孩子过分溺爱的害处；认为对孩子要一视同仁，不可有所偏爱；重视子女的品德教育，告诫子孙不能为了求官而谄事权贵。

  上智不教而成①，下愚虽教无益②，中庸之人③，不教不知也。古者，圣王有胎教之法：怀子三月，出居别宫④，目不邪视⑤，耳不妄听，音声滋味⑥，以礼节之⑦。书之玉版⑧，藏诸金匮⑨。生子咳提⑩，师保固明孝仁礼义⑪，导习之矣⑫。凡庶纵不能尔⑬，当及婴稚⑭，识人颜色，知人喜怒，便加教诲，使为则为，使止则止。比及数岁⑮，可省笞罚⑯。父母威严而有慈，则子女畏慎而生孝矣。吾见世间，无教而有爱，每不能然⑰；饮食运为⑱，恣其所欲，宜诫翻奖⑲，应诃反笑⑳，至有识知㉑，谓法当尔㉒。骄慢已习，方复制之㉓，捶挞至死而无威，忿怒日隆而增怨㉔，逮于成长㉕，终为败德㉖。孔子云"少成若天性，习惯如自然"是也㉒。俗谚曰："教妇初来，教儿婴孩。"诚哉斯语㉓！

【注释】

①上智：绝顶聪明。

②下愚：愚笨至极。《论语·阳货》篇："子曰：'唯上知与下愚不移。'"

③中庸之人：智力平常的人。秦、汉以来，多以中庸指中材之人。《贾谊·过秦论》云陈涉"材能不及中庸，非有仲尼、墨翟之贤"。此一用法与《礼记·中庸》篇之儒学范畴"中庸"有别。

④别宫：正式寝宫以外的宫室。

⑤不邪视：不看不该看的东西。

⑥音声：指听的音乐。滋味：指日常饮食。

⑦节：节制，约束。

⑧玉版：古代用以刻字的玉片。亦泛指珍贵的典籍。

⑨金匮（kuì）：铜制的柜，古时用以收藏文献或文物。引文语出汉代贾谊《新书·胎教》："胎教之道，书之玉版，藏之金匮，置之宗庙，以为后世戒。"

⑩生子：王利器云："各本都做'子生'，《司马温公家范》三、《事文类聚》后集六引亦作'子生'。此从抱经堂本。"咳提：指小儿啼哭、笑闹，代指幼小之时。提，通"啼"。王利器云："一本作'孩提'。案：《家范》、《事文》引正作'孩提'。"

⑪师保：古代担任教导皇室贵族子弟的官员，有师有保，统称师保。固：一再。明：使明白。《大戴礼记·保傅》："故孩提，三公三少固明孝仁礼义以导习之也。"

⑫导：教导，指导。习：学习，练习。

⑬凡庶：平民百姓。

⑭婴稚:指幼小时期。

⑮比及:及至,等到。

⑯笞(chī):用鞭、杖或竹板打人。

⑰不能然:不能这样。

⑱运为:行为。

⑲翻:通"反"。

⑳诃:大声斥责,责骂。

㉑有识知:有辨别认知能力,即懂事。

㉒谓法当尔:认为事理应当如此。当尔,应当如此。

㉓制:制止,管制。

㉔隆:升高,增多。

㉕逮:及至,等到。成长:长成,长大成人。

㉖败德:品德败坏。

㉗少成若天性,习惯如自然:《大戴礼记·保傅》:"孔子曰:'少成若性,习贯之为常。'"

㉘诚哉:确实如此。

【译文】

　　智力超群的人,不用教导也能成材;智力低下的人,虽受教导也于事无补;智力中等的人,不教导就不会懂得事理。古时候,圣贤的君王就有胎教的方法:妃嫔怀孕三个月时,就要住在专门的房间,眼不看不该看的东西,耳不听胡言乱语,她所听的音乐,日常的饮食,都要受到礼仪的节制。这种胎教的方法记录在玉片上,收藏在金柜里。孩子出生后,尚未懂事时,就确定了太师、太保,开始对他进行孝、仁、礼、义等方面的教育,并引导他练习。平民百姓纵然不能做到这样,也该在孩子已成幼儿,能看懂大人的脸色、知道大人的喜怒时,对他进行教育,做到大人允许他做才做,不允许他做就立刻停止。这样等孩子长到几岁大时,就不必对他使用笞杖的惩罚了。父母威严而又慈爱,子女就会敬畏谨慎,从而产生孝心。我见世上有些父母,对子女不加教育,只是一味溺爱,往往不能这样;他们对子女的饮食言行,总是任其为所欲为,该告诫阻止的反而夸奖鼓励,该斥责的反而和颜悦色,孩子长大懂事以后,就会认为理应如此。孩子骄横傲慢的习性已经养成,才想到要去管束制约,就算把他们鞭抽棍打至死,也难以再树立父母的威信,父母的愤怒导致子女的怨恨之情日益加深,等到孩子长大成人,终究会成为道德败坏之人。孔子所谓"少成若天性,习惯如自然",讲的正是这个道理。俗谚说:"教导媳妇要趁新到,教育儿子要及早。"这话说得很有道理!

　　凡人不能教子女者,亦非欲陷其罪恶^①;但重于诃怒伤其颜色^②,不忍楚挞惨其肌肤耳^③。当以疾病为谕,安得不用汤药针艾救之哉^④?又宜思勤督训者,可愿苛虐于骨肉乎^⑤?诚不得已也。

【注释】

①陷:使……陷入。

②重:难。颜色:脸色。

③楚挞(tà):杖打。楚,打人用的荆条。挞,打。

④艾:草本植物,叶制成艾绒,可供针灸用。

⑤苛虐:苛刻地对待,虐待。

【译文】

　　一般人不教育子女,并不是想让子女作恶犯罪;只是不愿看到子女因受责骂而脸色沮丧,不忍用荆条抽打子女,使其皮肉受苦。这应该用治病来打比方,一个人生了病,哪有不用汤药、针灸就能治好病的呢?也应该想一想那些勤于督促训导子女的父母,他们难道愿意虐待自己的亲骨肉吗?确实是不得已啊。

王大司马母魏夫人^①,性甚严正^②。王在湓城时^③,为三千人将,年逾四十,少不如意^④,犹捶挞之,故能成其勋业。梁元帝时^⑤,有一学士,聪敏有才,为父所宠,失于教义。一言之是,遍于行路^⑥,终年誉之;一行之非,掩藏文饰^⑦,冀其自改。年登婚宦^⑧,暴慢日滋,竟以言语不择,为周逖抽肠衅鼓云^⑨。

【注释】

①王大司马:指梁朝名臣王僧辩。王僧辩,字君才,起家为湘东王国左常侍,迁贞威将军、武宁太守、振远将军、广平太守等职。梁元帝时,以平侯景之乱、收复建康之功,进授镇卫将军、司徒,改封永宁郡公,食邑五千户。梁元帝殁后,王僧辩为齐主高洋所胁,欲纳贞阳侯渊明为梁嗣。贞阳侯践伪位,授王僧辩大司马,领太子太傅、扬州牧,余悉如故。陈霸先自京口率兵十万,袭建康,收斩王僧辩。《梁书》有传。

②严正:品性严谨、方正。

③湓(pén)城:也称盆口,湓浦,是湓水汇入长江之处。即今江西九江。

④少:同"稍"。

⑤梁元帝:即萧绎(508—554),字世诚,小字七符,自号金楼子。是梁武帝萧衍第七子,梁简文帝萧纲之弟。梁武帝天监十三年(514),封湘东郡王,邑二千户。初为宁远将军、会稽太守,入为侍中、宣威将军、丹阳尹。普通七年(526),出为使持节、都督荆、湘、郢、益、宁、南梁六州诸军事、西中郎将、荆州刺史。后进号平西将军、安西将军、镇西将军,先后领江州刺史、荆州刺史。其部将王僧辩等平侯景之乱。承圣元年(552)冬十一月丙子,萧绎即

皇帝位于江陵。承圣三年（554）九月，西魏宇文泰命其柱国万纽、于谨率军来寇，十一月俘萧绎，十二月杀之。次年四月，被追尊为孝元皇帝，庙号世祖。萧绎盲一目，少聪颖，好读书，善五言诗，性矫饰，多猜忌。藏书十四万卷，于江陵城破时烧毁。生平著述甚富，凡二十种，四百余卷，今仅存《金楼子》。

⑥行路：路上的行人。汉、魏、南北朝人习用语，犹言陌生人。

⑦掩：遮蔽，掩盖。

⑧婚宦：结婚和为官，这里指成年。

⑨周逖：《梁书》无周逖，《陈书》有《周迪传》，云"周迪，临川南城人也。少居山谷，有膂力，能挽强弩，以弋猎为事。侯景之乱，迪宗人周续起兵于临川，梁始兴王萧毅以郡让续，迪召募乡人从之，每战必勇冠众军……梁元帝授迪持节、通直散骑常侍、壮武将军、高州刺史，封临汝县侯，邑五百户"。卢文弨疑周逖即周迪，云"其人强暴无信义，宜有斯事"。衅：以牲血涂抹器物进行祭祀。

【译文】

大司马王僧辩的母亲魏夫人，品性非常严谨方正。王僧辩在湓城时，已经是一位统率三千士卒的将领，年纪也超过四十了，但稍有让母亲不如意的言行，老夫人仍用棍棒教训他，因此王僧辩才能成就功业。梁元帝的时候，有一位学士，聪明有才气，从小被父亲宠爱，管教失当。他若一句话说得漂亮，父亲就到处宣扬，巴不得过往行人都晓得，一年到头地挂在嘴上；他若一件事做错了，父亲为他百般遮掩粉饰，希望他能够自己改正。这位学士成年以后，粗暴傲慢的习气日益滋长，终究因为说话不检点，被周逖抽出肠子，用他的血来祭战鼓。

父子之严，不可以狎①；骨肉之爱，不可以简。简则慈孝不接，狎则怠慢生焉。由命士以上②，父子异宫③，此不狎之道也;抑搔痒痛,悬衾箧枕④,此不简之教也。或问曰⑤:"陈亢喜闻君子之远其子⑥,何谓也?"对曰:"有是也。盖君子之不亲教其子也。《诗》有讽刺之辞,《礼》有嫌疑之诫,《书》有悖乱之事,《春秋》有邪僻之讥,《易》有备物之象:皆非父子之可通言,故不亲授耳。"

【注释】

①狎(xiá):亲近而不庄重。

②命士:指受朝廷爵命的士。

③宫:房屋,住宅。

④悬衾箧(qiè)枕:把被子捆好悬挂起来,把枕头放进箱子里。

⑤或:有人。

⑥陈亢:孔子弟子。《论语·季氏》篇:"陈亢问于伯鱼曰:'子亦有异闻乎?'对曰:'未也。尝独立,鲤趋而过庭,曰:"学《诗》乎?"对曰:"未也。""不学《诗》,无以言。"鲤退而学《诗》。他日又独立,鲤趋而过庭,曰:"学《礼》乎?"对曰:"未也。""不学《礼》,无以立。"鲤退而学《礼》。闻斯二者。'陈亢退而喜曰:'问一得三,闻《诗》,闻《礼》,又闻君子之远其子也。'"

【译文】

　　父子之间的关系要严肃,不可以过分亲昵;骨肉之间的亲情之爱,不可以简慢不拘礼节。不拘礼节就不能做到父慈子孝,过分亲昵就会产生放肆不敬之心。从有地位的读书人往上数,父子都不同室居住,这就是使父子之间不过分亲昵的方法;至于长辈身体不适时,晚辈为他们按摩抓搔;长辈每天起床后,晚辈为他们整理卧具,这些都是讲究礼节的教育。有人要问:"孔子的弟子陈亢听到孔子疏远自己的儿子,感到高兴,这是什么缘故呢?"回答是:"这是有道理的。因为君子不亲自教授他的孩子。《诗经》里有讽刺君主的言辞,《礼记》中有自避嫌疑的告诫,《尚书》里有违礼作乱的事,《春秋》中有对淫乱行为的指责,《易经》里有备物致用的卦象:这些都不是父亲可以直接向子女讲解的,所以君子不亲自教自己的孩子。"

齐武成帝子琅邪王①,太子母弟也②,生而聪慧,帝及后并笃爱之③,衣服饮食,与东宫相准④。帝每面称之曰⑤:"此黠儿也⑥,当有所成。"及太子即位,王居别宫,礼数优僭⑦,不与诸王等。太后犹谓不足,常以为言。年十许岁,骄恣无节,器服玩好,必拟乘舆⑧;尝朝南殿,见典御进新冰⑨,钩盾献早李⑩,还索不得,遂大怒,询曰⑪:"至尊已有,我何意无?"不知分齐⑫,率皆如此⑬。识者多有叔段、州吁之讥⑭。后嫌宰相,遂矫诏斩之⑮,又惧有救,乃勒麾下军士,防守殿门;既无反心,受劳而罢,后竟坐此幽薨⑯。

【注释】

①齐武成帝:北齐第五位君王高湛(537—568)。小字步落稽,公元561—565年在位,谥武成皇帝,庙号世祖。乃东魏权臣高欢第九子,是北齐文襄帝高澄、文宣帝高洋、孝昭帝高演的同母弟。生平事迹见《北齐书》本纪。琅邪王:高俨。字仁威,乃北齐武成帝第三子,初封东平王,武成帝崩,改封琅邪王。后因跋扈专权,为其兄北齐后主高纬赐死。生平见《北齐书·武成十二王传》。

②母弟:一母所生的胞弟。

③笃爱:厚爱。

④东宫:太子所居之处,代指太子。准:比照。

⑤面称:当面夸奖。

⑥黠(xiá)：聪明。

⑦礼数：古代按名位而分的礼仪等级制度。优僭：指享受待遇过于优厚，多有僭越。僭，超越本分，冒用在上者的职权、名义行事。

⑧拟：比。乘舆：皇帝的车子，后用以代指皇帝。

⑨典御：古代主管帝王饮食的官员。

⑩钩盾：古代官署名。主管皇家园林等事项。

⑪诟(gòu)：通"诟"，骂。

⑫分齐(jì)：本分定限的意思。

⑬率：大多，大都。

⑭叔段：即春秋时期郑国的共叔段，乃郑武公次子，与郑庄公为同母兄弟。因受其母武姜过分宠爱，骄横跋扈，郑庄公时欲起兵造反，为其兄庄公所败，出奔共地，因称共叔段。州吁：春秋时期卫国公子，乃卫庄公之子、卫桓公异母弟，为庄公宠妾所生，暴戾好武，善于谈兵，深得庄公宠爱。卫桓公十六年(前719)，州吁弑其兄桓公而即位。州吁弑兄自立，又穷兵黩武，不得国人拥戴，在位不足一年，即被卫国大臣石碏设计杀死。

⑮"后嫌宰相"二句：指琅邪王高俨矫诏杀和士开事。《北齐书·后主纪》："(武平二年)秋七月庚午，太保、琅邪王俨矫诏杀录尚书事和士开于南台。"

⑯坐：获罪的因由。薨(hōng)：古代称侯王死为"薨"。《北齐书·武成十二王传》载后主杀琅邪王事："帝召俨，俨疑之。陆令萱曰：'兄兄唤，儿何不去？'俨出至永巷，刘桃枝反接其手。俨呼曰：'乞见家家、尊兄！'桃枝以袂塞其口，反袍蒙头负出，至大明宫，鼻血满面，立杀之，时年十四。不脱靴，裹以席，埋于室内。帝使启太后，临哭十余声，便拥入殿。明年三月，葬于邺西。"

【译文】

齐武成帝高湛的三儿子琅邪王高俨，是太子高纬的同母弟弟，他天生聪慧，武成帝和皇后都非常喜爱他，不论穿的吃的都可以和太子相比照。武成帝经常当面称赞他说："这孩子聪明过人，将来应当有所成就。"等太子即位之后，琅邪王搬到别宫居住，他的待遇仍然十分优厚，超过其他诸侯王。即便如此，太后还认为不够，常为此向皇帝进言。琅邪王才十多岁，就骄横放肆得毫无节制，他在吃穿用住等方面都要与皇帝相比；他曾经去南殿朝拜，见到典御官向皇帝进献新从地窖里取出的冰块，钩盾令进献早熟的李子，他回府后就派人去索取，没有得到，他就大发脾气，骂道："皇帝已经有了的东西，我为什么没有？"他的言行不知分寸，在其他事情上也大都这样。有识之士大多指责他是古代的共叔段、州吁一类人。后来，琅邪王假传圣旨，把和他发生摩擦的宰相杀了，担心有人来救，竟命令手下的军士守住皇帝所在的宫殿大门；他虽然本无反叛之心，受到安抚后也撤了兵，但最终还是因为这件事被皇帝密令处死。

　　人之爱子，罕亦能均；自古及今，此弊多矣。贤俊者自可赏爱，顽鲁者亦当矜怜①。有偏宠者，虽欲以厚之，更所以祸之。共叔之死②，母实为之；赵王之戮③，父实使之。刘表之倾宗覆族④，袁绍之地裂兵亡⑤，可为灵龟明鉴也⑥。

【注释】

①矜：怜悯，同情。

②共（gōng）叔：即叔段，见前注。

③赵王：指汉高祖与戚夫人的儿子赵隐王如意，汉高祖曾经想立他　　为太子，后因大臣阻止而作罢。高祖死后，吕后将戚夫人囚禁，　　制成"人彘"，并将赵王如意毒死。

④刘表（142—208）：字景升，山阳高平（今山东邹城）人。东汉末年

名士，汉室宗亲，领荆州牧，汉末群雄之一。因宠溺后妻蔡氏，使
妻族蔡瑁等得权。刘表死后，蔡瑁等人废长立幼，奉表次子刘琮
为主；曹操南征，刘琮举州以降，荆州遂没。

⑤袁绍（？—202）：字本初，汝南汝阳人，出身名门望族，其家族有
"四世三公"之称。袁绍初为司隶校尉，曾为反董卓联军盟主，后
领冀州牧，一度占有冀、青、并、幽四州之地，但在建安五年（200）
的官渡之战中大败于曹操，并于两年后病死。袁绍有子三
人——袁谭、袁熙、袁尚，谭长而惠，尚少而美，袁绍后妻刘氏宠
爱幼子，袁绍遂有废长立幼之心，出袁谭为青州刺史，袁熙为幽
州刺史。袁绍死后，其部下审配等拥立袁尚。袁谭、袁尚兄弟相
攻，终被曹操所灭。

⑥灵龟明鉴：古人以龟壳占卜，以铜镜照形，故以此二物比喻可资
借鉴的事。

【译文】

　　人们都喜爱自己的孩子，却少有能够一视同仁的；从古到今，这造
成的弊病太多了。那聪慧俊秀的孩子当然值得赏识喜爱，那愚蠢迟钝
的孩子也应该喜爱怜惜才是。那些偏宠孩子的人，虽然本意是想以自
己的爱厚待他，反而以此害了他。共叔段的死，实际是他母亲造成的；
赵王如意被杀，实际是他父亲造成的。其他像刘表的宗族倾覆，袁绍的
兵败地失，这些事例都像灵龟显示的卦象和明镜照出的影子一样可供
人借鉴啊。

　　齐朝有一士大夫，尝谓吾曰："我有一儿，年已十七，颇
晓书疏①，教其鲜卑语及弹琵琶，稍欲通解，以此伏事公卿②，
无不宠爱，亦要事也。"吾时俛而不答③。异哉，此人之教子
也！若由此业，自致卿相，亦不愿汝曹为之。

【注释】

①书疏：指文书信函等的书写工作。

②伏事：即服侍。伏，通"服"。

③俛（fǔ）：同"俯"，低头。

【译文】

　　齐朝有位士大夫，曾经对我说："我有个孩子，已经十七岁了，通晓公文的书写，教他说鲜卑语、弹奏琵琶，他渐渐地也快掌握了，他用这些本领来侍奉王公贵族，没有不宠爱他的，这也是一件重要的事啊。"我当时低头不语，未作回答。这个人教育孩子的方法，真让人诧异啊！ 如果凭这些本领去取媚于人，即使能够官至宰相，我也不希望你们这样做。

兄弟第三

【题解】

　　这一篇主要论述兄弟之间的关系。作者认为兄弟从小一起长大，在很多事情上都是相互与共的，兄弟之间的感情是除了夫妻、父子之外最深厚的一种感情。父母健在的时候，兄弟要相亲相爱，父母去世之后，兄弟之间更应该相互友爱。兄弟之间的相亲相爱对于治家来说十分重要，如果兄弟之间不友爱的话，那么子侄之间的关系就会疏远，甚至会带来十分严重的后果。作者还论述了一些影响兄弟关系的因素，他认为兄弟之间之所以会日渐疏远，主要是由于妻子及仆婢的挑拨，要是弟弟能像侍奉父亲那样对待兄长，兄长对弟弟就像是父亲对儿子那样爱护，兄弟之间就不会不友爱了。

　　夫有人民而后有夫妇，有夫妇而后有父子，有父子而后有兄弟：一家之亲，此三而已矣。自兹以往，至于九族①，皆本于三亲焉，故于人伦为重者也，不可不笃。兄弟者，分形连气之人也②。方其幼也，父母左提右挈③，前襟后裾，食则同案，衣则传服④，学则连业⑤，游则共方，虽有悖乱之人，不能不相爱也。及其壮也，各妻其妻，各子其子，虽有笃厚之人,不能不少衰也⑥。娣姒之比兄弟⑦,则疏薄矣;今使疏薄之人,而节量亲厚之恩⑧,犹方底而圆盖,必不合矣。惟友悌深至⑨,不为旁人之所移者⑩,免夫!

【注释】

①九族:指本身以上的父、祖、曾祖、高祖和以下的子、孙、曾孙、玄孙。也以父族四、母族三、妻族二为"九族"。

②分形连气:形体各别,气息相通。

③挈(qiè):扶持。

④传服:指大孩子用过的衣服留给小孩子穿。

⑤连业:哥哥用过的经籍,弟弟又接着使用。业,古代书写经籍的大版。

⑥少:通"稍"。

⑦娣姒(dì sì):兄弟之妻互称,即"妯娌"。娣,弟妹。姒,嫂。《尔雅·释亲》:"长妇谓稚妇为娣妇,娣妇谓长妇为姒妇。"

⑧节量:节制度量。

⑨友:兄弟相亲。悌(tì):敬爱兄长。

⑩旁人:指兄弟各自的妻子。移:改变。

【译文】

有了人类以后才有夫妇,有了夫妇以后才有父子,有了父子以后才有兄弟:一个家庭中的亲人,就这三者而已。由此三种关系发展出去,可以产生"九族",九族都是来源于三种亲属关系的,所以三亲是人伦关系中最为重要的部分,不可不加以重视。兄弟,是一母所生,外表不同,而气息相通的人。他们小的时候,父母左手拉一个,右手牵一个;这个拽着父母的前襟,那个抓住父母的后摆;吃饭时用一个几案;穿衣服是哥哥穿过的传给弟弟;学习时,哥哥用过的课本,弟弟接着用;就连游学,也是兄弟同去一个地方;兄弟之中,即使有悖礼胡来的人,但也不能不相亲相爱。等到他们长大成人，各自娶了妻子，各自有了孩子，即使有忠诚厚道的人，兄弟间的感情却是渐渐减弱。妯娌比起兄弟来，关系就更加疏远淡薄了；如今让感情疏远淡薄的妯娌来节制度量亲密深厚的兄弟感情，就好像给方形的底座配上圆形的盖子，必定不会适合的。只有相亲相爱、感情至深、不会受别人影响而改变的兄弟，才可避免上述情况！

二亲既殁①，兄弟相顾，当如形之与影，声之与响；爱先人之遗体②，惜己身之分气③，非兄弟何念哉？兄弟之际，异于他人，望深则易怨④，地亲则易弭⑤。譬犹居室，一穴则塞之，一隙则涂之，则无颓毁之虑；如雀鼠之不恤，风雨之不防，壁陷楹沦⑥，无可救矣。仆妾之为雀鼠，妻子之为风雨，甚哉！

【注释】

①殁（mò）：死。

②先人：指已死亡的父母。遗体：古人认为自己的身子为父母死后而遗留下来的，故称"遗体"。

③分气：分得的父母的血气。

④望：期望，责望。

⑤地亲：地近情亲。弭：止息。

⑥楹：厅堂前的柱子。沦：没落，塌陷，这里指摧折。

【译文】

父母去世后，兄弟之间应当相互照顾，要如同形体与它的影子、声音与它的回声一样亲密；互相爱护先辈所给予的躯体，互相珍惜从父母那里分得的血气，不是兄弟的话，谁会这样互相爱怜呢？兄弟之间的关系，是不同于旁人的，相互期望过高就容易产生不满，而彼此关系亲密的话不满也就容易消除。这就好比居住的房子，破了一个洞就立刻堵上，裂了一条缝就马上封住，那么这房子就没有倒塌的危险；如果对麻雀、老鼠的侵害不放在心上，对风雨的侵蚀不加防范，那等到墙壁倒塌、屋柱摧折时，就无法补救了。奴仆、婢妾比起麻雀、老鼠，妻儿比之风雨，他们的威力是更加厉害呀！

　　兄弟不睦，则子侄不爱；子侄不爱，则群从疏薄^①；群从疏薄，则僮仆为仇敌矣。如此，则行路皆踏其面而蹈其心^②，谁救之哉！人或交天下之士，皆有欢爱，而失敬于兄者，何其能多而不能少也！人或将数万之师，得其死力，而失恩于弟者，何其能疏而不能亲也！

【注释】
①群从：与"子侄"同辈的族中子弟。
②行路：陌生人。踏(jí)：践踏。蹈：踩。
【译文】
　　兄弟之间不和睦，那么子侄之间就不会互相爱护；子侄不互相爱护，整个家族中的子弟都会互相疏远，感情淡薄；族中子弟关系疏远，感情淡薄，则僮仆之间就会相互仇视敌对了。如果这样，那么陌生人都可以任意践踏、欺侮他们，谁还会来救他们呢！有些人能够结交天下之士，并且相处融洽，却不知敬爱自己的兄长，为什么他能和那么多人相处融洽，却不能善待自己仅有的一两个兄长呢！有的人能统率数万人的军队，使部下为他拼死效力，却不能善待自己的弟弟，为什么对关系疏远的人能广施恩惠，对关系亲密的人却薄情寡恩呢！

　　娣姒者,多争之地也,使骨肉居之,亦不若各归四海,感霜露而相思,伫日月之相望也①。况以行路之人,处多争之地,能无间者②,鲜矣③。所以然者,以其当公务而执私情,处重责而怀薄义也;若能恕己而行④,换子而抚,则此患不生矣。

【注释】

①伫(zhù):久立。

②间:隔阂,嫌隙。

③鲜(xiǎn):少。

④恕己:用宽恕自己的态度去对待别人。

【译文】

　　娣姒之间,非常容易产生争执,就好比是非之地,即使是同胞姐妹,与其让她们成为娣姒而住在一起,也不如让她们远嫁各方,这样,她们长久分离之后,才会因感叹霜露降临而互相思念,久立观望日月的运行而期待相聚。更何况娣姒本来就是互不相识的陌生人,处于容易产生争执的环境里,能够互相不隔阂的实在是很少。之所以会这样,是因为在处理大家庭中的事务时大家都各怀私心,肩负重大责任时心底却挂念着个人的恩怨;假如娣姒都能以宽恕仁爱的心处理事情,能用对待自己子女的态度去对待子侄,那么娣姒不和的事情就不会发生了。

　　人之事兄,不可同于事父,何怨爱弟不及爱子乎? 是反照而不明也。沛国刘琎尝与兄瓛连栋隔壁①。瓛呼之数声不应,良久方答②;瓛怪问之,乃曰:“向来未着衣帽故也③。”以此事兄,可以免矣。

【注释】

①刘瓛(jīn)：字子瓛，方轨正直，为世所重。瓛(huán)：刘瓛。字子圭，沛国相人，笃志好学，博通经义，为宋齐之际著名儒生。《南齐书》及《南史》皆有传。

②良久：许久。

③向来：刚才，刚刚。

【译文】

人们不肯以对待父亲的态度敬事兄长，那何必埋怨兄长对弟弟不如对自家孩子疼爱呢？这是因为人们缺乏对自身的观照啊。沛国的刘瓛住处与哥哥刘瓛的房子连在一起，两家的住房只隔一层墙壁。一次，刘瓛呼叫刘瓛，连叫几声都没有应答，过了好一会儿才听见刘瓛答应；刘瓛感到奇怪，问他为什么那么久才回答，他说："因为刚才还没有穿戴好衣帽。"以这样的态度敬事兄长，可以不必担心哥哥对弟弟不如对自家的孩子了。

江陵王玄绍①，弟孝英、子敏，兄弟三人，特相爱友，所得甘旨新异②，非共聚食，必不先尝，孜孜色貌③，相见如不足者。及西台陷没④，玄绍以形体魁梧，为兵所围，二弟争共抱持，各求代死，终不得解，遂并命尔⑤。

【注释】

①江陵：地名。齐梁荆州治所所在。

②甘旨：美味的食物。

③孜孜：勤勉的样子。

④西台：指荆州治所江陵。因在建康之西，故称西台。承圣元年（552）冬十一月丙子，梁元帝萧绎即皇帝位于江陵。承圣三年

（554）九月，西魏宇文泰命其柱国万纽、于谨率军来寇，十二月杀萧绎，江陵沦陷。

⑤并命：为汉、魏、南北朝人习用语，即相从而死。

【译文】

江陵的王玄绍与他弟弟孝英、子敏一共兄弟三人，特别友爱，谁要得到美味新奇的食品，除非是三人在一起共享，否则决不会有人先去品尝，兄弟间热诚的态度溢于言表，每次相见总觉得在一起的时间不够。到了江陵陷没的时候，玄绍因为体形魁梧，被敌兵围困，两个弟弟争着抱住他，请求替哥哥去死，但终于未能消解厄运，三人一同被杀害。

后娶第四

【题解】

这一篇主要讨论妻子死后，丈夫续弦再娶的事。作者引用大量事例说明后娶的妻子往往会与前妻的子女产生矛盾，从而导致骨肉分离、家庭破碎，因此对待这件事一定要慎重。并分析了后夫和后妻对待前人子女的不同态度："后夫多宠前夫之孤，后妻必虐前妻之子"，以及造成这种现象的原因。本篇还记叙了当时南北地区后娶的不同习俗。

吉甫①，贤父也，伯奇②，孝子也。以贤父御孝子③，合得终于天性④，而后妻间之⑤，伯奇遂放⑥。曾参妇死⑦，谓其子曰："吾不及吉甫，汝不及伯奇。"王骏丧妻⑧，亦谓人曰："我不及曾参，子不如华、元⑨。"并终身不娶，此等足以为诫。其后，假继惨虐孤遗⑩，离间骨肉，伤心断肠者，何可胜数。慎之哉！慎之哉！

【注释】

①吉甫：即尹吉甫，周宣王时大将，曾领兵北伐猃狁。

②伯奇：尹吉甫之子，以孝闻名，为后母所谮，被尹吉甫逐出家门。

③御：驾驭，控制。此处指约束，管教。

④天性：天然的品质或特性，这里指父子之间相互关心爱护的天性。

⑤间：离间。

⑥放：被放逐。

⑦曾参：孔门弟子，据传是《大学》《孝经》的作者，被后世尊称为曾子，是子思子的老师，在早期儒家传承中有重要地位。《汉书·王吉传》注引《韩诗外传》："曾参丧妻不更娶，人问其故，曾子曰：'以华、元善人也。'"

⑧王骏：西汉人，其父乃西汉昭帝、宣帝时期名儒王吉（字子阳）。汉成帝时，王骏任京兆尹，名震一时。《汉书·王吉传》云："京兆有赵广汉、张敞、王尊、王章、王骏，皆有能名，故京师称曰：'前有赵、张，后有三王。'""骏为少府时，妻死，因不复娶，或问之，骏曰：'德非曾参，子非华、元，亦何敢娶？'"《三国志·魏书·管宁传》："初，宁妻先卒，知故劝更娶，宁曰：'每省曾子、王骏之言，意常嘉之，岂自遭之而违本心哉？'"

⑨华、元：曾子的两个儿子曾华、曾元。

⑩假继：继母。

【译文】

尹吉甫，是一位贤明的父亲，伯奇，是一个孝顺的儿子。以贤明的父亲来教诲孝顺的儿子，应当是做到父慈子孝、安享天伦之乐的。但由于尹吉甫的后妻从中挑拨离间，伯奇竟被父亲放逐。曾参的妻子死了，他对自己的儿子说："我没有尹吉甫那样贤明，你们也不如伯奇那样孝顺。因为怕父子之间的关系受到影响，所以我不愿再娶。"王骏在妻子死后，也对劝他再娶的人说："我不如曾参，我的儿子也赶不上曾华、曾元，所以我更不敢再娶。"曾参、王骏两人都终身不再娶，这些事都足以让人引以为戒。在他们二人之外，继母残酷虐待前妻的孩子，离间父子骨肉的关系，让人伤心断肠的事，实在是不可胜数。所以，对于再娶这件事，一定要慎之又慎啊！

　　江左不讳庶孽①，丧室之后②，多以妾媵终家事③；疥癣蚊虻④，或未能免，限以大分⑤，故稀斗阋之耻⑥。河北鄙于侧出⑦，不预人流⑧，是以必须重娶，至于三四，母年有少于子者。后母之弟，与前妇之兄，衣服饮食，爱及婚宦，至于士庶贵贱之隔⑨，俗以为常。身没之后，辞讼盈公门⑩，谤辱彰道路，子诬母为妾，弟黜兄为佣⑪，播扬先人之辞迹⑫，暴露祖考之长短⑬，以求直己者，往往而有。悲夫！自古奸臣佞妾，以一言陷人者众矣！况夫妇之义，晓夕移之，婢仆求容，助相说引，积年累月，安有孝子乎？此不可不畏。

【注释】

①江左：长江下游以南地区。庶孽（niè）：古代称妾所生子女为庶孽，如《史记·商君列传》："商君者，卫之诸庶孽子也。"

②丧室：指死了妻子。

③妾媵（yìng）：古代诸侯贵族女子出嫁，从嫁的妹妹或侄女称媵，后来通称侍妾为妾媵。终：结束。这里是继续管下去的意思。

④疥癣蚊虻（méng）：这里指家庭内部的一些小的矛盾纠纷。

⑤大分：名分。

⑥斗阋（xì）：指家庭内兄弟之间的争执。阋，争斗。

⑦河北：黄河以北地区。侧出：妾所生的子女。

⑧人流：有身份者的行列。

⑨士庶：士族和庶族。

⑩辞讼：诉讼，打官司。盈：满。

⑪黜:贬低。

⑫辞迹:言语,行迹。此句指传扬先辈隐私。

⑬祖考:指祖先。考,指已去世的父亲。

【译文】

江东一带的人不避忌婢妾所生的孩子,正妻死后,大多以妾来主管家事;家庭内小的纠纷或许不能避免,但限于婢妾的地位名分,因此很少发生兄弟争斗这种有辱家门的事情。黄河以北地区的人鄙视婢妾所生的孩子,把他们当下等人看待,不给他们平等的社会地位,因此正妻死后,就必须再娶,有的人甚至娶过三四次,后妻年龄比前妻儿子的年纪还小。后妻生的儿子与前妻所生的儿子,从衣服饮食的待遇,以至婚配、做官,都有着士人与庶人、贵族与下等人一样的差别,而当地人对此也习以为常。父亲去世之后,家庭成员因闹纠纷而诉讼至官府,诽谤辱骂之声连路人都能听到,前妻之子诬蔑后母是婢妾,后妻之子把前妻之子贬斥为佣仆,他们大肆宣扬亡父的生前言行,争相暴露先人的是非短长,想以此证明自己有道理,这种事在那些再娶的家庭经常发生。可悲啊!自古以来奸臣佞妾以一句话就置人于死地的事太多了!何况后母借助夫妻间的关系和情义,日夜在丈夫面前说他人的坏话,奴婢为了求取主人的欢心,也在一旁帮着劝说引诱,这样长年累月下去,哪里还会有孝子呢?这不能不让人感到可怕啊。

凡庸之性,后夫多宠前夫之孤,后妻必虐前妻之子;非唯妇人怀嫉妒之情,丈夫有沉惑之僻①,亦事势使之然也。前夫之孤,不敢与我子争家,提携鞠养②,积习生爱,故宠之;前妻之子,每居己生之上,宦学婚嫁③,莫不为防焉,故虐之。异姓宠则父母被怨④,继亲虐则兄弟为仇⑤,家有此者,皆门户之祸也。

【注释】

①沉惑:沉迷,迷惑之意。僻:通"癖",癖好,不良嗜好。

②鞠养:抚养,养育。鞠,生养,抚育。

③宦学:做官和进学。

④异姓:前夫之子,因为子女跟从父姓,和继父不同姓,所以称"异姓"。

⑤继亲:后母。

【译文】

按照一般人的秉性,后夫大多宠爱前夫的孩子,后妻则必定会虐待前妻的子女;这不只是因为妇人天生嫉妒性情强,男子本性容易沉迷于诱惑,实际上这也是环境和事物发展的形势使得他们如此。前夫的子女,不敢与自己的子女争夺家产,在这种情况下,后父从小照顾抚养他,日子一长自然就会产生爱心,所以后父会宠爱他;前妻的孩子,年龄地位一般都在自己的子女之上,无论做官、读书还是娶妻、出嫁,没有一样不要提防的,所以后母大多会虐待他们。父母宠爱异姓孩子则会招致自己孩子的怨恨,继母虐待前妻的孩子则会使兄弟之间反目成仇,凡是家里存在这种问题的,都是家庭的灾祸啊。

　　思鲁等从舅殷外臣①,博达之士也。有子基、谌,皆已成立②,而再娶王氏。基每拜见后母,感慕呜咽③,不能自持④,家人莫忍仰视。王亦凄怆⑤,不知所容,旬月求退,便以礼遣,此亦悔事也。

【注释】

①思鲁:字孔归,颜之推的长子。从舅:母亲的叔伯兄弟称从舅。

②成立:长大成人。

③感慕：感动思慕。

④自持：自我克制。

⑤凄怆：凄苦悲伤。

【译文】

思鲁等孩子的堂舅殷外臣，是一位博学通达的人。他的两个儿子殷基、殷谌，都已经长大成人，而他在妻子死后又娶了王氏。殷基每次去拜见后母，都因思念生母而失声痛哭，无法控制自己的感情，家人都不忍心抬头看他。王氏见了也感到凄苦悲伤，不知该如何面对他，因此结婚不到半个月就请求退婚，殷外臣只好按照礼节将她送回娘家，这也是一件让人后悔的事啊。

《后汉书》曰："安帝时①，汝南薛包孟尝②，好学笃行，丧母，以至孝闻。及父娶后妻而憎包，分出之。包日夜号泣，不能去，至被殴杖。不得已，庐于舍外③，旦入而洒扫④。父怒，又逐之，乃庐于里门⑤，昏晨不废⑥。积岁余，父母惭而还之。后行六年服，丧过乎哀⑦。既而弟子求分财异居，包不能止，乃中分其财；奴婢引其老者，曰：'与我共事久，若不能使也⑧。'田庐取其荒顿者⑨，曰：'吾少时所理⑩，意所恋也。'器物取其朽败者，曰：'我素所服食⑪，身口所安也。'弟子数破其产，还复赈给⑫。建光中⑬，公车特征⑭，至拜侍中⑮。包性恬虚，称疾不起，以死自乞。有诏赐告归也。"

【注释】

①安帝：东汉安帝刘祜（94—125），汉章帝孙，清河王刘庆子。汉延平元年（106）八月，殇帝不幸早夭。邓太后与其兄车骑将军邓骘密谋，迎立13岁的刘祜为帝，是为汉安帝。

②汝南：汉代郡名。薛包：字孟尝，东汉安帝时人，著名孝子。

③庐：指搭建草棚。舍：屋舍，房子。

④洒扫：洒水扫除污垢。《诗经·大雅·抑》："夙兴夜寐，洒扫庭内，维民之章。"

⑤里门：乡里之门。古人聚族列里而居，里有里门。

⑥昏晨不废：坚持早晚向父母请安，从不间断。昏晨，指定省之礼。《礼记·曲礼上》："凡为人子之礼，冬温而夏清，昏定而晨省。"

⑦丧过乎哀：守丧超过哀礼的限制。古代父母死，子女服丧三年，薛包行六年服，所以说"丧过乎哀"。

⑧若：你，你们。

⑨荒顿：荒芜废弃。

⑩理：整治。

⑪服：用。

⑫赈：救济。给(jǐ)：供给。

⑬建光：东汉安帝年号。

⑭公车：汉代官署名。卫尉的下属机构，设公车令，掌管官殿中司马门的警卫工作。臣民上书和征召，都由公车接待。特征：特意征聘。

⑮侍中：古代职官名。秦始置，两汉沿置，为正规官职外的加官之一。因侍从皇帝左右，出入宫廷，与闻朝政，逐渐变为亲信贵重之职。晋以后，曾相当于宰相。隋因避讳改称纳言，又称侍内。唐复称，为门下省长官，乃宰相之职。北宋犹存其名，南宋废。

【译文】

《后汉书》记载："安帝时，汝南有位姓薛名包字孟尝的人，他勤奋好学，品行正直，母亲已经去世，他因特别孝顺而闻名乡里。他的父亲再娶之后就开始憎恶薛包，将他逐出家门。薛包日夜号啕痛哭，不愿离开，以致被父亲用棍棒殴打。薛包迫不得已，只好在屋门外搭了间草棚住着，每天早上都回家清扫房屋。他的父亲十分恼怒，又把他赶走，于是薛包就只得在里巷外搭间小屋住着，但每天早晚仍不间断地向父母请安。这样过了一年多，他的父母也感到很惭愧，就让他搬回家了。当父母逝世后，薛包守孝六年，超过一般守孝三年的礼法惯例。不久，弟弟要求分割家产另外居住，薛包不能劝止他，只好将家产平分；奴婢，他主动分取年老体弱者，并且说：'这些人与我共事的时间很长，你使唤不了他们。'田地房屋，他把荒芜破败的分给自己，说：'这些是我小时候整治过的，我对它们十分依恋。'器物，他取的是快要腐朽的，说：'这都是我平时使用的，已经习惯了。'分家后，他的弟弟几次把自己的家产破败了，薛包便一次又一次资助他。建光年间，政府特意征聘他，并且任用他为侍中。薛包生性恬淡，称病不起，乞求回家终老。朝廷就下诏令允许他告病带职归家。"

治家第五

作者在这一篇中主要阐述了治理家庭的理论和观点:家庭之中的关系是上行下效的,父母想要子女孝顺,就要对子女慈爱;兄长想要弟弟敬爱,就要爱护他们;丈夫想要妻子顺从,就要对妻子重义。作者认为治家也同治国一样,要赏罚分明,这样才会事事井井有条;强调要勤俭持家,宽严有度,要有仁厚之风;在对待子女的婚嫁问题上必须要端正态度,认为婚配注重的是配偶的"清白",反对"卖女纳财,买妇输绢,比量父祖,计较锱铢";还比较了南北地区的妇女在家庭地位上的差异,描述了重男轻女和虐待儿媳的现象;强调治家要从小事抓起,丝毫不容懈怠。

夫风化者①,自上而行于下者也,自先而施于后者也②。是以父不慈则子不孝,兄不友则弟不恭,夫不义则妇不顺矣。父慈而子逆③,兄友而弟傲,夫义而妇陵④,则天之凶民,乃刑戮之所摄⑤,非训导之所移也。

【注释】

①风化:风俗,教化。

②先：前人。后：后人。

③逆：忤逆，不孝。

④陵：通"凌"，侵侮。

⑤摄：通"慑"，使人畏惧。

【译文】

风化教育的事，是由上而下推行的，前人影响后人。因此，如果做父亲的不慈爱，子女就不会孝顺；做兄长的不友爱，弟弟就不会恭敬；丈夫不讲情义，妻子就不会温顺。假如父亲慈爱有加而子女忤逆不孝，兄长友爱备至而弟弟倨傲不恭，丈夫情谊深厚而妻子盛气凌人，那这些人就是天生的凶恶之徒，只能用刑罚杀戮去威慑他们，不是教育感化所能改变的。

　　笞怒废于家，则竖子之过立见①；刑罚不中②，则民无所措手足。治家之宽猛，亦犹国焉。

【注释】

①竖子：未成年的人。

②中：适当，合适。《论语·子路》篇："刑罚不中，则民无所错手足。"

【译文】

如果在家庭内部取消鞭笞一类的体罚，那么孩子们的过失马上就会出现；如果国家的刑罚施用不当，那么老百姓就不知如何是好。治家的宽严标准，也要像治国一样恰当合度。

　　孔子曰："奢则不孙，俭则固；与其不孙也，宁固①。"又云："如有周公之才之美，使骄且吝，其余不足观也已②。"然则可俭而不可吝已。俭者，省约为礼之谓也；吝者，穷急不恤之谓也③。今有施则奢，俭则吝；如能施而不奢，俭而不吝，可矣。

【注释】

①"奢则不孙"四句：见《论语·述而》篇。孙，同"逊"，恭顺。固，鄙陋。

②"如有"三句：见《论语·泰伯》篇。周公，姬旦。周文王之子，周武王之弟，武王死后，辅佐年幼的周成王治理天下，制礼作乐，是西周初年的大政治家。

③恤：体恤，救助。

【译文】

孔子说："奢侈了就不恭顺，节俭了就固陋；与其不恭顺，宁可固陋。"又说："即使一个人像周公那样富有才华和美德，只要他骄傲又吝啬，也就不值一提。"这样说来，那就是可以节俭而不可以吝啬。节俭，是指合乎礼制的节省；吝啬，是指对穷困急难的人也不加救助。现在舍得施舍的人就奢侈无度，节俭的人又吝啬小气；假如能施舍于他人而自己又不奢侈，能做到勤俭节约又不吝啬，那就好了。

生民之本，要当稼穑而食①，桑麻以衣。蔬果之畜②，园场之所产；鸡豚之善③，埘圈之所生④。爰及栋宇器械，樵苏脂烛⑤，莫非种殖之物也。至能守其业者，闭门而为生之具以足，但家无盐井耳。今北土风俗，率能躬俭节用，以赡衣食⑥；江南奢侈，多不逮焉⑦。

【注释】

①要当：最重要的是。稼穑(sè)：泛指农业生产。

②畜：蓄积。

③豚：小猪，泛指猪。善：通"膳"。

④埘（shí）：鸡窝。圈：猪圈，牛羊圈。

⑤樵苏：做燃料用的柴草。

⑥赡：足。

⑦不逮：不及。

【译文】

百姓生存的根本，是种植庄稼以解决吃饭的问题，种植桑麻以解决穿衣的问题。蔬菜瓜果的积储，来自于果园菜圃的生产；鸡肉、猪肉等美食，来自于鸡窝猪圈的畜养。至于房屋器械、柴草蜡烛等，无不来源于耕种养殖之物。那些善于经营家业的人，不用出门生活所需的物品就足够用了，家里所缺的只是盐井罢了。如今北方的风俗，大部分家庭都能勤俭节约，以保障衣食所需；而江南地区的风俗较为奢侈，比不上北方人会持家。

　　梁孝元世，有中书舍人①，治家失度，而过严刻。妻妾遂共货刺客②，伺醉而杀之。

【注释】

①中书舍人：官名。原称中书省通事舍人，为中书省属官，任起草诏令之职，参与机密，权力甚重。

②货：买，买通。

【译文】

梁元帝年间，有一位中书舍人，治理家庭有失法度，处事过于严厉苛刻。结果，他的妻妾就共同买通刺客，趁他喝醉时把他杀了。

　　世间名士，但务宽仁；至于饮食饷馈，僮仆减损，施惠然诺^①，妻子节量，狎侮宾客，侵耗乡党^②：此亦为家之巨蠹矣^③。

【注释】

①然诺：应允诺言。

②侵耗：侵吞克扣。乡党：泛指乡里。

③蠹（dù）：蛀虫。这里指为害家庭的人或事。

【译文】

　　如今世间的一些名士，治家时一味讲究宽厚仁慈；以至于日常饮食和用来馈赠亲友的东西，僮仆都敢从中克扣，答应接济他人的钱物，被妻子儿女从中减少，甚至发生轻视侮弄宾客，鱼肉乡里百姓的事：这也是家庭的大害啊。

　　齐吏部侍郎房文烈^①，未尝嗔怒，经霖雨绝粮^②，遣婢籴米^③，因尔逃窜，三四许日，方复擒之。房徐曰：“举家无食^④，汝何处来？”竟无捶挞。尝寄人宅^⑤，奴婢彻屋为薪略尽^⑥，闻之颦蹙^⑦，卒无一言。

【注释】

①房文烈：北齐大臣。其父景伯，为房法寿族子，见《北史·房法寿传》。

②霖雨：连绵大雨。

③籴（dí）米：买米。

④举家：全家。

⑤寄人宅：以宅寄人，把房子借给别人居住。

⑥彻：通"撤"，拆毁。

⑦颦蹙(pín cù)：皱眉蹙额。不高兴的样子。

【译文】

　　齐朝的吏部侍郎房文烈，从未对人发怒，一次因家中久雨断粮，他派一个婢女外出买米，那个婢女竟借此机会逃走了，过了三四天左右，才将她捉回。房文烈和缓地说："全家人都没吃的了，你跑到哪里了？"竟然没有责打她。房文烈曾将自己的住宅借给别人住，那家的奴婢们把房子拆了当柴烧，都几乎烧完了，他知道后只是眉头紧皱，始终没说一句别的什么话。

　　裴子野有疏亲故属饥寒不能自济者①，皆收养之。家素清贫，时逢水旱，二石米为薄粥，仅得遍焉，躬自同之，常无厌色。邺下有一领军②，贪积已甚③，家僮八百，誓满一千；朝夕每人肴膳，以十五钱为率④，遇有客旅，更无以兼。后坐事伏法，籍其家产⑤，麻鞋一屋，弊衣数库，其余财宝，不可胜言。南阳有人，为生奥博⑥，性殊俭吝，冬至后女婿谒之，乃设一铜瓯酒，数脔獐肉⑦；婿恨其单率⑧，一举尽之。主人愕然，俛仰命益⑨，如此者再。退而责其女曰："某郎好酒，故汝常贫。"及其死后，诸子争财，兄遂杀弟。

【注释】

①裴子野：南朝著名文学家、史学家。字几原，河东闻喜人，著有《雕虫论》。其曾祖裴松之，曾为《三国志》作注；祖父裴骃，著有《史记集解》，都是著名史学家。

②邺下：即北齐首都邺城，在今河北临漳。领军：官名。东汉建安四年(199)置此官，后改为中领军，掌管禁兵。此一领军，据前人

考证,指北齐厍狄伏连。《北齐书·慕容俨传》:"代人厍狄伏连,字仲山,少以武干事尔朱荣,至直阁将军。后从高祖建义,赐爵蛇丘男。世宗辅政,迁武卫将军。天保初,仪同三司。四年,除郑州刺史,寻加开府。伏连质朴,勤于公事。直卫官阙,晓夕不离帝所,以此见知。鄙吝愚狠,无治民政术。及居州任,专事聚敛。性又严酷,不识士流。开府参军多是衣冠士族,伏连加以捶挞,逼遣筑墙。武平中,封宜都郡王,除领军大将军。寻与琅邪王俨杀和士开,伏诛。伏连家口有百数,盛夏之日,料以仓米二升,不给盐菜,常有饥色。冬至之日,亲表称贺,其妻为设豆饼。伏连问此豆因何而得,妻对向于食马豆中分减充用。伏连大怒,典马、掌食之人并加杖罚。积年赐物,藏在别库,遣侍婢一人专掌管籥。每入库检阅,必语妻子云:'此是官物,不得辄用。'至是簿录,并归天府。"

③已甚:过甚,太过。

④率(lǜ):规格,标准。

⑤籍:指登记家财,予以没收。

⑥奥博:富裕,积蓄丰厚。

⑦脔(luán):切成小块的肉。

⑧单率:待客之礼简单草率。

⑨俛(fǔ)仰:周旋,应付。俛,同"俯"。

【译文】

南朝的裴子野每当有远亲旧戚陷于饥寒而不能自救时,都尽力收养他们。裴子野家一向清贫,有时碰上水旱灾害,用二石米煮成稀薄的粥饭,也只能让大家都喝上一点而已,裴子野同大家一起喝粥,从没有厌烦的表情。邺下有一个将军,贪得无厌,积蓄已多,家里已经有八百多僮仆,他还发誓要达到一千人;每天每人的饮食开支,都以十五钱为标准,即使来了客人,也不增加。后来这位将军因犯罪被法办,没收他的家产时，发现光麻鞋就收藏了整整一屋子，破旧衣服堆满了数个仓库，其余财宝更是多得说不完。南阳有一个人，生平积蓄十分丰厚，但生性极为吝啬，冬至后女婿来拜见他，他只准备了一小铜瓯酒和几小片獐子肉来招待；女婿恨他过于简慢小气，就把酒肉一下子全吃了。主人惊呆了，只得应付着叫人添酒加菜，这样先后添加了两次。退席后他就斥责女儿说："你丈夫爱喝酒，所以你才经常受穷。"等他死后，他的儿子争夺财产，哥哥竟然把弟弟给杀了。

妇主中馈①，惟事酒食衣服之礼耳。国不可使预政，家不可使干蛊②。如有聪明才智，识达古今，正当辅佐君子，助其不足，必无牝鸡晨鸣③，以致祸也。

【注释】

①中馈：指妇女在家中主持饮食等事。

②干蛊（gǔ）：主事。蛊，事。《周易·蛊卦》："干父之蛊。"

③无：勿，不要。牝（pìn）鸡晨鸣：母鸡充当公鸡鸣叫司晨，比喻女子主事。《尚书·牧誓》："古人有言曰：'牝鸡无晨；牝鸡之晨，惟家之索。'"牝鸡，母鸡。

【译文】

妇女主持家务，不过是操办有关酒食衣服等礼仪方面的事就行了。就国家而言，不可让妇人参与政事；就家庭而言，不可让她们主持家政。如果真有聪明才智，见识通达古今，也只应辅佐丈夫，弥补他的不足，一定不要像母鸡代替公鸡报晓一样凌驾于男子之上，以招致祸殃。

江东妇女，略无交游。其婚姻之家，或十数年间，未相识者，惟以信命赠遗①，致殷勤焉。邺下风俗，专以妇持门户②,争讼曲直,造请逢迎,车乘填街衢,绮罗盈府寺③,代子求官,为夫诉屈。此乃恒、代之遗风乎④?南间贫素,皆事外饰,车乘衣服,必贵齐整;家人妻子,不免饥寒。河北人事⑤,多由内政⑥,绮罗金翠,不可废阙,羸马悴奴,仅充而已;倡和之礼⑦,或尔汝之⑧。

【注释】

①信命赠遗:派使者传达书信问候,赠送礼物。

②持门户:掌管家庭事务。

③府寺:官署。汉代郡国设置属官,亦如公府,故称郡国官署为府寺。

④恒、代:指恒州、代郡地区,今山西大同一带。

⑤人事:交际应酬。

⑥内政:家庭内部事务,这里借指主持家务的妻子。

⑦倡合:夫唱妇随。

⑧尔汝:指夫妻间互相轻贱的称谓。

【译文】

江东的妇女,没有一点交游。她们娘家与婆家双方,有的十几年间未曾见面,只是遣人问候、互赠礼品,来表示各自的情谊。邺下的风俗,是专以妇女当家,她们与外人争辩是非,应酬交际,乘的车马挤满街道,她们穿着锦衣华服挤在官家的府衙,有的替儿子求官,有的为丈夫叫屈。这大约是恒州、代郡地区的鲜卑遗风吧?南方地区,即使是贫寒人家,都注意修饰外表,车马和衣服一定要整齐;而家中的妻子儿女,却难免挨饿受冻。黄河以北地区的交际应酬,也多由妻子出面,因此锦衣华服和金银珠翠都是不可缺少的,而家中瘦弱的马匹和憔悴的奴仆,不过是凑数罢了;至于夫妇之间一唱一和的礼节,恐怕已被彼此轻贱的称谓所代替了。

　　河北妇人，织纴组紃之事①，黼黻锦绣罗绮之工②，大优于江东也。

【注释】

①织纴（rèn）组紃（xún）：纴为缯帛，组和紃为丝带。这里借指妇女从事的织作事务。

②黼黻（fǔ fú）：古代礼服上所绣的花纹。

【译文】

黄河以北地区妇女，不论是编织纺织的本领，还是织作刺绣的工艺，都大大胜过江南的妇女。

　　太公曰："养女太多，一费也。①"陈蕃曰："盗不过五女之门②。"女之为累，亦以深矣。然天生烝民③，先人传体，其如之何？世人多不举女④，贼行骨肉，岂当如此，而望福于天乎？吾有疏亲，家饶妓媵，诞育将及，便遣阍竖守之⑤。体有不安，窥窗倚户，若生女者，辄持将去⑥；母随号泣，使人不忍闻也。

【注释】

①"太公曰"三句：《艺文类聚》卷三五、《初学记》卷十八、《太平御览》卷四八五皆引《六韬》："太公曰：'……养女太多，四盗也。'"太公，姜太公。

②"陈蕃曰"二句：《后汉书·陈蕃传》：蕃乃上疏谏曰："鄙谚言'盗不过五女门'，以女贫家也。今后宫之女，岂不贫国乎！"

③烝民：众民。烝，众。

④举：抚养，哺育。

⑤阍（hūn）竖：守门的僮仆。

⑥辄：就。

【译文】

姜太公说："女儿养得太多，实在是种耗费。"陈蕃说："盗贼都不愿偷窃有五个女儿的家庭。"女儿带来的拖累，实在太深重了。但天生众民，都是先辈传下的骨肉，又能把她怎么样呢？一般人大都不愿抚养女儿，生下的亲骨肉也要加以残害，难道这样干，老天还会赐福给你吗？我有一个远亲，家中姬妾很多，有谁产期将到时，他就派人去监守。等到分娩的时候，僮仆从门窗往里窥视，如果生下的是女儿，就立即抱走；产妇随之号啕大哭，真让人不忍心听下去。

妇人之性，率宠子婿而虐儿妇。宠婿，则兄弟之怨生焉；虐妇，则姊妹之谗行焉。然则女之行留，皆得罪于其家者，母实为之。至有谚云："落索阿姑餐①。"此其相报也。家之常弊，可不诫哉！

【注释】

①落索：当时俗语，冷落萧索。阿姑：婆婆。

【译文】

妇人的秉性，大都宠爱女婿而虐待儿媳。宠爱女婿，则儿子的不满就由此产生；虐待儿媳，则女儿的谗言就随之而至。那么女儿不论是出嫁还是待嫁在家，都要得罪家人，这实在是当母亲的造成的。以至有谚语说："婆婆吃饭好冷清。"这是对她的报应啊。这是家庭中经常出现的弊端，不能不警戒啊！

　　婚姻素对①,靖侯成规②。近世嫁娶,遂有卖女纳财,买妇输绢,比量父祖,计较锱铢③,责多还少,市井无异④。或猥婿在门,或傲妇擅室,贪荣求利,反招羞耻,可不慎欤!

【注释】

①素对:清白的配偶。

②靖侯:即颜之推九世祖颜含,颜含字宏都,谥曰靖侯。桓温曾经请求颜家结成婚姻,颜含认为桓温势力过于强盛,故而没有答应。事见《晋书·孝友传》。

③锱铢(zī zhū):均为古代很小的计量单位。比喻微小的事物。

④市井:指商贩。

【译文】

　　男女婚配要选择清白人家,这是先祖靖侯立下的规矩。近年来,竟然有人利用婚嫁卖女儿捞取钱财,用财礼买媳妇,为子女选配偶时,比量算计对方父辈祖辈的权势地位,斤斤计较对方财礼的多寡;都想多索取少付出,讨价还价,和小商贩没什么区别。结果,有的人因为这样招来了猥琐鄙贱的女婿,有的人娶到了凶悍专权的媳妇,因为贪荣求利,反而招来羞耻,对于这种事,不能不慎重啊!

　　借人典籍,皆须爱护,先有缺坏,就为补治,此亦士大夫百行之一也①。济阳江禄,读书未竟,虽有急速,必待卷束整齐②,然后得起,故无损败,人不厌其求假焉。或有狼籍几案,分散部帙③,多为童幼婢妾之所点污,风雨虫鼠之所毁伤,实为累德。吾每读圣人之书,未尝不肃敬对之;其故纸有《五经》词义,及贤达姓名,不敢秽用也④。

【注释】

①百行：古代士大夫所订立身行己之道，共有百事，称之为百行。

②卷束：卷起束理。南北朝时，书籍是抄写在绢帛上，然后卷成一卷收藏，称之为书卷。

③部：部分，类别。古代书籍多按内容分为部类收藏。帙（zhì）：古人用以装书卷的布套。

④秽用：用在不干净的地方。

【译文】

借别人的书籍，都应当爱护，借来时如有缺坏，就替别人修补好，这也是士大夫该做的善行之一啊。济阳的江禄，在读书未结束时，即使碰上急事，也一定先把书卷束整齐，然后才起身，所以他的书都没有损坏，别人也不讨厌他来借书。有的人把书乱七八糟地堆放在桌上，那些分散的书卷，大多被孩童、婢女、侍妾点画弄脏，或遭到风雨侵蚀、被虫鼠蛀咬而毁伤，这样做，实在有损道德。我每次读圣人的书，都严肃恭敬地对待它；废旧的纸张上如果有《五经》的文义以及圣贤的姓名，就绝不敢拿来用在污秽的地方。

吾家巫觋祷请①，绝于言议；符书章醮②，亦无祈焉，并汝曹所见也。勿为妖妄之费。

【注释】

①巫觋（xí）：男女巫的合称。祷请：向鬼神祈祷请求。

②符书章醮（jiào）：旧时道士用来驱鬼召神或治病延年的神秘文书。醮，指道士设坛祈祷。

【译文】

我们家里从来不提请巫师向神鬼祈祷之事；也没有用符书设道场去祈求之举，这都是你们所见到的。切莫把钱花费在这些妖佞虚妄的事情上。

卷二

风操第六

【题解】

风操指的是士大夫的风度节操。在这一篇,作者以传统经学对礼的规定为出发点,结合当时的社会情况,对孝、避讳、称谓等士大夫待人接物必须要注意的问题展开了论述。他认为士大夫讲究风度节操是必需的,但是片面讲究也是不可取的;他反对一味尊崇古制,主张因具体情况而定。

吾观《礼经》①,圣人之教:箕帚匕箸②,咳唾唯诺③,执烛沃盥④,皆有节文⑤,亦为至矣。但既残缺,非复全书;其有所不载,及世事变改者,学达君子,自为节度,相承行之,故世号士大夫风操。而家门颇有不同,所见互称长短;然其阡陌⑥,亦自可知。昔在江南,目能视而见之,耳能听而闻之;蓬生麻中⑦,不劳翰墨⑧。汝曹生于戎马之间⑨,视听之所不晓,故聊记录,以传示子孙。

【注释】

①《礼经》:据下文内容,知《礼经》为《礼记》。

②箕(jī)帚：畚箕和扫帚，指家内洒扫之事。匕箸(zhù)：汤匙和筷子。

③咳唾：比喻人的言论。唯诺：应答。

④沃盥(guàn)：倒水洗手。

⑤节文：节制修饰。《礼记·坊记》："礼者，因人之情，而为之节文，以为民坊者也。"

⑥阡陌：途径。

⑦蓬生麻中：语出《荀子·劝学》："蓬生麻中，不扶而直。"《大戴礼记》之《曾子制言(上)》作"蓬生麻中，不扶自直"。

⑧翰墨：笔墨。王利器《颜氏家训集解》怀疑此处或有阙文，或"翰墨"为"绳墨"之误。

⑨戎马：兵马，代指战乱。

【译文】

我看《礼经》，上面有圣人的教诲：为长辈清扫秽物时该怎样使用簸箕、扫帚，进餐时该怎样使用匙子、筷子，怎样应对得体，怎样持烛照明，怎样侍奉长辈盥洗，这些在《礼经》中都有一定的节制规范，说得也十分详细。但此书已经残缺，不再是全本；而且有些礼仪规范，书上没有记载，有些则随着世事的变化发生了改变，博学通达的君子，就自己斟酌制定了一些规范标准，世代传承，世人就把这些称为士大夫的风操。然而各个家庭的情况自有不同，对所见到的礼仪规范看法也各有不同；不过基本脉络还是可以知道的。过去我在江南地区的时候，对这些礼仪规范耳闻目睹，早已深受其熏染；就像蓬蒿生长在麻地之中，不用规范也长得很直一样。你们生长在战乱年代，对这些礼仪规范当然是看不见也听不到的，所以我姑且把它们记录下来，以此传示子孙后代。

《礼》曰："见似目瞿，闻名心瞿①。"有所感触，恻怆心眼；若在从容平常之地，幸须申其情耳。必不可避，亦当忍之。

犹如伯叔兄弟,酷类先人,可得终身肠断,与之绝耶? 又:
"临文不讳,庙中不讳,君所无私讳②。"益知闻名,须有消
息③,不必期于颠沛而走也④。梁世谢举⑤,甚有声誉,闻讳
必哭,为世所讥。又有臧逢世,臧严之子也⑥,笃学修行,不
坠门风。孝元经牧江州,遣往建昌督事,郡县民庶,竞修笺书,
朝夕辐辏⑦,几案盈积,书有称"严寒"者,必对之流涕,不省取
记⑧,多废公事,物情怨骇⑨,竟以不办而还。此并过事也。

【注释】

①"礼曰"三句:《礼记·杂记》:"免丧之外,行于道路,见似目瞿
(jù),闻名心瞿。"瞿,恭谨的样子。

②《礼记·曲礼上》:"君所无私讳,大夫之所有公讳。诗书不讳,临
文不讳,庙中不讳。"

③消息:斟酌。

④颠沛:颠覆,仆倒。此处形容听到先人名讳后立即趋避的狼狈
样。走:走避。

⑤谢举:字言扬,与兄谢览齐名,在齐朝时即已为昭明太子、沈约、
任昉等赏识,入梁后,先后任太子中庶子、宁远将军、豫章内史、
尚书右仆射、右光禄大夫等职,加侍中。《梁书》有传。

⑥臧严:字彦威,梁代著名文人,精熟《汉书》,尝为湘东王侍读。生
平事迹见《梁书·文学传下》。

⑦辐辏:车轴集中于轴心,此喻信函聚集于官署。

⑧省:检查,察看。

⑨物情:人情。

【译文】

《礼》书上说:"看见与过世父母相似的容貌,就要神情恭谨,听到过

世父母的名字,心中会惊惧不安。"这是因为有所感触,引发了内心的哀痛;若是在闲时平常的地方发生这类事,可以把这种感情宣泄出来。遇到实在无法回避的,也应该忍一忍。就比如自己的叔伯兄弟,若其相貌酷似过世的父亲,难道你能一见他就伤心痛苦,以至终身和他们断绝往来么?《礼》书上还说过:"写文章时不用避讳,在宗庙祭祀不用避讳,在国君面前不用避讳。"这就让我们进一步明白:听到先父母的名字时,应该先斟酌一下自己应取的态度,不一定非得立刻窘迫不安奔走不可。梁朝的谢举,很有声誉,但他一听到别人称父母的名讳就会痛哭,因此令人讥笑。还有一位臧逢世,是臧严的儿子,刻苦好学,操行端正,不失仕宦人家门风。梁元帝任江州刺史时,派他到建昌督理政事,当地黎民百姓纷纷写信来函,信函集中到官署,几案都堆得满满的,臧逢世在处理公务时,看到信函中出现"严寒"一类字样,一定会对着它掉泪,以至忘记查看和回复,因此经常耽误公事,人们对此颇多抱怨,他最终因办事不力被召回。这些都是避讳不当的事啊。

近在扬都,有一士人讳审,而与沈氏交结周厚①,沈与其书,名而不姓,此非人情也。

【注释】

①周厚:关系亲密。

【译文】

最近在扬州,有一位读书人忌讳"审"字,他与一位姓沈的交情深厚,姓沈的人给他写信,只署名而不写姓,这就不合情理了。

凡避讳者,皆须得其同训以代换之①:桓公名白②,博有五皓之称③;厉王名长④,琴有修短之目。不闻谓布帛为布皓,呼肾肠为肾修也。梁武小名阿练⑤,子孙皆呼练为绢;乃谓销炼物为销绢物,恐乖其义⑥。或有讳云者,呼纷纭为纷烟;有讳桐者,呼梧桐树为白铁树,便似戏笑耳。

【注释】

①同训:同义词。

②桓公:齐桓公。春秋五霸之首,姓姜,名小白。

③博:博戏,古代的一种局戏。

④厉王:西汉淮南厉王刘长。

⑤梁武:梁武帝萧衍。字叔达,小字练儿。

⑥乖:背离,违背。

【译文】

凡要避讳的字,都必须得用它的同义词来替换:齐桓公名叫小白,所以博戏中的"五白"就有了"五皓"这种称呼;淮南厉王名长,所以"琴有长短"就说成"琴有修短"。但还没有听说过把"布帛"称作"布皓",把"肾肠"称作"肾修"的。梁武帝的小名叫阿练,所以他的子孙都把"练"称作"绢";然而把"销炼"物品称为"销绢"物品,恐怕就有悖于事义了。还有那忌讳云字的人,把"纷纭"叫做"纷烟";忌讳"桐"字的人把梧桐树称作白铁树,这简直是开玩笑了。

周公名子曰禽,孔子名儿曰鲤,止在其身,自可无禁。至若卫侯、魏公子、楚太子,皆名虮虱①;长卿名犬子②,王修名狗子③,上有连及④,理未为通。古之所行,今之所笑也。北土多有名儿为驴驹、豚子者,使其自称及兄弟所名,亦何忍哉?前汉有尹翁归,后汉有郑翁归,梁家亦有孔翁归,又有顾翁宠;晋代有许思妣⑤、孟少孤,如此名字,幸当避之。

【注释】

①魏公子:应为韩公子。《史记·韩世家》:"十二年,太子婴死。公子咎、公子虮虱争为太子。时虮虱质于楚。"

②长卿:《史记·司马相如列传》:"司马相如者,蜀郡成都人也,字长卿。少时好读书,学击剑,故其亲名之曰犬子。相如既学,慕蔺相如之为人,更名相如。"

③王修:《晋书·外戚传》:"(王濛)有二子:修、蕴。修字敬仁,小字苟子。"

④连及:联系涉及。

⑤妣(bǐ):死去的母亲。

【译文】

周公给儿子取名伯禽,孔子给儿子取名为鲤,这些名字只和接受名字的人本身相关,自然不必禁止。可是像卫侯、韩公子、楚太子等人以"虮虱"为名;司马长卿名叫"犬子",王修名叫"狗子",这就牵涉到他们的父辈,于理不通了。古人所做的这些事,到今天就成了笑柄。北方地区有很多人给儿子取名为驴驹、豚子之类的,如果让他们这样自称或让他兄弟这样称呼他,又怎么能受得了呢?前汉有人叫尹翁归,后汉有人叫郑翁归,梁朝又有人叫孔翁归,还有人叫顾翁宠;晋代有人叫许思妣、孟少孤,像这类名字,还是避开为好。

　　今人避讳,更急于古①。凡名子者,当为孙地②。吾亲识中有讳襄、讳友、讳同、讳清、讳和、讳禹,交疏造次③,一座百犯,闻者辛苦,无慜赖焉④。

【注释】

①急:严格,严厉。

②为孙地:为孙辈留有余地。

③交疏：应为"疏交"，指相交之远者。

④无憀(liáo)赖：无所依从。

【译文】

现在的人避讳，比古人更严格。那些为儿子取名字的人，应当为他们的孙辈留点余地。我的亲属朋友中有讳"襄"字的、讳"友"字的、讳"同"字的、讳"清"字的、讳"和"字的、讳"禹"字的，大家在一起时，交往比较疏远的人一时仓猝，讲话时很容易触犯众人的忌讳，听到的人感到伤心，往往无所适从。

昔司马长卿慕蔺相如，故名相如，顾元叹慕蔡邕，故名雍①，而后汉有朱伥字孙卿②，许暹字颜回，梁世有庾晏婴、祖孙登，连古人姓为名字，亦鄙事也。

【注释】

①顾元叹：三国吴人顾雍，字元叹。《三国志·吴书》裴松之注引

　《吴录》曰："雍字元叹，言为蔡雍之所叹，因以为字焉。"

②孙卿：即荀卿。

【译文】

从前，司马长卿因为钦慕蔺相如，所以就改名为相如；顾元叹很仰慕蔡邕，所以就取名为雍；而后汉有朱伥字孙卿，许暹字颜回，梁朝有庾晏婴、祖孙登，这些人竟然把古人连名带姓作为自己的名字，也算是卑贱之事了。

昔刘文饶不忍骂奴为畜产①，今世愚人遂以相戏，或有指名为豚犊者②。有识傍观，犹欲掩耳，况当之者乎？

【注释】

①刘文饶：东汉刘宽，字文饶。《后汉书》有传。畜产：畜生，是骂人的话。《后汉书·刘宽传》："（宽）尝坐客，遣苍头市酒，迂久，大醉而还。客不堪之，骂曰：'畜产。'宽须臾遣人视奴，疑必自杀。顾左右曰："此人也，骂言畜产，辱孰甚焉！故吾惧其死也。""

②豚（tún）：小猪。

【译文】

从前，刘文饶不忍心骂奴仆为畜生，而现在那些愚蠢人们，却拿这类字眼互相开玩笑，还有指名道姓称别人为猪仔牛犊的。有见识的旁观者，还都要把耳朵捂住，何况那当事人呢？

　　近在议曹①，共平章百官秩禄②，有一显贵，当世名臣，意嫌所议过厚。齐朝有一两士族文学之人，谓此贵曰："今日天下大同，须为百代典式，岂得尚作关中旧意？明公定是陶朱公大儿耳③！"彼此欢笑，不以为嫌。

【注释】

①议曹：汉代郡守所辟属吏之称，掌言职。

②平章：商量处理。秩禄：俸禄。

③陶朱公大儿：据《史记·越王句践世家》，范蠡辅佐越王句践灭吴之后，归隐经商，家资巨万，天下号之为陶朱公。陶朱公次子杀人，被囚于楚，其长子执意要求前往楚国营救，携千金而往却自命不凡又吝惜钱财，终致其弟被杀。

【译文】

最近我在议曹参加商讨百官的俸禄标准问题，有一位显贵，是当今名臣，认为大家商议的标准过于优厚了。有一两位原属齐朝士族的文学侍从便对这位显贵说:"现在天下统一了,我们应该给后世树立典范,哪能仍然沿袭关中旧规呢?您如此耆耇,一定是陶朱公的大儿子吧!"彼此你欢我笑,竟不感到厌恶。

　　昔侯霸之子孙①,称其祖父曰家公;陈思王称其父为家父②,母为家母;潘尼称其祖曰家祖③:古人之所行,今人之所笑也。今南北风俗,言其祖及二亲,无云家者;田里猥人④,方有此言耳。凡与人言,言己世父⑤,以次第称之,不云家者,以尊于父⑥,不敢家也。凡言姑姊妹女子子⑦:已嫁,则以夫氏称之;在室⑧,则以次第称之。言礼成他族⑨,不得云家也。子孙不得称家者,轻略之也。蔡邕书集,呼其姑姊为家姑家姊,班固书集,亦云家孙,今并不行也。

【注释】

①侯霸:字君房,东汉人,官至大司徒。《后汉书》有传。

②陈思王:指曹植。

③潘尼:字正叔,西晋文学家。

④田里:农村里。猥人:鄙俗之人。

⑤世父:大伯父,后为伯父的通称。《尔雅·释亲》:"父之昆弟,先生为世父,后生为叔父。"

⑥尊于父:伯父较父亲年长,故云。

⑦女子子:女子。

⑧在室:指女子未出嫁。

⑨礼成他族:指女子出嫁到婆家。

【译文】

从前,侯霸的子孙称他们的祖父为家公;陈思王曹植称他的父亲为家父,母亲为家母;潘尼称他的祖父为家祖:古代的人是这么称呼的,在今天的人看来就是笑柄了。如今南北各地的风俗,提到他的祖辈及父母时,没有称"家"的;只有农村里那些粗鄙的人,才这样称呼。凡是和别人谈话,提及自己的伯父,只按照父辈的排行顺序来称呼,不称"家",是因为伯父比父亲年长,不敢称"家"。凡讲到姑姊妹等女子的时候:已经出嫁的,就用她丈夫的姓来称呼;没有出嫁的,则以长幼排行来称呼。这意味着女子一行婚礼就成为夫家的人了,不能再称"家"。子孙不能称"家",以示对他们的轻略。蔡邕在文集里称呼他的姑、姊为家姑、家姊,班固文集里也说家孙,如今都不流行了。

　　凡与人言,称彼祖父母、世父母、父母及长姑,皆加尊字,自叔父母已下,则加贤字,尊卑之差也。王羲之书,称彼之母与自称己母同,不云尊字,今所非也。

【译文】

　　凡是与人言谈,提到对方的祖父母、伯父母、父母及长姑,都要在称呼前面加"尊"字,从叔父母以下,则在称呼前面加"贤"字,这是为了表示尊卑差别。王羲之在信中,称呼别人的母亲和称呼自己的母亲时都一样,前面不加"尊"字,现在人认为这是不可取的。

　　南人冬至岁首,不诣丧家①;若不修书,则过节束带以申慰②。北人至岁之日③,重行吊礼;礼无明文,则吾不取。南人宾至不迎,相见捧手而不揖,送客下席而已;北人迎送并至门,相见则揖,皆古之道也,吾善其迎揖。

【注释】

①诣：到。

②束带：整饬衣冠，束紧衣带。表示恭敬。申慰：以示慰问。

③至岁：指冬至、岁首二节。

【译文】

南方人在冬至、岁首这两个节日，不到办丧事的人家去；如果不写信致哀，就等过了节再穿戴整齐亲往吊唁，以示慰问。北方人在冬至、岁首这两个节日，特别重视吊唁活动；这种做法在礼仪上没有明文记载，我是不赞同的。南方人在宾客到来时不出迎，见面时只是拱手而不欠身，送客也仅仅起身离席而已；北方人迎送客人都要到门口，相见时作揖为礼，这些都是古代的遗风，我赞许他们这种待客之礼。

　　昔者，王侯自称孤、寡、不穀，自兹以降，虽孔子圣师，与门人言皆称名也。后虽有臣、仆之称，行者盖亦寡焉。江南轻重①，各有谓号②，具诸《书仪》；北人多称名者，乃古之遗风，吾善其称名焉。

【注释】

①轻：地位低。重：地位高。

②谓号：特定称谓。

【译文】

过去，王公诸侯都自称孤、寡、不穀，自此以后，纵使是孔子那样的至圣先师，与门人谈话时也都自称名字。后世虽然有人自称臣、仆，但这样做的人不多。江南地区的人不论地位高低，都各有称谓，这都记载在《书仪》之中；北方地区的人大多自称名字，这是古人的遗风，我赞许他们自称名字的做法。

言及先人，理当感慕，古者之所易，今人之所难。江南人事不获已①，须言阀阅②，必以文翰③，罕有面论者。北人无何便尔话说④，及相访问。如此之事，不可加于人也。人加诸己，则当避之。名位未高，如为勋贵所逼，隐忍方便，速报取了；勿使烦重，感辱祖父。若没⑤，言须及者，则敛容肃坐，称大门中⑥，世父、叔父则称从兄弟门中，兄弟则称亡者子某门中，各以其尊卑轻重为容色之节，皆变于常。若与君言，虽变于色，犹云亡祖亡伯亡叔也。吾见名士，亦有呼其亡兄弟为兄子弟子门中者，亦未为安贴也⑦。北土风俗，都不行此。太山羊侃⑧，梁初入南；吾近至邺，其兄子肃访侃委曲⑨，吾答之云："卿从门中在梁，如此如此。"肃曰："是我亲第七亡叔⑩，非从也。"祖孝徵在坐⑪，先知江南风俗，乃谓之云："贤从弟门中，何故不解？"

【注释】

①不获已：犹不得已，没有办法。

②阀阅：本作伐阅，指世家门第。

③文翰：指信札，公文书。

④无何：无故，没有由来。

⑤没：去世。

⑥大门中：对别人称自己已故的祖父和父亲。

⑦安贴：妥帖，贴切。

⑧太山：即泰山。羊侃：字祖忻，泰山梁甫人。侃祖规陷魏，父祉为魏侍中、金紫光禄大夫。侃以大通三年（531）归梁，受梁朝优待。《梁书》有传。

⑨肃：羊肃。羊侃兄羊深之子。《魏书·羊深传》云："羊深，字文

渊，太山平阳人，梁州刺史祉第二子也……子肃，武定末，仪同开
府东阁祭酒。"委曲：事情的始末经过。

⑩亲：汉魏至隋，习惯于亲戚称谓之上加"亲"字，以示其为直系的
或最亲近的亲戚关系。

⑪祖孝徵：北齐名臣，名珽，字孝徵，范阳狄道人，官至左仆射。《北
齐书》有传。

【译文】

提到先人的名字，理应产生哀念之情，这在古人是很容易的，而今
天的人却感到困难。江南人除非事出不得已，否则，在与别人谈及家世
的时候，一定是以书信往来，很少当面谈及的。北方人无缘无故想找人
聊天，就会到家相访。那么，像当面谈及家世这样的事，就不可施加于
别人。如果别人把这样的事施加于你，你就应该设法回避。名声地位
不高的人，如果是被权贵所逼迫而必须言及家世，可以隐忍敷衍一下，
尽快结束谈话；不要烦琐重复，以免有辱自家祖辈父辈。如果自己的祖
父、父亲已经去世，谈话中必须提到他们时，就要表情严肃，端正坐姿，
口称"大门中"，提及去世的伯父、叔父时则称"从兄弟门中"，对已过世
的兄弟，则称兄弟的儿子"某某门中"，并且要依照他们身份地位的尊卑
轻重，来确定自己表情上应掌握的分寸，与平时的表情都要有所不同。
如果是同国君谈及自己已经去世的长辈，虽然表情上也有所改变，但还
是可以说"亡祖、亡伯、亡叔"等称谓。我看见一些名士，与国君谈话时，
也有称他的亡兄、亡弟为兄子"某某门中"或弟子"某某门中"的，这是不
够妥帖的。北方的风俗，就完全不是这样。泰山的羊侃，在梁朝初年到
了南方；我最近到邺城，他的侄儿羊肃来拜访我，并向我询问羊侃的具
体情况，我回答说："您的从门中在梁朝时，具体情况如何如何。"羊肃
说："他是我的亲第七亡叔，不是堂叔。"当时祖孝徵也在座，他早就知道
江南的风俗，就对羊肃说："就是指贤从弟门中，您怎么不理解呢？"

　　古人皆呼伯父叔父,而今世多单呼伯叔。从父兄弟姊妹已孤①,而对其前,呼其母为伯叔母,此不可避者也。兄弟之子已孤,与他人言,对孤者前,呼为兄子弟子,颇为不忍;北土人多呼为侄。按:《尔雅》、《丧服经》、《左传》,侄虽名通男女,并是对姑之称。晋世已来,始呼叔侄;今呼为侄,于理为胜也。

【注释】

　　①从父:伯父、叔父的通称。

【译文】

　　古代人都称呼伯父、叔父,而现在的人大多只单称伯、叔。叔伯兄弟、姊妹丧父之后,在他们面前说话的时候,称他们的母亲为伯母、叔母,这是无法回避的。如果兄弟的儿子死了父亲,与别人谈话时,当着他们的面,称他们为兄之子或弟之子,叫人很不忍心;北方大多数称他们为"侄"。按:在《尔雅》、《丧服经》、《左传》等书中,"侄"这个称呼虽然男女都可用,但都是对姑姑来说的。晋代以来,才开始有"叔侄"的称呼;现在统称为侄,从情理上说是恰当的。

　　别易会难,古人所重;江南饯送,下泣言离。有王子侯①,梁武帝弟,出为东郡,与武帝别,帝曰:"我年已老,与汝分张②,甚以恻怆。"数行泪下。侯遂密云③,赧然而出④。坐此被责,飘飖舟渚,一百许日,卒不得去。北间风俗,不屑此事,歧路言离,欢笑分首⑤。然人性自有少涕泪者,肠虽欲绝,目犹烂然⑥;如此之人,不可强责。

【注释】

①王子侯：皇室所封列侯。《汉书》有王子侯表。

②分张：分别的意思。

③密云：无泪，指强作悲凄之态而不掉泪。

④赧（nǎn）然：因惭愧而脸红的样子。

⑤分首：犹分手。

⑥烂然：目光明亮、炯炯有神的样子。

【译文】

别时容易见时难，古人对离情特别重视；江南人在为人饯行时，谈到分离就掉眼泪。有一位王子侯，是梁武帝的弟弟，即将到东边的州郡任职，前来与帝辞行，武帝对他说：“我已经年迈了，现在又与你分别，真叫人无比伤心。”说着话便泪流不止。王子侯勉强做出悲伤的样子，却挤不出眼泪，只好含羞而去。他因这件事被人指责，坐船在江渚边飘荡徘徊了一百多天，最终还是不能离去。北方人的风俗，就不屑沉溺于离情别绪，走到岔路口的时候就各自说再见，然后欢笑着离去。当然，有的人天生就很少流泪，即使痛断肝肠，眼睛仍然炯炯有神；像这样的人，就不能过分责备他。

凡亲属名称，皆须粉墨①，不可滥也。无风教者，其父已孤，呼外祖父母与祖父母同，使人为其不喜闻也。虽质于面，皆当加外以别之；父母之世叔父②，皆当加其次第以别之；父母之世叔母，皆当加其姓以别之；父母之群从世叔父母及从祖父母，皆当加其爵位若姓以别之。河北士人，皆呼外祖父母为家公家母，江南田里间亦言之。以家代外，非吾所识。

【注释】

①粉墨：白与黑，此处指需像黑白一样明确区分。

②世叔父：伯父和叔父。

【译文】

　　凡是亲属的名称，都必须分辨清楚，不可胡乱混用。没有教养的人，在祖父、祖母去世后，称呼外祖父、外祖母与称呼祖父、祖母一个样，叫人听了不高兴。即使是当了外祖父、外祖母的面，也应该在称呼上加个"外"字以示区别；称呼父母亲的伯父、叔父，都应当在称呼前加上他们的排行顺序以示区别；父母亲的伯母、叔母，都应当在称呼前加上她们的姓以示区别；父母亲的堂伯父、堂伯母、堂叔父、堂叔母以及堂祖父、堂祖母，都应当在称呼前加上他们的爵位或姓以示区别。黄河以北地区的士人，都称外祖父、外祖母为家公、家母；江南的乡下偶尔也这样称呼。用"家"字代替了"外"字，这其中的原因我就不明白了。

　　凡宗亲世数，有从父，有从祖①，有族祖②。江南风俗，自兹已往，高秩者③，通呼为尊；同昭穆者④，虽百世犹称兄弟；若对他人称之，皆云族人。河北士人，虽三二十世，犹呼为从伯从叔。梁武帝尝问一中土人曰："卿北人，何故不知有族？"答云："骨肉易疏，不忍言族耳。"当时虽为敏对，于礼未通。

【注释】

①从祖：父亲的堂伯叔。

②族祖：祖父的堂伯叔。

③秩：官吏的俸禄。引申为官吏的职位或品级。

④昭穆：古代宗法制度，宗庙或墓地的辈次排列，以始祖居中。二

世、四世、六世，位于始祖的左方，称昭；三世、五世、七世位于始祖的右方，称穆，用来分别宗族内部的长幼、亲疏和远近。后亦泛指家族的辈分。《周礼·春官·小宗伯》："辨庙祧之昭穆。"这里是同一祖宗之意。

【译文】

宗族亲属的世系辈分，有从父，有从祖，有族祖。江南的风俗，由此而往，对官职高的，通称为尊；同一个祖宗辈分相同的人，虽然隔了一百代，仍然称为兄弟；如果对外人称呼自己宗族的人，则都称作族人。黄河以北地区的士人，虽然已隔二三十代，仍然称从伯、从叔。梁武帝曾经问一位中原人说："你是北方人，为什么不知道有'族'这种称呼呢？"他回答说："骨肉的关系容易疏远，所以我不忍心用'族'来称呼。"这在当时虽然是一种机敏的回答，但从礼制上却是讲不通的。

吾尝问周弘让曰①："父母中外姊妹②，何以称之？"周曰："亦呼为丈人③。"自古未见丈人之称施于妇人也。吾亲表所行，若父属者，为某姓姑；母属者，为某姓姨。中外丈人之妇，猥俗呼为丈母④，士大夫谓之王母、谢母云。而《陆机集》有《与长沙顾母书》，乃其从叔母也，今所不行。

【注释】

①周弘让：《陈书·周弘正传》："弘正二弟：弘让，弘直。弘让性简素，博学多通，天嘉初，以白衣领太常卿、光禄大夫，加金章紫绶。"

②中外：中表亲。中指舅父子女，为内兄弟；外指姑母子女，为外兄弟。

③丈人：通称老人，这里指对亲戚长辈的通称。

④丈母：古称父辈的妻子为丈母，今指岳母。

【译文】

　　我曾经问周弘让说："对父母亲中表姊妹该如何称呼？"周弘让回答说："也把她们称作丈人。"自古以来没有见过把丈人的称呼用在女人身上的。我的表亲们所奉行的称呼是：如果是父亲的中表姊妹，就称她为某姓姑；如果是母亲的中表姊妹，就称她为某姓姨。中表长辈的妻子，俚俗称她们为丈母，士大夫则称她们作王母、谢母等等。而《陆机集》中有《与长沙顾母书》，顾母就是陆机的从叔母，现在不这样称呼了。

　　齐朝士子，皆呼祖仆射为祖公①，全不嫌有所涉也，乃有对面以相戏者。

【注释】

①祖仆射（yè）：即祖珽。《北齐书·后主纪》："（武平三年二月）庚寅，以左仆射唐邕为尚书令，侍中祖珽为左仆射。"仆射，古代官名，置于秦朝，宋以后废。

【译文】

　　齐朝的士大夫们，都称仆射祖珽为"祖公"，完全不顾忌这样称呼会和自己祖父的称呼混为一谈，甚至还有当着祖珽面用这种称呼开玩笑的。

　　古者，名以正体，字以表德，名终则讳之，字乃可以为孙氏①。孔子弟子记事者，皆称仲尼；吕后微时，尝字高祖为季；至汉爰种②，字其叔父曰丝③；王丹与侯霸子语，字霸为君房④；江南至今不讳字也。河北士人全不辨之，名亦呼为字，字固呼为字。尚书王元景兄弟⑤，皆号名人，其父名云，字罗汉,一皆讳之,其余不足怪也。

【注释】

①氏:上古时期,人们不仅有姓,还有氏。姓是一种族号,氏是姓的
　分支。战国以前,男子只称氏,不称姓,战国以后,人们往往以氏
　为姓,姓氏渐渐合一,汉代时,通称为姓。古代诸侯的儿子称公
　子,公子的儿子称公孙,公孙的儿子往往以其祖父的字为氏,所
　以文中说"字乃可以为孙氏"。

②爰种:西汉名臣爰盎之兄子。

③丝:爰盎,字丝。《汉书・爰盎传》载:"(盎)徙为吴相。辞行,种
　谓盎曰:'吴王骄日久,国多奸,今丝欲刻治,彼不上书告君,则利
　剑刺君矣。南方卑湿,丝能日饮,亡何,说王毋反而已。如此幸
　得脱。'盎用种之计,吴王厚遇盎。"

④王丹:字仲回,京兆下邽人。《后汉书》有传。

⑤王元景:王昕,字元景,北海剧人。《北齐书》有传。

【译文】

古时候,名用来表明本身,字用来表示德行。人死后,后人要避讳
他的名,而他的字则可以作为孙辈的氏。孔子的弟子在记录孔子言行
时,都称孔子的字"仲尼";吕后在作为百姓时,曾称呼汉高祖的字叫他
"季";汉人爰种,也直称他叔父的字"丝";王丹和侯霸的儿子谈话,称呼
侯霸的字"君房"。江南地区至今对称字仍不避讳。而黄河以北地区的
士人对名和字则完全不加区别,名也叫做字,字自然也叫做字。尚书王
元景兄弟,都号称名人,他们的父亲名云,字罗汉,他们对父亲的名和字
都一概避讳,其他的人不能分辨其中差别,也就不足为怪了。

　　《礼・间传》云①:"斩缞之哭②,若往而不反;齐缞之
哭③,若往而反;大功之哭④,三曲而偯⑤;小功缌麻⑥,哀容可

也,此哀之发于声音也。"《孝经》云:"哭不偯^⑤。"皆论哭有轻重质文之声也。礼以哭有言者为号,然则哭亦有辞也。江南丧哭,时有哀诉之言耳;山东重丧,则唯呼苍天,期功以下^⑦,则唯呼痛深,便是号而不哭。

【注释】

①《礼·间传》:《礼记》篇名。郑《目录》云:"名曰《间传》者,以其记丧服之间轻重所宜。"

②斩缞(cuī):旧时五种丧服中最重的一种。用粗麻布制成的丧服,左右和下边不缝。子、未嫁女对父母,媳妇对公婆,承重孙对祖父母,妻对夫都服斩缞。《礼记·丧服小记》:"斩缞括发以麻。"

③齐(zī)缞:丧服名。五服之一,次于斩缞。以粗麻布制成,因其缉边缝齐,故称齐缞。为继母、慈母服齐缞三年,为祖父母、妻、庶母服齐缞一年,为曾祖父母服齐缞五月,为高祖父母服齐缞三月。

④大功:丧服名。五服之一,服期九个月。其服用熟麻布制成,较齐缞稍细,较小功为粗,故称大功。旧时堂兄弟、未婚的堂姊妹、已婚的姑、姊妹、侄女及众孙、众子妇、侄妇之丧,都服大功;已婚女为伯父、叔父、兄弟、侄、未婚姑、姊妹、侄女等服丧,也服大功。

⑤偯(yǐ):哭的尾声。

⑥小功:丧服名。五服之一,用较粗的熟布制成,比大功为细,较缌麻为粗,服期五个月。《仪礼·丧服》:"小功者,兄弟之服也。"缌(sī)麻:丧服名。五种丧服之最轻者,以熟布为之,比小功为细,服期为三月。凡疏远亲属、亲戚如高祖父母、曾伯叔祖父母、族伯叔祖父母、外祖父母、岳父母、中表兄弟、婿、外孙等都服缌麻。

⑦期(jī)功:古代丧服名称。期,服丧一年。功,指大功和小功。李密《陈情表》:"外无期功强近之亲,内无应门五尺之童,茕茕孑

立,形影相吊。"

【译文】

《礼记·间传》上说:"穿斩缞这种丧服居丧时,要痛哭至气竭,好像再也哭不出第二声一样;穿齐缞这种丧服居丧时,要哭得死去活来;穿大功这种丧服居丧时,哭时要拖着长长的尾音,一声三折;穿小功、缌麻这两种丧服居丧时,只要表现出哀痛的神情就可以了,这是哀痛之情在声音上的表现。"《孝经》说:"孝子丧亲,哭声不拖尾音。"这些都是在论说哭在声音上的轻、重、直接、含蓄之分。礼制中把边哭边哀诉称为号,这样,哭时也可有言辞。江南地区的人在居丧痛哭时,经常会夹杂哀诉的语言;北方人在服重丧时,只是呼天抢地,在服一年以下的轻丧时则只呼悲痛深重,这就是哀号而不哭泣。

江南凡遭重丧,若相知者,同在城邑,三日不吊则绝之;除丧①,虽相遇则避之,怨其不已悯也。有故及道遥者,致书可也;无书亦如之②。北俗则不尔。江南凡吊者,主人之外,不识者不执手;识轻服而不识主人③,则不于会所而吊④,他日修名诣其家⑤。

【注释】

①除丧:除去丧服。

②如之:如同那样,即如同对待"三日不吊"者一样。

③轻服:五服中较轻的几种,如大功、小功、缌麻之类。

④会场:聚会的场所。这里指治丧的地方。

⑤名:名刺。相当于今之名片。

【译文】

江南地区凡遭逢重丧的人家,如果是与他家相认识的人,又同住在一个城邑里,三天之内不去吊丧,丧家就会与他断绝交往;丧家的人除掉丧服,与他在路上相遇,也要避开他,因为怨恨他不怜恤自己。如果是另有原因或道路遥远而未能前来吊丧的,也可以写信来表示慰问;不来信的,丧家也会一样对待他。北方的风俗则不是这样。江南地区凡来吊丧的,除了丧主之外,与不认识的人就不握手;如果只认识披戴较轻丧服的人而不认识主人,就不到灵堂去吊丧,改天准备好名刺再上他家去表示慰问。

　　　阴阳说云①:"辰为水墓,又为土墓,故不得哭。"王充《论衡》云:"辰日不哭,哭必重丧②。"今无教者,辰日有丧,不问轻重,举家清谧③,不敢发声,以辞吊客。道书又曰:"晦歌朔哭④,皆当有罪,天夺其算⑤。"丧家朔望⑥,哀感弥深,宁当惜寿,又不哭也? 亦不谕。

【注释】

①说:《群书类编故事》卷二"说"作"家"。

②重丧:再死人。

③清谧(mì):清静。

④晦:阴历每月的最后一天。朔:阴历每月初一。

⑤算:寿命。

⑥望:阴历每月十五日。

【译文】

　　阴阳家说:"辰日是水墓,又是土墓,所以辰日不得哭丧。"王充的《论衡》说:"辰日不能哭丧,哭的话会再死人。"而今那些没有教养的人,辰日遇到丧事,不问轻丧重丧,全家都静悄悄的,不敢发出哭声,并谢绝吊丧的宾客。道家的书又说:"晦日唱歌,朔日哭泣,都是有罪的,老天要减损他的寿命。"丧家在朔日和望日,悲痛万分,难道为了爱惜寿命,就不哭泣了吗? 真是莫名其妙。

偏傍之书^①,死有归杀^②。子孙逃窜,莫肯在家;画瓦书符^③,作诸厌胜^④;丧出之日,门前然火^⑤,户外列灰^⑥,被送家鬼^⑦,章断注连^⑧。凡如此比,不近有情,乃儒雅之罪人,弹议所当加也。

【注释】
①偏傍之书:指旁门左道的书。偏傍,不正。
②归杀:也作"归煞"、"回煞"。旧时迷信谓人死之后若干日灵魂回家一次叫"归杀"。
③画瓦:在瓦片上画图象以镇邪。
④厌胜:古代一种巫术,谓能以诅咒制服、压服人或物。
⑤然:点燃。
⑥户外列灰:在门外铺灰,以观死人魂魄之迹,为一种迷信活动。
⑦被(fú):古代除灾祈福的仪式。
⑧章:上章,托道士给鬼神上章。注连:指一人得病而死,另一人复得此病。

【译文】
旁门左道的书说,人死之后灵魂要返家一次。这一天,子孙们都逃避在外,没有人肯留在家中;又说用画瓦和书符可以镇邪,念咒语可以驱鬼;还说出殡那一天,门前要燃火,屋外要铺灰,要举行仪式送走家鬼,上章请求老天阻止死者祸及家人。诸如此类,都不近人情,是儒学雅道的罪人,应该对此进行批评。

　　已孤①，而履岁及长至之节②，无父，拜母、祖父母、世叔父母、姑、兄、姊，则皆泣；无母，拜父、外祖父母、舅、姨、兄、姊，亦如之。此人情也。

【注释】

①孤：丧父或丧母。

②履岁：一年之始。长至：夏至的别称。《礼记·月令》："是月也，日长至。"因为夏至后日渐短，冬至后日又渐长，故冬至也称长至。此处当指冬至。

【译文】

　　父亲或母亲去世后，在元旦和冬至这两个节日里，如果是没了父亲，拜见母亲、祖父母、伯叔父母、姑母、兄长、姐姐时都要哭泣；如果没了母亲，拜见父亲、外祖父母、舅父、姨母、表兄、表姐时也一样要哭泣。这是人之常情。

　　江左朝臣，子孙初释服①，朝见二宫②，皆当泣涕；二宫为之改容。颇有肤色充泽，无哀感者，梁武薄其为人，多被抑退。裴政出服③，问讯武帝④，贬瘦枯槁⑤，涕泗滂沱，武帝目送之曰："裴之礼不死也⑥。"

【注释】

①释服：即出服，服丧期满，除去丧服。

②二宫：指皇帝与太子。

③裴政：字德表，河东闻喜人。《隋书》有传。

④问讯：僧尼等向人曲躬合掌致敬叫"问讯"，因为梁武帝信佛，所以裴政以僧礼拜见。

⑤贬瘦：枯槁消瘦。

⑥裴之礼：裴政之父，官梁廷尉卿。

【译文】

　　南朝的大臣亡故后，他们的子孙服丧期满，除去丧服时进宫朝见皇帝和太子，都要痛哭流涕；皇帝和太子也会为之动容。也有一些人在朝见时容光焕发，没有表现出哀痛的感情，梁武帝因为鄙薄他们的为人，大多会将他们贬退降谪。裴政服丧期满进宫时，以僧礼朝拜梁武帝，他面容消瘦憔悴，应答时涕泪横流，梁武帝目送他离去时说："裴政之父裴之礼虽死犹生啊！"

　　二亲既没，所居斋寝①，子与妇弗忍入焉。北朝顿丘李构②，母刘氏，夫人亡后，所住之堂，终身锁闭，弗忍开入也。夫人，宋广州刺史纂之孙女，故构犹染江南风教。其父奖，为扬州刺史③，镇寿春，遇害。构尝与王松年、祖孝徵数人同集谈宴④。孝徵善画，遇有纸笔，图写为人。顷之，因割鹿尾⑤，戏截画人以示构，而无他意。构怆然动色，便起就马而去。举坐惊骇，莫测其情。祖君寻悟，方深反侧⑥，当时罕有能感此者。吴郡陆襄，父闲被刑⑦，襄终身布衣蔬饭，虽姜菜有切割，皆不忍食；居家惟以掐摘供厨。江宁姚子笃，母以烧死，终身不忍啖炙⑧。豫章熊康，父以醉而为奴所杀，终身不复尝酒。然礼缘人情，恩由义断，亲以噎死，亦当不可绝食也。

【注释】

①斋寝：斋戒时居住的旁屋。

②顿丘：地名。原为县，两汉属东郡，魏属阳平，晋武帝泰始二年

（466），分淮阳置顿丘郡。李构：李崇从弟平之孙。《北史·李崇传》："构字祖基，少以方正见称，袭爵武邑郡公。齐天保初，降爵为县侯，位终太府卿，赠吏部尚书。构早有名誉，历官清显，常以雅道自居，甚为名流所重。"

③奖：李奖。字遵穆，为李平之子，李构之父。《北史·李崇传》："奖字遵穆，容貌魁伟，有当世才度。位中书侍郎、吏部郎中。以本官兼尚书，出为相州刺史。初，元叉擅朝，奖为其亲侍，频居显职。灵太后反政，削除官爵。孝庄初，为散骑常侍、河南尹。奖前后所历，皆以明济著称。元颢入洛，颢以奖兼尚书右仆射，慰劳徐州。羽林及城人不承颢旨，害奖，传首洛阳。孝武帝初，奖故吏宋游道上书理奖，诏赠冀州刺史。"

④王松年：北齐名臣。官给事黄门侍郎，兼侍中，加散骑常侍，兼御史中丞，死赠吏部尚书、并州刺史，谥曰平。《北齐书》有传。祖孝徵：参前注。谈宴：聚谈宴饮。

⑤鹿尾：鹿之尾，为古代珍贵食品。

⑥反侧：惶恐不安。

⑦闲：陆闲。字退业。《南齐书·孝义传》："陆绛，字魏卿，吴郡人也。父闲，字退业，有风概，与人交，不苟合。少为同郡张绪所知，仕至扬州别驾。明帝崩，闲谓所亲曰：'官车晏驾，百司将听于冢宰。主王地重才弱，必不能振，难将至矣。'乃感心疾，不复预州事。刺史始安王遥光反，事败，闲以纲佐被召至杜姥宅，尚书令徐孝嗣启闲不预逆谋，未及报，徐世檦令杀之。绛时随闲，抱闲颈乞代死，遂并见杀。"《南史·陆慧晓传》亦载陆闲死事，并云："闲四子：厥、绛、完、襄也。"陆闲乃陆慧晓兄子。

⑧啖（dàn）：吃。

【译文】

父母亲去世之后，他们生前斋戒时所居的旁屋，儿子和媳妇都不忍心进去。北朝顿丘郡的李构，他母亲刘氏夫人死后，她生前所居的屋子，李构将其锁闭，终身不忍心开门进去。李构的母亲，是宋广州刺史刘纂的孙女，所以李构在礼制上仍然受到江南风俗的熏陶。他的父亲李奖，曾是扬州刺史，镇守寿春时被人杀害。李构曾与王松年、祖孝徵几个人聚在一起喝酒谈天。孝徵善于画画，见到纸笔，就画了一幅人物画。过了一会儿，他因为拿刀割取宴席上的鹿尾，就开玩笑地把人像斩断拿给李构看，但并没有其他的意思。李构却悲痛得变了脸色，立刻起身乘马走了。在场的人都惊诧不已，却猜不出其中的原因。祖孝徵后来反复思考，才明白李构是因为他割画中人而想到了父亲被杀害的事，悲痛万分，祖孝徵为这件事深感不安，当时却很少有人能明白其中原委。吴郡的陆襄，他的父亲陆闲遭到刑戮，陆襄终身穿布衣吃素餐，即便是生姜，如果用刀割过，他都不忍心食用；做饭只用手掐摘蔬菜供厨房之需。江宁的姚子笃，因为母亲是被烧死的，所以他终身不忍心吃烤肉。豫章的熊康，父亲因酒醉后被奴仆杀害，所以他终身不再饮酒。然而礼是根据人的感情需要而设立的，感念父母之德也需要根据事理而断绝，假如父母亲因为吃饭噎死了，也不能因此绝食吧。

《礼经》：父之遗书，母之杯圈①，感其手口之泽②，不忍读用。政为常所讲习，雠校缮写③，及偏加服用，有迹可思者耳。若寻常坟典④，为生什物，安可悉废之乎？既不读用，无容散逸⑤，惟当缄保⑥，以留后世耳。

【注释】

①杯圈：一种木制饮器。

②手口之泽：手汗和口气的滋润。《礼记·玉藻》："父没而不能读父之书，手泽存焉尔，母没而杯圈不能饮焉，口泽之气存焉尔。"

③雠(chóu)校:校对文字。

④坟典:三坟五典。伏羲、神农、黄帝之书叫三坟,少昊、颛顼、高
　辛、唐、虞之书,叫五典。此指书籍。

⑤散逸:散失。

⑥缄:闭藏不发。

【译文】

《礼经》上讲:父亲遗留的书籍,母亲用过的口杯,感受到上面父母
的气息,就不忍心阅读或使用。只因为这些书籍是父亲生前经常讲习,
亲手校对缮写过的,或是特别常用的,上面留着他的遗迹可以引发儿女
的哀思。如果是普通的书籍,以及各种日用品,哪能全部废弃不用呢?
父母遗物既然不阅读和使用,就不要让它们散失,应当封存保护,以留
传给后代。

　　思鲁等第四舅母,亲吴郡张建女也,有第五妹,三岁丧
母。灵床上屏风,平生旧物,屋漏沾湿,出曝晒之,女子一
见,伏床流涕。家人怪其不起,乃往抱持;荐席淹渍^①,精神
伤怛^②,不能饮食。将以问医,医诊脉云:"肠断矣!"因尔便
吐血,数日而亡。中外怜之^③,莫不悲叹。

【注释】

①荐席:垫席。淹渍:被泪水浸湿。

②伤怛(dá):悲伤痛苦。

③中外:中表亲戚。

【译文】

　　思鲁等人的四舅母,是吴郡张建的女儿,她的五妹刚满三岁时就失
去了母亲。灵床上摆着的屏风,是她母亲生前使用的旧物,这屏风因屋

漏被沾湿，而拿出去曝晒。那女孩一见到屏风，就伏在床上流泪。家里人见她一直不起来，感到奇怪，就过去抱她起身，只见垫席已被泪水浸湿，女孩伤心欲绝，不能饮食。家人带她去看病，医生诊脉后说："她已经伤心断肠了！"女孩因此而吐血，没几天就去世了。亲属都怜惜她，无不悲伤叹息。

《礼》云："忌日不乐①。"正以感慕罔极②，恻怆无聊，故不接外宾，不理众务耳。必能悲惨自居，何限于深藏也？世人或端坐奥室③，不妨言笑，盛营甘美，厚供斋食；迫有急卒④，密戚至交，尽无相见之理：盖不知礼意乎！

【注释】

①忌日不乐：《礼记·檀弓》："子思曰：'丧三日而殡，凡附于身者，必诚必信，勿之有悔焉耳矣。三月而葬，凡附于棺者，必诚必信，勿之有悔焉耳矣。丧三年以为极，亡则弗之忘矣。故君子有终身之忧，而无一朝之患。故忌日不乐。'"忌日，父母去世的日子。

②罔极：无限，不尽。

③奥室：内室，深宅。

④卒（cù）：同"猝"，仓猝。

【译文】

《礼记》上说："忌日不宴饮作乐。"正因为对亡故的父母有说不尽的感念思慕之情，悲伤哀痛，所以这天不接待宾客，不处理事务。但是若真能自觉做到悲伤怀念，又何必非得关在家里不出门呢？世间有些人虽然端坐在深室，可是却并不妨碍他们谈笑风生，他们依旧置办丰富的饮食，对亡者也供奉着丰厚的斋食；遇到十分紧迫的事情，或是至亲好友来访，他们却认为没有接见的道理：他们是不明白礼的本质啊！

　　魏世王修,母以社日亡①。来岁社日,修感念哀甚,邻里闻之,为之罢社。今二亲丧亡,偶值伏腊分至之节②,及月小晦后③,忌之外,所经此日,犹应感慕,异于余辰,不预饮宴、闻声乐及行游也。

【注释】

①社日:祭祀社神之日。立春后第五戊日为春社,立秋后第五戊日为秋社。

②伏腊:伏祭和腊祭之日。伏祭在夏季伏日,腊祭在农历十二月。分:春分、秋分。至:冬至、夏至。

③月小:指旧历只有二十九天的月份。

【译文】

　　魏朝王修的母亲是在社日这天去世的。第二年的社日,王修因为思念母亲,十分哀痛,他的邻居们听说此事后,就为此而停止了社日的庆祝活动。假使父母亲去世的日子,正碰上伏祭、腊祭、春分、秋分、夏至、冬至这些节日,以及小月晦后的那一天,除了忌日这天感怀父母外,在上述的日子里,仍应对父母亲感怀思慕,与别的日子有所区别,应该不参加宴饮、不听音乐、不外出游玩。

　　刘绍、缓、绥,兄弟并为名器①,其父名昭②,一生不为照字,惟依《尔雅》火旁作召耳。然凡文与正讳相犯③,当自可避;其有同音异字,不可悉然。刘字之下,即有昭音④。吕尚之儿,如不为上;赵壹之子,傥不作一:便是下笔即妨,是书皆触也。

【注释】

①名器:著名人士。

②昭：刘昭。字宣卿，平原高唐人，晋太尉刘实九世孙，集《后汉》同
　　异以注范晔书，世称博悉。《梁书》有传（文学上），并附其子刘
　　绍、刘缓。

③正讳：指人的正名。

④昭音：昭的读音，因为旧体刘字（劉）上从卯，下从钊，钊的读音正
　　与昭同，是同音不同字，所以文中说"刘字之下，即有昭音"。

【译文】

　　刘绍、刘缓、刘绥三兄弟都是有名的人物，他们的父亲名叫昭，所以他们兄弟便一辈子都不写照字，只是依照《尔雅》用火字旁加召来代替。当然，凡是文字与人的正名相同的，都应该避讳；如果遇到同音不同形字，就不该全部避讳了。刘字的下半部分就有昭的读音。吕尚的儿子如果不能写"上"字；赵壹的儿子，如果不能写"一"字：那便会一下笔就有妨碍，一写字就犯忌讳了。

　　尝有甲设宴席，请乙为宾；而旦于公庭见乙之子，问之曰："尊侯早晚顾宅？"乙子称其父已往。时以为笑。如此比例，触类慎之①，不可陷于轻脱②。

【注释】

①触类：接触这一类事情。

②轻脱：轻佻，不稳重。

【译文】

　　曾经有位甲君摆设宴席，请乙君前来做客；当他早上在朝堂遇见乙的儿子时，就问他："令尊何时能够光顾舍下？"乙的儿子说他父亲已经去了。当时的人都把这事当笑话讲。遇上这类事情时，一定要谨慎对待，千万不可过于轻佻。

　　江南风俗，儿生一期，为制新衣，盥浴装饰，男则用弓矢纸笔，女则刀尺针缕，并加饮食之物，及珍宝服玩，置之儿前，观其发意所取，以验贪廉愚智，名之为试儿。亲表聚集①，致宴享焉。自兹已后，二亲若在，每至此日，尝有酒食之事耳。无教之徒，虽已孤露②，其日皆为供顿③，酣畅声乐，不知有所感伤。梁孝元年少之时，每八月六日载诞之辰④，常设斋讲⑤；自阮修容薨殁之后⑥，此事亦绝。

【注释】

①亲表：亲属中表。中表，姑母的子女叫外表。舅父姨母的子女叫内表，互称中表。

②孤露：魏晋时人以父亡为孤露，亦称"偏露"。孤单无所荫庇的意思。

③供顿：设宴待客。

④载诞之辰：生日。

⑤斋讲：斋素讲经。

⑥修容：三国时魏宫内女官名。南朝宋改为昭容，至隋仍置修容，为九嫔之一。

【译文】

　　江南地区的风俗，孩子满周岁时，就要为他们缝制新衣裳，给他洗浴打扮，若是男孩就拿出弓、箭、纸、笔，若是女孩就拿出剪子、尺子、针线，再加上一些饮食，以及珍宝玩具等物，把它们放在孩子面前，由孩子任意抓取，以此来观察孩子今后是贪婪还是廉洁，是愚蠢还是聪明，这种风俗被称作试儿。这一天，亲戚们都聚集一堂，欢宴作乐。从此以后，父母亲如果在世，每到这个日子，就要置酒备饭，欢庆一番。有些没有教养的人，虽然父亲已经去世，这一天，仍然设宴待客，尽兴痛饮，纵情声乐,不知道还应该因怀念父亲而有所感伤。梁孝元帝年轻的时候,每到八月六日生日这天,经常是吃素讲经;自他母亲阮修容去世之后,也就不再这样做了。

　　人有忧疾,则呼天地父母,自古而然。今世讳避,触途急切①。而江东士庶,痛则称祢②。祢是父之庙号,父在无容称庙,父殁何容辄呼?《苍颉篇》有"侑"字③,《训诂》云④:"痛而谣也⑤,音羽罪反⑥。"今北人痛则呼之。《声类》音于耒反⑦,今南人痛或呼之。此二音随其乡俗,并可行也。

【注释】

①触途:各方面,处处。

②祢(nǐ):亡父在宗庙中立主之称。

③《苍颉篇》:古代字书,李斯所作。侑(yáo):象声词。呼痛声。

④《训诂》:解释《苍颉篇》的书。《汉书·艺文志》:"扬雄《苍颉训纂》一篇。杜林《苍颉训纂》一篇。杜林《苍颉故》一篇。"皆是《苍颉篇》之《训诂》。

⑤谣:同"呼"。

⑥反:反切。我国古代的一种注音方法,取反切上字的声母和反切下字的韵母以及声调合起来为另外一个字注音。

⑦《声类》:书名。魏人李登所作,音韵学著作。

【译文】

　　人有忧患疾病时,就会呼喊天地父母,自古以来都是这样。现在的人讲究避讳,处处比古人来得严格。江南地区无论士大夫还是普通百姓,悲痛时都呼喊"祢"。祢是已故父亲的庙号,父亲在世时不允许立庙,所以不能喊,父亲死后又怎能随便呼叫他的庙号呢?《苍颉篇》中有

"㦂"字,《训诂》解释说:"这是痛苦时发出的声音,其读音是羽罪反。"现在北方人悲痛时就这样叫。《声类》上又说这个字的音是于未反,现在南方人悲痛时就这样喊。这两种读音,随乡俗的不同而不同,但都是可行的。

梁世被系劾者①,子孙弟侄,皆诣阙三日,露跣陈谢②;子孙有官,自陈解职。子则草屩粗衣③,蓬头垢面,周章道路④,要候执事⑤,叩头流血,申诉冤情。若配徒隶,诸子并立草庵于所署门,不敢宁宅⑥,动经旬日,官司驱遣,然后始退。江南诸宪司弹人事⑦,事虽不重,而以教义见辱者,或被轻系而身死狱户者,皆为怨仇,子孙三世不交通矣。到洽为御史中丞⑧,初欲弹刘孝绰⑨,其兄溉先与刘善⑩,苦谏不得,乃诣刘涕泣告别而去。

【注释】

①系:拘囚。劾(hé):审理,判决。

②露:指露髻,即不戴帽子露出发髻。跣(xiǎn):光着脚不穿鞋。

③草屩(juē):草鞋。粗衣:粗布衣服。

④周章:惊恐不安。

⑤要(yāo)候:中途等候,迎候。

⑥宁宅:安居。

⑦宪司:魏晋以来御史的别称。

⑧到洽:字茂泝,《梁书》有传。《梁书》本传云到洽"(普通)六年,迁御史中丞,弹纠无所顾望,号为劲直,当时肃清"。御史中丞:官名。汉以御史中丞为御史大夫的助理。外督部刺史,内领侍御史,受公卿章奏,纠察百僚,其权颇重。东汉以后不设御史大夫

时，即以御史中丞为御史之长。北魏一度改称御史中尉。唐宋虽复置御史大夫，亦往往缺位，即以中丞代行其职。

⑨刘孝绰：本名冉，小字阿士，彭城（今江苏徐州）人。七岁能文，号为"神童"，以文才为世所重，恃才傲物，《梁书》有传。《梁书·刘孝绰》备载到洽弹劾刘孝绰事："初，孝绰与到洽友善，同游东宫。孝绰自以才优于洽，每于宴坐，嗤鄙其文，洽衔之。及孝绰为廷尉卿，携妾入官府，其母犹停私宅。洽寻为御史中丞，遣令史案其事，遂劾奏之，云：'携少妹于华省，弃老母于下宅。'高祖为隐其恶，改'妹'为'姝'（按：妹、姝二字倒文）。坐免官。孝绰诸弟，时随藩皆在荆、雍，乃与书论共洽不平者十事，其辞皆鄙到氏。又写别本封呈东宫，昭明太子命焚之，不开视也。"

⑩溉：到溉。字茂灌，到洽之兄。《梁书》有传。

【译文】

　　梁朝被拘囚的官员，他的子孙弟侄们，都要连续三天赶赴朝廷，免冠赤足，陈述请罪；如子孙中有做官的，就主动请求解除官职。他的儿子则穿上草鞋和粗布衣服，蓬头垢面，惊恐不安地守候在道路上，迎候主管官员，叩头流血，为父亲申诉冤枉。如果犯人被发配去服苦役，他的儿子们就要在官署门口搭个草棚栖身，不敢在家中安居，一住往往就是十多天，直到官府驱逐才离开。江南地区的诸位御史弹劾人事，有时案情虽不严重，但如果那人是因教义而受弹劾之辱，或者是被轻率拘囚而身死狱中，这些人家就会与御史结下怨仇，子孙三代都不相往来。到洽当御史中丞的时候，一开始想弹劾刘孝绰，到洽的哥哥到溉与刘孝绰关系友善，他苦苦规劝到洽不要弹劾刘孝绰，却未能如愿，于是他就前往刘孝绰处，流着泪与他告别。

　　兵凶战危，非安全之道。古者，天子丧服以临师，将军凿凶门而出①。父祖伯叔，若在军阵，贬损自居②，不宜奏乐宴会及婚冠吉庆事也③。若居围城之中,憔悴容色,除去饰玩,常为临深履薄之状焉④。父母疾笃,医虽贱虽少,则涕泣而拜之,以求哀也。梁孝元在江州,尝有不豫⑤;世子方等亲拜中兵参军李猷焉。

【注释】

①凶门:古代将军出征时,凿一扇向北的门,由此出发,如办丧事一样,以示必死的决心。

②贬损:损减,抑制。

③冠:冠礼。古代男子二十岁行成人礼,结发戴冠。

④临深履薄:"如临深渊,如履薄冰"的缩语,形容小心翼翼,战战兢兢的样子。

⑤不豫:天子有病称不豫。

【译文】

兵器是凶险的事物,战争是危险的事情,都不是安全之道。古时候打仗之前,天子要穿上丧服去视察军队,将军先凿开一扇向北的凶门,然后才率领军队由此出征。自己的父祖伯叔如果在军队里,那么日常生活就该自我约束,不应该奏乐以及参加宴会和婚礼冠礼等吉庆活动。如果他们被围困在城邑之中,自己就要面容憔悴,除掉身上的饰物器玩,时时显现出战战兢兢的样子。若父母病重,即使那医生年少位卑,也应该向医生哭泣跪拜,以此求得他的怜悯。梁孝元帝在江州的时候,曾经生病;他的长子方等人就亲自拜求过他的下属中兵参军李猷。

　　四海之人,结为兄弟,亦何容易。必有志均义敌①,令终如始者②,方可议之。一尔之后③,命子拜伏,呼为丈人,申父友之敬;身事彼亲,亦宜加礼。比见北人,甚轻此节,行路相逢,便定昆季④,望年观貌,不择是非,至有结父为兄,托子为弟者。

【注释】

①敌:相当。

②令终如始:即始终如一。

③一尔:一旦如此。

④昆季:指兄弟。长为昆,幼为季。

【译文】

四海之内的异姓之人,结拜为兄弟,并不是一件容易的事。必须得是志同道合而又始终如一的人,才能商讨此事。一旦结为兄弟,就应该让自己的孩子向他伏地下拜,称他为"丈人",以表示孩子对父亲朋友的尊敬;自己对结拜兄弟的父母亲,也应该待之以礼。近来见到一些北方人对此事很轻率,两个人陌路相逢,便结为兄弟,在排定长幼次序时,他们只从外貌看年龄的长幼而定,也不管对不对,以致有把父辈当成兄长,把子侄辈当成弟弟的。

昔者,周公一沐三握发,一饭三吐餐,以接白屋之士①,一日所见者七十余人。晋文公以沐辞竖头须,致有图反之诮②。门不停宾,古所贵也。失教之家,阍寺无礼,或以主君寝食嗔怒,拒客未通,江南深以为耻。黄门侍郎裴之礼③,号善为士大夫,有如此辈,对宾杖之。其门生僮仆④,接于他人,折旋俯仰⑤,辞色应对,莫不肃敬,与主无别也。

【注释】

①白屋之士:指平民。古代平民住房不施采,故称其所住之屋为白

屋。周公为西周初年杰出政治家,乃武王之弟,成王之叔,武王死后,辅佐成王。相传周公忙于接见天下贤士,往往洗一次头要中断多次,吃一次饭也要中断多次。

②"晋文公"二句:《左传·僖公二十四年》记载,竖头须曾经得罪过重耳,重耳回晋国做国君之后,竖头须求见,重耳以正在洗头为由,拒绝见他。竖头须说洗头时低头顺水,心亦朝下,怪不得思维颠倒。重耳便接见了他。晋文公,姓姬,名重耳,春秋时期著名君主,为春秋五霸之一。竖头须,晋国小臣。竖,小臣。图,考虑。诮,讥笑。

③黄门侍郎:秦官名,汉因之,因给事于黄门,故称黄门侍郎。裴之礼,见前注。

④门生:此指门下使役之人。

⑤折旋:曲行。古代行礼时的动作。

【译文】

从前,周公宁愿随时中断沐浴、用餐,以接待来访的贫寒之士,曾经在一天之内接见了七十多人。而晋文公以正在洗头为借口拒绝接见下人头须,以致招来思维颠倒的嘲笑。不使宾客滞留在大门口,这是古人所看重的礼节。那些没有教养的人家,看门人也没有礼貌,他们有时以主人正在睡觉、吃饭或发脾气为借口,拒绝为客人通报,江南的人家深以此事为耻。黄门侍郎裴之礼,被称作士大夫的楷模,他如果发现家中的僮仆怠慢客人,他就会当着客人的面杖打仆人。他的门子、僮仆在接待客人的时候,进退礼仪,言行举止,无不严肃恭敬,与对待主人没有区别。

慕贤第七

【题解】

慕贤，即仰慕贤才之意。作者认为"人在年少，神情未定，所与款狎，熏渍陶染，言笑举动，无心于学，潜移暗化，自然似之"。在日常生活中要多接触品德高尚的正人君子，相处久了，不知不觉中就会提高自己的品德修养；不能因为别人出身卑微，就心存蔑视；不仅要向身边的贤者学习，更要向古代的贤者学习。

古人云："千载一圣，犹旦暮也；五百年一贤，犹比髆也①。"言圣贤之难得，疏阔如此②。傥遭不世明达君子，安可不攀附景仰之乎？吾生于乱世，长于戎马，流离播越③，闻见已多。所值名贤④，未尝不心醉魂迷向慕之也。人在年少，神情未定，所与款狎⑤，熏渍陶染，言笑举动，无心于学，潜移暗化，自然似之。何况操履艺能⑥，较明易习者也？是以与善人居，如入芝兰之室，久而自芳也；与恶人居，如入鲍鱼之肆，久而自臭也。墨子悲于染丝⑦，是之谓矣。君子必慎交游焉。孔子曰："无友不如己者。"颜、闵之徒⑧，何可世得！但优于我，便足贵之。

【注释】

①比髆（bó）：并肩，挨的近。髆，肩胛。

②疏阔：间隔久远。

③播越：离散，流亡。

④值：遇。

⑤款狎：款洽狎昵，相互间关系亲密。

⑥操履：操守德行。

⑦悲于染丝：墨子悲叹于纯白之丝被染成各种颜色。《墨子·所染》："子墨子言见染丝者而叹曰：染于苍则苍，染于黄则黄，所入者变，其色亦变，五入必，而已则为五色矣。故染不可不慎也！"

⑧颜、闵：指孔子弟子颜回、闵损。

【译文】

古人说："一千年出一位圣人，已经近得像从早到晚那么快了；五百年出一位贤人，已经密得像肩碰肩一样了。"这是说圣人贤人稀少难得，已经到这种地步了。假如遇上世间所少有的明达君子，怎能不攀附景仰呢？我出生在乱世，在兵荒马乱中长大，颠沛流离，所见所闻已经很多。遇上名流贤士，总是心醉魂迷地向往仰慕人家。人在年轻时候，精神性情都还没有定型，和那些情投意合的朋友朝夕相处，受到他们的熏渍陶染，人家的一言一笑，一举一动，虽然没有存心去学，但是潜移默化之中，自然跟他们相似。何况操守德行和本领技能，都是比较容易学到的东西呢？因此与善人相处，就像进入满是芝草兰花的屋子中一样，时间一长自己也变得芬芳起来；与恶人相处，就像进入满是鲍鱼的店铺一样，时间一长自己也变得腥臭起来。墨子因看见人们染丝而感叹，说的也就是这个意思。君子与人交往一定要慎重。孔子说："不要和不如自己的人交朋友。"像颜回、闵损那样的贤人，我们一生都难遇到！只要比我强的人，也就足以让我敬重了。

　　世人多蔽，贵耳贱目，重遥轻近。少长周旋①，如有贤哲，每相狎侮，不加礼敬。他乡异县，微藉风声②，延颈企踵③，甚于饥渴。校其长短④，核其精粗，或彼不能如此矣。所以鲁人谓孔子为东家丘⑤。昔虞国宫之奇⑥，少长于君，君狎之，不纳其谏，以至亡国，不可不留心也。

【注释】

①少长：指从年少到长大成人。周旋：交往。

②藉：凭借，依靠。

③延颈企踵：伸长脖子踮起脚跟，形容殷切盼望。

④校：比较。

⑤东家丘：东边的邻居孔丘。当时鲁国人不知孔子价值所在，不知敬仰，只把他当平常人看，称之为"东家丘"。

⑥宫之奇：春秋时期虞国大夫，曾劝阻虞国国君不要借道给晋国以伐虢，但因为虞国国君自幼与他相熟，不够尊重他，便没有采纳他的意见，虞国终于亡国。事见《左传·僖公五年》。

【译文】

　　世间的人大多见识不明，对传闻的人和事很看重，对亲眼所见的东西则很轻视；对远方的事物很感兴趣，对近处的事物则不放在心上。从小一起长大的人，如果当中有谁成了贤达之士，人们也往往对他轻慢侮弄，缺乏应有的礼貌和敬重。而处在他乡异县的人，凭着那么点名声，就能使大家伸长脖子、踮起脚跟，如饥似渴地盼望一见。其实比较两人的长短，审察两人的优劣，很可能远处的还不如身边的。所以，鲁国人会称孔子为"东家丘"。从前虞国的宫之奇年龄稍长于国君，国君和他比较亲近，不能采纳他的意见，以至亡了国，这个教训不可不多加注意啊。

用其言，弃其身，古人所耻。凡有一言一行，取于人者，皆显称之，不可窃人之美，以为己力；虽轻虽贱者，必归功焉。窃人之财，刑辟之所处①；窃人之美，鬼神之所责。

【注释】

①刑辟(pì)：刑法，刑律。

【译文】

采用了别人的言论却嫌弃这个人，古人认为这种行为是可耻的。凡是一句话或一个举措，取自于他人的，都应该公开赞扬人家，不能窃取他人成果，当成自己的功劳；即使是地位低下的人，也要肯定他的功劳。窃取别人的钱财，会遭到刑罚的处置；窃取别人的功绩，会遭到鬼神的谴责。

梁孝元前在荆州，有丁觇者①，洪亭民耳，颇善属文，殊工草隶。孝元书记，一皆使之。军府轻贱②，多未之重，耻令子弟以为楷法，时云："丁君十纸，不敌王褒数字③。"吾雅爱其手迹，常所宝持。孝元尝遣典签惠编送文章示萧祭酒④，祭酒问云："君王比赐书翰⑤，及写诗笔⑥，殊为佳手，姓名为谁？那得都无声问⑦？"编以实答。子云叹曰："此人后生无比，遂不为世所称，亦是奇事。"于是闻者稍复刮目⑧。稍仕至尚书仪曹郎⑨，末为晋安王侍读⑩，随王东下。及西台陷殁⑪，简牍湮散，丁亦寻卒于扬州。前所轻者，后思一纸，不可得矣。

【注释】

①丁觇：梁朝书法家。唐代张彦远《法书要录》："智永章草、草书入

妙,隶入能。兄智楷,亦工草。丁觇亦善隶书,时人云:'丁真
永草。'"

②军府:时萧绎都督六州军事,故称其治所为军府。

③王褒:字子渊,琅邪临沂人,南北朝时期著名文人。本为梁朝文
臣,后入西魏、北周,与庾信齐名,《周书》有传。《周书·王褒
传》:"梁国子祭酒萧子云,褒之姑夫也,特善草隶。褒少以姻戚,
去来其家,遂相模范。俄而名亚子云,并见重于世。"

④典签:本为掌管文书的小官,后来权力甚大,称为签帅。萧祭酒:
梁国子祭酒萧子云。

⑤比:近来。书翰:指书札。

⑥诗笔:六朝人以诗笔对言,笔指无韵之文。

⑦声问:声誉,名声。

⑧刮目:另眼相看。

⑨仪曹郎:古代官名。

⑩晋安王:指梁简文帝萧纲,他于梁天监五年被封为晋安王。侍
读:诸王属官,职责是给诸王讲学。

⑪西台:指荆州治所江陵,因在建康之西,故称西台。承圣元年
(552)冬十一月丙子,梁元帝萧绎即皇帝位于江陵。承圣三年九
月,西魏宇文泰命其柱国万纽、于谨率军来寇,十二月俘杀萧绎,
江陵沦陷。

【译文】

梁孝元帝过去在荆州时,他属下有一位叫丁觇的人,是洪亭人氏,
很会写文章,特别擅长草书和隶书。孝元帝的文书抄写,全部由他负
责。军府中的人大都看不起他,耻于让自己的子弟去临习他的书法,当
时流行的话是:"丁觇写上十张纸,也比不上王褒几个字。"我非常喜爱
他的书法作品,常常把它们珍藏起来。孝元帝曾经派典签惠编送文章
给祭酒萧子云看,萧子云就问惠编:"君王最近有书信给我,还有他的诗

歌文章,书法都非常漂亮,那书写者实在是一个少有的高手,他姓甚名谁? 怎么会一点名声都没有呢?"惠编据实回答了。萧子云感叹道:"没有哪个后生能和他相比,他竟然不为世人所称道,这也算是奇事一桩。"别人听了萧子云的评价之后才渐渐改变了对丁觇的看法。丁觇后来逐渐升官至尚书仪曹郎的位置,后来任晋安王侍读,随晋安王东下。等到江陵陷落的时候,那些文书信札都散失了,丁觇不久也在扬州去世。过去轻视他的人,后来再想要他的一纸墨迹,也得不到了。

　　侯景初入建业①,台门虽闭②,公私草扰③,各不自全。太子左卫率羊侃坐东掖门④,部分经略⑤,一宿皆办,遂得百余日抗拒凶逆。于时,城内四万许人,王公朝士,不下一百,便是恃侃一人安之,其相去如此。古人云:"巢父、许由⑥,让于天下;市道小人⑦,争一钱之利。"亦已悬矣。

【注释】

①侯景(503—552):字万景,北魏怀朔镇(今内蒙古固阳南)鲜卑化羯人。左足生肉瘤而跛,擅长骑射,曾为北魏怀朔镇兵,后入东魏,权高位重。高欢死后,高澄排斥侯景。梁武帝太清元年(547),侯景率部投降梁朝,驻守寿阳。次年9月,侯景叛乱起兵进攻南梁,攻下建业,囚禁梁武帝。公元551年,侯景篡位自立为皇帝,不久被梁朝将领王僧辩、陈霸先率军攻灭。

②台门:禁城之门。晋、宋时称朝廷禁近之地为台,台城即禁城。

③草扰:仓促纷乱。

④太子左卫率:官名。太子府有左右卫率,掌管东宫兵杖羽卫之政令。羊侃:见前注。《梁书·羊侃传》备载羊侃于东掖门拒侯景之事:"时景既卒至,百姓竞入,公私混乱,无复次第。侃乃区分

防拟,皆以宗室间之。军人争入武库,自取器甲,所司不能禁,侃命斩数人,方得止。及贼逼城,众皆恂惧,侃伪称得射书,云'邵陵王、西昌侯已至近路'。众乃少安。贼攻东掖门,纵火甚盛,侃亲自距抗,以水沃火,火灭,引弓射杀数人,贼乃退……"东掖门:台城正南端门,其左右二门曰东、西掖门。

⑤部分:部署安排。经略:策划处理。

⑥巢父、许由:俱为尧时人,尧以天下让此二人,皆不受。

⑦市道小人:即市井小人。

【译文】

侯景刚攻入建业城的时候,台门虽然紧闭,但城内的官吏和百姓都惊恐不安,人人自危。这时,太子左卫率羊侃坐镇东掖门,他部署策划抵抗事宜,一夜之间就全都安排好了,因此才争取到一百多天的时间来抵抗凶恶的叛军。当时,台城内有四万多人,其中的王公大臣不下一百人,但就是凭着羊侃一人来安定了局面,他们之间的差距竟到了这种地步。古人说:"巢父、许由把天下都让给别人;而市井小人为了一个小钱也要争夺不休。"这两者的差距就更悬殊了。

　　齐文宣帝即位数年①,便沉湎纵恣,略无纲纪②;尚能委政尚书令杨遵彦③,内外清谧,朝野晏如④,各得其所,物无异议,终天保之朝⑤。遵彦后为孝昭所戮⑥,刑政于是衰矣。斛律明月⑦,齐朝折冲之臣⑧,无罪被诛,将士解体⑨,周人始有吞齐之志,关中至今誉之。此人用兵,岂止万夫之望而已哉⑩! 国之存亡,系其生死。

【注释】

①齐文宣帝:即北齐开国皇帝高洋,字子进,乃高欢次子。

②纲纪：法度，法纪。

③杨遵彦：即杨愔，字遵彦，小名秦王，弘农华阴人，仕北齐，为尚书令，甚为文宣帝高洋仰重。高洋死后，杨愔很快被杀。

④晏如：安然。

⑤天保：北齐文宣帝高洋的年号，起于550年，止于559年，共十年。

⑥孝昭：北齐孝昭皇帝高演，字延安，乃高欢第六子，高洋同母弟。

⑦斛律明月：北齐名将斛律金，字明月，以英勇闻名，被北周用离间计陷害致死。《北齐书》有传。

⑧折冲：使敌人的战车后撤，即击退敌军。冲，古代战车的一种。

⑨解体：人心离散。

⑩万夫之望：即众望所归的意思。

【译文】

齐文宣帝即位几年后，便沉湎酒色，放纵恣睢，目无法纪；但他尚能将政事交给尚书令杨遵彦处理，所以朝廷内外倒也清静安宁，各种事务都能得到妥善安排，大家都没有意见，这种局面一直保持到天保之朝结束。杨遵彦后来被孝昭帝杀害，国家的刑律政令从此也就废弛了。斛律明月是齐朝安邦却敌的重臣，却无罪被杀，军队将士因此而人心涣散，这才使北周萌生了吞并齐国的念头，关中一带人民至今对斛律明月仍称赞不已。这个人用兵，岂止是众望所归啊！他的生死简直可以说是关系着国家的存亡。

张延隽之为晋州行台左丞①，匡维主将，镇抚疆埸②，储积器用，爱活黎民，隐若敌国矣③。群小不得行志，同力迁之。既代之后，公私扰乱，周师一举，此镇先平。齐亡之迹，启于是矣。

【注释】

①张延隽：北齐人，生平事迹未见于《北齐书》。行台：凡朝廷遣大臣督诸军于外，谓之行台。

②疆埸(yì)：边界，边境。

③隐：威重的样子。敌国：相当于一国。

【译文】

张延隽任晋州行台左丞时，辅佐主将，镇守安抚边疆，储集物资，爱护救助百姓，使晋州城坚稳威重可与一国相匹敌。而那些卑鄙小人因为不能按自己的意愿行事，就联合起来排挤他。张延隽的职位被小人取代之后，晋州上下一片混乱，周国军队一起兵，晋州城就先被扫平了。齐国的败亡历程，就是从这里开始的。

卷三

勉学第八

【题解】

　　勉学，即劝学。作者针对梁朝贵族子弟不学无术，平时养尊处优，望若神仙，一旦社会动乱，立即陷于穷途末路的狼狈情状展开评论，认为"人生在世，会当有业"，不论哪个行业，学好了都可以安身立命；鼓励子弟要靠勤学自立于世，而不能依靠祖上的荫庇，认为"积财千万，不如薄伎在身"；本篇还讽刺了"博士买驴，书券三纸，未有驴字"的迂腐俗儒；反复告诫子弟要珍惜光阴，博览群书，反对"闭门读书，师心自是"和"但能言之，不能行之"的空疏学风。

　　自古明王圣帝，犹须勤学，况凡庶乎！此事遍于经史，吾亦不能郑重①，聊举近世切要，以启寤汝耳②。士大夫子弟，数岁已上，莫不被教，多者或至《礼》、《传》，少者不失《诗》、《论》。及至冠婚，体性稍定；因此天机，倍须训诱。有志尚者，遂能磨砺，以就素业③，无履立者④，自兹堕慢⑤，便为凡人。人生在世，会当有业：农民则计量耕稼，商贾则讨论货贿，工巧则致精器用，伎艺则沉思法术，武夫则惯习弓马，文士则讲议经书。多见士大夫耻涉农商，差务工伎，射则不能穿札⑥，笔则才记姓名，饱食醉酒，忽忽无事⑦，以此销日，以此终年。或因家世余绪，得一阶半级，便自为足，全忘修学；及有吉凶大事，议论得失，蒙然张口⑧，如坐云雾；公私宴集，谈古赋诗，塞默低头，欠伸而已⑨。有识旁观，代其入地⑩。何惜数年勤学，长受一生愧辱哉！

【注释】

①郑重：这里是频繁的意思。

②寤：通"悟"，使明白。

③素业：清素之业，即士族所从事的儒业。

④履立：操行。

⑤堕慢：散漫。

⑥札：铠甲的叶片，多用皮革或金属制成。

⑦忽忽：恍惚。

⑧蒙然：无知的样子。

⑨欠伸：倦时打哈欠和伸懒腰。

⑩入地：羞愧入地。

【译文】

自古以来的那些圣明帝王，尚且须要勤奋学习，何况普通百姓呢！这类事例在经书典籍中随处可见，我也不能一一列举，姑且拣近世紧要的事例说说，以启发点悟你们。士大夫的子弟，几岁以后，没有不受教育的，多的读到《礼记》、《左传》，少的起码也学完了《诗经》和《论语》。等到他们成年，体质性情都已逐渐成形；趁这个时候，就要对他们加倍进行训育教诲。那些有志气的人，就能经受磨炼，成就其清白正大的事业，而那些没有操守的人，从此懒散懈怠起来，就成了平庸之辈。人生在世，应该有所专业：当农民的就要算计耕作，当商贩的就要商谈买卖，当工匠的就要努力制作各种精巧的用品,技艺之士就要深入研习各种技艺,武士就要熟悉骑马射箭,而文人则要讲论儒家经书。我常见到一些士大夫耻于从事农业和商业,又缺乏手工艺方面的本事,射箭连一层铠甲也射不穿,提起笔仅仅能写出自己的姓名,整天酒足饭饱,无所事事,就这样消耗时日,来终了自己的一辈子。有的人因祖上的荫庇,得到一官半职,便自我满足,完全忘记学习;碰上有吉凶大事,议论起得失来,就张口结舌,茫然无知,如同堕入云雾中一般;在各种公私宴会的场合,别人谈古论今,赋诗言志,他却像塞住了嘴一般,低着头不吭声,只有打呵欠的份儿。有见识的旁观者,都替他害臊,恨不能钻到地底下去。这些人为何不肯勤学几年,以致终生含愧受辱呢!

　　梁朝全盛之时,贵游子弟①,多无学术,至于谚云:“上车不落则著作②,体中何如则秘书③。”无不熏衣剃面,傅粉施朱,驾长檐车④,跟高齿屐⑤,坐棋子方褥⑥,凭斑丝隐囊⑦,列器玩于左右,从容出入,望若神仙。明经求第⑧,则顾人答策⑨;三九公宴⑩,则假手赋诗。当尔之时,亦快士也⑪。及离乱之后,朝市迁革,铨衡选举⑫,非复曩者之亲⑬;当路秉权,不见昔时之党。求诸身而无所得,施之世而无所用。被褐而丧珠,失皮而露质,兀若枯木,泊若穷流,鹿独戎马之间⑭,转死沟壑之际。当尔之时,诚驽材也。有学艺者,触地而安。自荒乱以来,诸见俘虏,虽百世小人,知读《论语》、《孝经》者,尚为人师;虽千载冠冕,不晓书记者,莫不耕田养马。以此观之,安可不自勉耶?若能常保数百卷书,千载终不为小人也。

【注释】

①贵游子弟：无官职的王公贵族叫贵游，这里泛称贵族子弟。

②著作：著作郎之省称，古代官名。三国魏明帝始置，属中书省，掌编纂国史。其属有著作佐郎（后代或称佐著作郎）、校书郎、正字等。晋元康中改属秘书省，称为大著作。唐代主管著作局，亦属秘书省。宋元因之，惟宋别有国史院，故著作郎仅参与汇编“日历”（每日时事）等。明代废。

③体中何如：当时书信中的客套话，这里是指这些贵游子弟，无才无学，仅仅能写一般问候起居的书信而已。

④长檐车：一种用车幔覆盖整个车身的车子。

⑤跟：穿着（鞋），跋。高齿屐：一种装有高齿的木底鞋。

⑥棋子方褥：一种用方格图案的织品制成的方形坐褥。

⑦凭：倚，靠。隐囊：靠枕。

⑧明经：通晓经术。以明经取士，由来已久。

⑨顾：同“雇”。答策：即对策。

⑩三九：即三公九卿，封建王朝执掌中央政权的高级官员。

⑪快士：优秀人物。

⑫铨衡：衡量，品评。

⑬曩（nǎng）：过去。

⑭鹿独：颠沛流离的样子。

【译文】

　　梁朝全盛时期，那些贵族子弟大多不学无术，以至当时有谚语说："登车不跌跤，可当著作郎；会说身体好，能做秘书长。"这些贵族子弟没有一个不以香料熏衣，修剃脸面，涂脂抹粉的，他们出入乘长檐车，走路穿高齿履，坐在织有方格图案的丝绸坐褥上，倚着五彩丝线织成的靠枕，身边摆的是各种古玩，进进出出，从容自若，看上去就像神仙一般。到明经答问求取功名的时候，就雇人顶替自己去应试；参加三公九卿的

宴会时,他们就借别人之手来帮自己作诗。在那种时候,他们倒也像个
人物。等到动乱来临,朝代更替之后,负责考察选拔官吏的,不再是过
去的亲信;在朝中执掌大权的,再不见旧日的朋友。这时候,这些贵族
子弟们想依靠自己,又一无所长,想在社会上发挥作用,又没有本事。
他们只能身穿粗布衣服,卖掉家中的珠宝,失去华丽的外表,露出本来
的真面目,就好像没有树叶的枯木,又像即将干涸的河流。他们在乱军
中颠沛流离,辗转于荒沟野墅之中。在这种时候,这些贵族子弟就成了
实实在在的蠢材。而那些有学问有手艺的人,走到哪里都可以安居。
自从兵荒马乱以来,我见过不少俘虏,有些人虽然世代都是平民百姓,
但由于懂得《论语》、《孝经》,还可以给别人当老师;有些人虽然是世代
相传的世家子弟,但由于不会书写,最终沦为耕田养马的平民。由此看
来,怎么能不努力学习呢?如果能保持有几百卷书,就是再过一千年,
也不会沦为贫贱之人。

夫明《六经》之指①,涉百家之书,纵不能增益德行,敦厉
风俗②,犹为一艺,得以自资。父兄不可常依,乡国不可常
保,一旦流离,无人庇荫,当自求诸身耳。谚曰:"积财千万,
不如薄伎在身③。"伎之易习而可贵者,无过读书也。世人不
问愚智,皆欲识人之多,见事之广,而不肯读书,是犹求饱而
懒营馔④,欲暖而惰裁衣也。夫读书之人,自羲、农已来,宇
宙之下,凡识几人,凡见几事,生民之成败好恶⑤,固不足论,
天地所不能藏,鬼神所不能隐也。

【注释】

①六经:指《诗》、《书》、《礼》、《乐》、《易》、《春秋》六部儒家经典。
②敦厉:敦促劝励。

③伎：技艺，才能。

④馔（zhuàn）：食物。

⑤生民：百姓。

【译文】

通晓《六经》要旨，涉猎百家著述，即使不能增广个人的道德操行，劝勉世风习俗，也不失为一种才艺，可用以自谋生计。父亲兄长是不能长期依靠的，家乡邦国不能常保无事，一旦流离失所，没有人来庇护资助你时，就该自己设法了。俗话说："积财千万，不如薄技在身。"各种技艺中最容易学会而又值得推崇的本事，无过于读书。世人不管愚蠢还是聪明，都希望认识的人多，见识的事广，但却又不肯读书，这就好比想要吃饱却懒得做饭，想要身体暖和却又懒于裁衣一样。那些读书的人，从伏羲氏、神农氏以来，在这世界上，所见多少人，所识多少事，一般人的成败好恶，自然不用说，就是天地不能隐藏，鬼神的事也瞒不过他们。

有客难主人曰①："吾见强弩长戟②，诛罪安民，以取公侯者有矣；文义习吏，匡时富国，以取卿相者有矣；学备古今，才兼文武，身无禄位，妻子饥寒者，不可胜数，安足贵学乎？"主人对曰："夫命之穷达，犹金玉木石也；修以学艺，犹磨莹雕刻也③。金玉之磨莹，自美其矿璞④；木石之段块，自丑其雕刻。安可言木石之雕刻，乃胜金玉之矿璞哉？不得以有学之贫贱，比于无学之富贵也。且负甲为兵，咋笔为吏⑤，身死名灭者如牛毛，角立杰出者如芝草⑥；握素披黄⑦，吟道咏德，苦辛无益者如日蚀，逸乐名利者如秋荼⑧，岂得同年而语矣⑨。且又闻之：生而知之者上，学而知之者次。所以学者，欲其多知明达耳。必有天才，拔群出类，为将则暗与孙武、吴起同术⑩，执政则悬得管仲、子产之教⑪，虽未读书，吾亦谓之学矣。今子即不能然，不师古之踪迹，犹蒙被而卧耳。"

【注释】

①主人：作者自称。

②弩（nǔ）：一种用机械力量发射的弓。戟（jǐ）：古代的一种兵器。

③磨莹：磨冶。

④矿：未经冶炼的金属。璞：未经雕琢的玉石。

⑤咋笔：操笔。

⑥角立：像角一样挺立。芝草：即灵芝草。

⑦素：即绢素。黄：即黄卷。素、黄均代指书籍。

⑧茶：菅茅等植物的白花，因其秋天花开茂盛，故文中以秋茶比喻
　繁多。

⑨同年而语：即相提并论。

⑩孙武、吴起：春秋时期著名军事家。

⑪管仲、子产：春秋时期著名军事家，管仲相齐，子产相郑。

【译文】

有客人诘难我说："有些人手持强弓长戟，去诛灭罪恶之人，安抚黎民百姓，以此博取公侯爵位；有些人阐释礼仪法度，研习吏道，匡扶时世，富邦强国，以此博取卿相职位；而学贯古今，文武兼备，却身无俸禄官爵，妻子儿女挨饿受冻的人，却多得数不清，由此看来，学习又有什么值得重视的呢？"我回答说："一个人的命运是困厄还是显达，就好比金玉与木石；研习学问，就好比琢磨金、玉，雕刻木、石。金、玉经过琢磨，就比未经冶炼的矿、璞更美；一段木头、一块石头，总是比经过雕刻的要丑陋。但怎么可以说经过雕刻的木、石，就胜过未经琢磨的金、玉呢？所以，不能以有学问的人的贫贱，去和没学问的人的富贵相比。况且那些披挂铠甲去当兵，口含笔管充任小吏的人，身死名灭者多如牛毛，脱颖而出者少如灵芝仙草；勤奋读书，修养品性，含辛茹苦而没有获益的

人就像日食那样少见，而闲适安乐、追名逐利的人却像秋天的茶花那样繁多，哪能够把二者相提并论呢？况且我又听说：生下来就明白事理的是天才，通过学习才明白事理的是次一等人。人之所以要学习，就是想使自己多明白些道理而已。如果说一定有天才存在的话，那就是出类拔萃的人，作为将领，他们天生具备了像孙武、吴起那样的军事谋略；作为执政者，他们先天就获得了管仲、子产的政教才干，即使他们没有读过书，我也要说他们是有学问的。您现在没有这种天分，再不去学习古人的做法，就好比蒙着被子睡觉，什么都不知道了。"

　　人见邻里亲戚有佳快者①，使子弟慕而学之，不知使学古人，何其蔽也哉？世人但知跨马被甲，长矟强弓②，便云我能为将；不知明乎天道，辩乎地利，比量逆顺，鉴达兴亡之妙也。但知承上接下，积财聚谷，便云我能为相；不知敬鬼事神，移风易俗，调节阴阳，荐举贤圣之至也③。但知私财不入，公事夙办，便云我能治民；不知诚己刑物④，执辔如组⑤，反风灭火⑥，化鸱为凤之术也⑦。但知抱令守律，早刑晚舍⑧，便云我能平狱；不知同辕观罪⑨，分剑追财⑩，假言而奸露⑪，不问而情得之察也⑫。爰及农商工贾，厮役奴隶，钓鱼屠肉，饭牛牧羊，皆有先达，可为师表，博学求之，无不利于事也。

【注释】
①佳快：优秀的意思。
②矟（shuò）：即槊，古代的兵器。
③至：周密。
④刑物：给人做出榜样。

⑤执辔如组：本指马车驾得好，喻指御民有方。辔，马缰绳。组，用丝织成的宽带子。《诗经·邶风·简兮》："有力如虎，执辔如组。"《诗经·郑风·大叔于田》："执辔如组，两骖如舞。"

⑥反：同"返"，回的意思。《后汉书·儒林传》载江陵令刘昆向火叩头，能降雨止风。

⑦鸱（chī）：即猫头鹰，食其母，古人视为恶鸟。《后汉书·循吏传》载仇览感化陈元孝母之事，时人为之歌曰："父母何在在我庭，化我鸱鸮哺所生"，有化鸱为凤之誉。

⑧早刑晚舍：用刑宁早，纵舍宁迟。

⑨同辕观罪：把犯人系在同一车辕，使其明白自己所犯罪行。

⑩分剑追财：乃西汉名臣何武之事。《太平御览》卷六百三十九引《风俗通》："沛郡有富家公，赀二千余万。小妇子年裁数岁，顷失其母，又无亲近。其女不贤，公痛困思念，恐争其财，儿必不全。因呼族人为遗令书，悉以财属女。但遗一剑云：'儿年十五，以还付之。'其后，又不肯与。儿诣郡，自言求剑。谨案：时太守，大司空何武也。得其辞，因录女及婿，省其手书，顾谓掾吏曰：'女性强梁，婿复贪鄙，畏贼害其儿，又计小儿正得此，则不能全护，故且俾与女，内实寄之耳。不当以剑与之乎？夫剑者，亦所以决断。限年十五者，智力足以自居。度此女婿必不复还其剑。当问县官，县官或能证察，得以见伸展。此凡庸何能用虑强远如是哉？'悉夺取财以与子，曰：'弊女恶婿，温饱十岁，亦以幸矣。'于是论者乃服。"

⑪假言而奸露：乃北魏名臣李崇事。《魏书·李崇传》："先是，寿春县人苟泰有子三岁，遇贼亡失，数年不知所在。后见在同县人赵奉伯家，泰以状告。各言己子，并有邻证，郡县不能断。崇曰：'此易知耳。'令二父与儿各在别处，禁经数旬，然后遣人告之曰：'君儿遇患，向已暴死，有教解禁，可出奔哀也。'苟泰闻即号咷，

悲不自胜；奉伯咨嗟而已，殊无痛意。崇察知之，乃以儿还泰，诘
奉伯诈状。"《北史·李崇传》亦载此事。

⑫不问而情得：乃西晋陆云事。《晋书·陆云传》："俄以公府掾为
太子舍人，出补浚仪令。县居都会之要，名为难理。云到官肃
然，下不能欺，市无二价。人有见杀者，主名不立，云录其妻，而
无所问。十许日遣出，密令人随后，谓曰：'其去不出十里，当有
男子候之与语，便缚来。'既而果然。问之具服，云：'与此妻通，
共杀其夫，闻妻得出，欲与语，惮近县，故远相要候。'于是一县称
其神明。"

【译文】

人们看乡邻亲戚中有优秀的人物，就让自己的子弟钦慕他们，向他
们学习，却不知道让自己的子弟向古人学习，这是多么糊涂啊？世人只
知骑骏马，披铠甲，手持长矛强弓，就认为自己能当将军；却不知道了解
天时，洞悉地理，铨衡形势优劣，审察把握兴盛衰亡的种种奥妙。一般
人只知道当宰相的秉承旨意，统领百官，为国积财储粮，就说自己也能
当宰相；却不知道侍奉鬼神，移风易俗，调节阴阳，荐贤举能的种种周密
的工作。只知道地方官不能聚敛私财，公事尽快办理，就说自己能治理
百姓；却不知道诚心待人，为人楷模，御民有术，止风灭火，变恶为善的
种种方法。只知道依照法令条律，判刑宜早，赦免宜迟，就说自己能秉
公办案；却不知道同辕观罪、分剑追财，用假言诱使奸诈者暴露，不用反
复审问而弄清案情。推而广之，甚至那些农夫、商贾、工匠、厮役、僮仆、
渔民、屠夫、喂牛的、放羊的，他们中间都有杰出之士，可以作为学习的
榜样，广泛地向这些人学习，对事业是有好处的。

夫所以读书学问，本欲开心明目，利于行耳。未知养亲
者，欲其观古人之先意承颜①，怡声下气②，不惮劬劳③，以致
甘腝④，惕然惭惧，起而行之也。未知事君者，欲其观古人之

守职无侵，见危授命，不忘诚谏，以利社稷，恻然自念，思欲效之也。素骄奢者，欲其观古人之恭俭节用，卑以自牧⑤，礼为教本，敬者身基，瞿然自失⑥，敛容抑志也；素鄙吝者，欲其观古人之贵义轻财，少私寡欲，忌盈恶满，赒穷恤匮⑦，赧然悔耻，积而能散也；素暴悍者，欲其观古人之小心黜己，齿弊舌存，含垢藏疾，尊贤容众，苶然沮丧⑧，若不胜衣也；素怯懦者，欲其观古人之达生委命⑨，强毅正直，立言必信，求福不回，勃然奋厉，不可恐慑也：历兹以往，百行皆然。纵不能淳，去泰去甚⑩。学之所知，施无不达。世人读书者，但能言之，不能行之，忠孝无闻，仁义不足；加以断一条讼，不必得其理；宰千户县⑪，不必理其民；问其造屋，不必知楣横而梲竖也⑫；问其为田，不必知稷早而黍迟也；吟啸谈谑，讽咏辞赋，事既优闲，材增迂诞，军国经纶，略无施用，故为武人俗吏所共嗤诋⑬，良由是乎！

【注释】

①先意承颜：指孝子先父母之意而顺承其志。

②怡声下气：指声气和悦，形容恭顺的样子。

③劬（qú）劳：劳累。

④胹（ér）：肉熟烂。

⑤卑以自牧：以谦卑自守。

⑥瞿然：惊愕的样子。

⑦赒（zhōu）：周济，救济。

⑧苶（nié）然：疲劳的样子。

⑨达生：不受世务牵累。委命：听任命运支配。

⑩去泰去甚：去其过甚。

⑪千户县：指最小的县。

⑫楣：房屋的横梁。棁(zhuó)：梁上短柱。

⑬嗤(chī)诋：讥笑嘲骂。

【译文】

人之所以要读书学习，本来是为了开发心智，提高认识力，以利于自己的行动。对那些不知道如何奉养父母的人，让他们看看古人如何体察父母心意，按父母的愿望办事；如何轻言细语，和颜悦色地与父母交谈；如何不怕劳苦，让父母吃到美味可口的食品；使他们感到惭愧，从而师法古人。对那些不知道如何侍奉国君的人，要让他们看看古人如何坚守职责，在危急关头，不惜献出性命；如何不忘自己忠心劝谏的职责，以维护国家的利益，使他们痛心地对照自己，进而想去效仿古人。对那些平时骄横奢侈的人，要让他们看看古人的恭谨俭朴，节约克制；如何以谦卑自守，以礼让为教之根本，以恭敬为立身之根，使他们震惊变色，自觉自己行为有失，从而收敛骄横之态，抑制骄奢的心性；对那些向来浅薄吝啬的人，要让他们看看古人如何贵义轻财，少私寡欲，忌盈恶满，如何体恤救济穷人，使他们脸红，产生懊悔羞耻之心，从而做到既能积财又能散财；对那些平时暴虐凶悍的人，要让他们看看古人如何小心恭谨自我约束，懂得齿亡舌存的道理；如何含垢藏疾，尊重贤士，容纳众人，使他们气焰顿消，显出谦恭退让的样子来；对那些平时胆小懦弱的人，要让他看看古人如何不受世事牵绊，听天由命，如何强毅正直，说话算数，如何祈求福运而不违祖道，使他们能奋发振作，无所畏惧：由此类推，各方面的品行都可采取以上方式来培养。即使不能使风气纯正，也可去掉那些过分的行为。从学习中所获取的知识，在哪里都可以运用。然而现在的读书人，只知空谈，不能行动，忠孝谈不上，仁义也欠缺；再加上他们审断一桩官司，不一定能了解其中道理；作为一个县官，不一定亲自管理过百姓；问他们怎样造房子，不一定知道楣是横着放而枕是竖着放;问他们怎样种田,不一定知道谷子要早下种而黄米要晚下种;整天只知道吟咏歌唱,谈笑戏谑,写诗作赋,悠闲自在,做些迂阔荒诞的事情外,对治军治国则毫无用处,所以他们被那些武官嘲笑辱骂,确实是因为这些原因吧。

夫学者所以求益耳。见人读数十卷书,便自高大,凌忽长者①,轻慢同列:人疾之如仇敌,恶之如鸱枭。如此以学自损,不如无学也。

【注释】

①凌:侵犯,欺侮。

【译文】

人们学习是为了有所收获有所提高。我看见有的人读了几十卷书,就自高自大起来,冒犯长者,轻慢同辈。人们憎恶这种人像对仇敌一般,厌恶他像对鸱枭一般。像这样用学习来损害自己,还不如不学。

古之学者为己,以补不足也;今之学者为人,但能说之也。古之学者为人,行道以利世也;今之学者为己,修身以求进也。夫学者犹种树也,春玩其华,秋登其实;讲论文章,春华也,修身利行①,秋实也。

【注释】

①修身利行:涵养德性,以利于事。

【译文】

古代求学的人是为了充实自己,以弥补自身的不足;现在求学的人是为了向别人炫耀,只能夸夸其谈。古代求学的人是为了别人,推行自己的主张以造福社会;现在求学的人是为了自身需要,提高知识水平以谋求官职。学习就像种树一样,春天可以观赏它的花朵,秋天可以摘取它的果实;讲论文章,这就好比赏玩春花;修身利行,这就好比摘取秋果。

人生小幼,精神专利①,长成已后,思虑散逸,固须早教,勿失机也。吾七岁时,诵《灵光殿赋》②,至于今日,十年一理,犹不遗忘;二十之外,所诵经书,一月废置,便至荒芜矣③。然人有坎壈④,失于盛年,犹当晚学,不可自弃。孔子云:"五十以学《易》,可以无大过矣⑤。"魏武、袁遗⑥,老而弥笃,此皆少学而至老不倦也。曾子七十乃学⑦,名闻天下;荀卿五十⑧,始来游学,犹为硕儒;公孙弘四十余⑨,方读《春秋》,以此遂登丞相;朱云亦四十⑩,始学《易》、《论语》;皇甫谧二十⑪,始受《孝经》、《论语》:皆终成大儒,此并早迷而晚寤也。世人婚冠未学,便称迟暮,因循面墙⑫,亦为愚耳。幼而学者,如日出之光,老而学者,如秉烛夜行,犹贤乎瞑目而无见者也。

【注释】

①专利:专注集中。

②《灵光殿赋》:即《鲁灵光殿赋》,东汉王延寿作。《后汉书·文苑列传》:"(王逸)子延寿,字文考,有俊才。少游鲁国,作《灵光殿赋》。后蔡邕亦造此赋,未成,及见延寿所为,甚奇之,遂辍翰而已。"

③荒芜:杂草丛生,田地荒废。此处指学业荒废。

④坎壈(lǎn):困顿,不得志。

⑤"五十"两句：出自《论语·述而》："子曰：'加我数年，五十以学《易》，可以无大过矣。'"

⑥魏武：魏武帝曹操。袁遗：字伯业，乃袁绍从兄，东汉末年曾任山阳太守，长安令，以好学闻名。

⑦七十：王利器《颜氏家训集解》以为"七十"当作"十七"，然无文献证明。

⑧荀卿：即荀子，名况，时人尊之而号为荀卿。《史记·孟子荀卿列传》："荀卿，赵人。年五十始来游学于齐。"

⑨公孙弘：汉武帝时丞相。《史记·公孙弘传》："公孙弘，菑川薛人也。少时为狱吏，有罪，免。家贫，牧豕海上。年四十余，乃学《春秋》杂说。武帝初即位，招贤良文学士，是时，弘年六十，以贤良征为博士。"

⑩朱云：西汉元帝、成帝时名儒。《汉书·朱云传》："朱云，字游，鲁人也，徙平陵。少时通轻侠，借客报仇。长八尺余，容貌甚壮，以勇力闻。年四十，乃变节从博士白子友受《易》，又事前将军萧望之受《论语》，皆能传其业。"

⑪皇甫谧：西晋著名学者。《晋书·皇甫谧传》："皇甫谧，字士安，幼名静，安定朝那人，汉太尉嵩之曾孙也。出后叔父，徙居新安。年二十，不好学，游荡无度，或以为痴。尝得瓜果，辄进所后叔母任氏。任氏曰：《孝经》云："三牲之养，犹为不孝。"汝今年余二十，目不存教，心不入道，无以慰我。'因叹曰：'昔孟母三徙以成仁，曾父烹豕以存教，岂我居不卜邻，教有所阙，何尔鲁钝之甚也！修身笃学，自汝得之，于我何有！'因对之流涕。谧乃感激，就乡人席坦受书，勤力不息。居贫，躬自稼穑，带经而农，遂博综典籍百家之言。沈静寡欲，始有高尚之志，以著述为务，自号玄晏先生。"

⑫因循：守旧法而不知变更，此处指不愿再重新学习。

【译文】

人在幼小的时候，精神专注敏锐，长大成人以后，思想容易分散，因此对孩子要及早教育，不可坐失良机。我七岁的时候，背诵《灵光殿赋》，直到今天，每隔十年温习一次，仍然没有遗忘；到了二十岁以后，我所背诵的经书，要是一个月没有温习，便到了荒废的地步。当然，人总有困厄的时候，即使在青少年时失去了求学的机会，也应在晚年时抓紧时间学习，不可自暴自弃。孔子说："五十岁学习《易》，就可以不犯大错误了。"曹操和袁遗，到老年时学习得更加专心，这些都是从小到老勤学不辍的例子。曾子七十岁时才开始学习，最后名闻天下；荀子五十岁才开始到齐国游学，仍然成为大学者；公孙弘四十多岁才开始读《春秋》，后来终于当了丞相；朱云也是四十岁才开始学《易经》、《论语》的；皇甫谧二十岁才开始学习《孝经》、《论语》：他们最后都成了大学者，这些都是早年没有用功而晚年醒悟且立志成才的例子。一般人到成年后还未开始学习，就说太晚了，于是一天天混下去就好像面壁而立的人，什么也看不见，这实在是愚蠢。从小就学习的人，就好像日出的光芒；到老年才开始学习的人，就好像手持蜡烛在夜间行走，但总比闭着眼睛什么都看不见的人强。

　　学之兴废，随世轻重。汉时贤俊，皆以一经弘圣人之道，上明天时，下该人事①，用此致卿相者多矣。末俗已来不复尔②，空守章句③，但诵师言，施之世务，殆无一可。故士大夫子弟，皆以博涉为贵，不肯专儒。梁朝皇孙以下，总丱之年④，必先入学，观其志尚，出身已后⑤，便从文史，略无卒业者。冠冕为此者⑥，则有何胤⑦、刘瓛⑧、明山宾⑨、周舍⑩、朱异⑪、周弘正⑫、贺琛⑬、贺革⑭、萧子政⑮、刘绍等⑯，兼通文史，不徒讲说也⑰。洛阳亦闻崔浩⑱、张伟⑲、刘芳⑳，邺下又见邢子才㉑：此四儒者，虽好经术，亦以才博擅名。如此诸贤，故为上品，以外率多田野间人，音辞鄙陋，风操蚩拙㉒，相与专固，无所堪能，问一言辄酬数百，责其指归㉓，或无要会㉔。邺下谚云："博士买驴，书券三纸，未有驴字。"使汝以此为师，令人气塞。孔子曰："学也禄在其中矣㉕。"今勤无益之事，恐非业也。夫圣人之书，所以设教，但明练经文，粗通注义，常使言行有得，亦足为人；何必"仲尼居"即须两纸疏义㉖，燕寝讲堂㉗，亦复何在？以此得胜，宁有益乎？光阴可惜，譬诸逝水。当博览机要，以济功业；必能兼美，吾无间焉㉘。

【注释】

①该：备具完备。

②末俗：末世的风俗。

③章句：本指古书的章节与句子，引申为剖章析句，是汉代以来经学家解说经义的一种方式。亦泛指书籍注释。

④总卯（guàn）：指童年时代。卯，儿童的束发成两角的样子。

⑤出身：指出仕。

⑥冠冕：此处为仕宦的代称。

⑦何胤：南朝齐梁时期儒学名臣，曾为齐国子监祭酒，入梁后隐居。《梁书·处士传》："胤，字子季，点之弟也。年八岁，居忧哀毁若成人。既长好学。师事沛国刘瓛，受《易》及《礼记》、《毛诗》，又入钟山定林寺听内典，其业皆通。"

⑧刘瓛：注见《兄弟第三》。

⑨明山宾：《梁书·明山宾传》："明山宾，字孝若，平原鬲人也……七岁能言名理，十三博通经传，居丧尽礼……初置《五经》博士，山宾首膺其选。迁北中郎谘议参军，侍皇太子读。累迁中书侍郎、

国子博士、太子率更令、中庶子,博士如故……学官,甚有训导之
益,然性颇疏通,接于诸生,多所狎比,人皆爱之。所著《吉礼仪
注》二百二十四卷,《礼仪》二十卷,《孝经丧礼服义》十五卷。"

⑩周舍:梁朝名臣。《梁书·周舍传》:"周舍,字升逸,汝南安城人
……梁台建,为奉常丞。高祖即位,博求异能之士。吏部尚书范
云与颙素善,重舍才器,言之于高祖,召拜尚书祠部郎。时天下
草创,礼仪损益,多自舍出。寻为后军记室参军、秣陵令。入为
中书通事舍人,累迁太子洗马,散骑常侍,中书侍郎,鸿胪卿。时
王亮得罪归家,故人莫有至者,舍独敦恩旧,及卒,身营殡葬,时
人称之。迁尚书吏部郎,太子右卫率,右卫将军,虽居职屡徙,而
常留省内,罕得休下。国史诏诰,仪体法律,军旅谋谟,皆兼掌
之。日夜侍上,预机密,二十余年未尝离左右。舍素辩给,与人
泛论谈谑,终日不绝口,而竟无一言漏泄机事,众尤叹服之。"

⑪朱异:梁朝名臣。颇受梁武帝萧衍器重。《梁书·朱异传》:"朱
异,字彦和,吴郡钱唐人也……遍治《五经》,尤明《礼》、《易》,涉
猎文史,兼通杂艺,博弈书算,皆其所长。"

⑫周弘正:梁陈之际名儒。为梁国子博士,陈国子祭酒。著有《周
易讲疏》十六卷,《论语疏》十一卷,《庄子疏》八卷,《老子疏》五
卷,《孝经疏》两卷,《集》二十卷,行于世。《陈书·周弘正传》:
"周弘正,字思行,汝南安城人,晋光禄大夫颙之九世孙也。祖
颙,齐中书侍郎,领著作。父宝始,梁司徒祭酒。弘正幼孤,及弟
弘让、弘直,俱为伯父侍中护军舍所养。年十岁,通《老子》、《周
易》,舍每与谈论,辄异之,曰:'观汝神情颖晤,清理警发,后世知
名,当出吾右。'河东裴子野深相赏纳,请以女妻之。十五,召补国
子生,仍于国学讲《周易》,诸生传习其义。以季春入学,孟冬应
举,学司以其日浅,弗之许焉。博士到洽议曰:'周郎年未弱冠,便
自讲一经,虽曰诸生,实堪师表,无俟策试。'起家梁太学博士。晋

安王为丹阳尹,引为主簿。出为邯令,丁母忧去职。服阕,历曲阿、安吉令。普通中,初置司文义郎,直寿光省,以弘正为司义侍郎……"

⑬贺琛:梁代名儒。尤精于礼学。《梁书·贺琛传》:"贺琛,字国宝,会稽山阴人也。伯父玚,步兵校尉,为世硕儒。琛幼,玚授其经业,一闻便通义理。玚异之,常曰:'此儿当以明经致贵。'玚卒后,琛家贫,常往还诸暨,贩粟以自给。闲则习业,尤精《三礼》。"

⑭贺革:梁代名儒。精于礼学。《梁书·儒林传》:"革,字文明。少通《三礼》,及长,遍治《孝经》、《论语》、《毛诗》、《左传》。起家晋安王国侍郎、兼太学博士,侍湘东王读。敕于永福省为邵陵、湘东、武陵三王讲礼。稍迁湘东王府行参军,转尚书仪曹郎。寻除秣陵令,迁国子博士,于学讲授,生徒常数百人。出为西中郎湘东王谘议参军,带江陵令。王初于府置学,以革领儒林祭酒,讲《三礼》,荆楚衣冠听者甚众。前后再监南平郡,为民吏所德。寻加贞威将军、兼平西长史、南郡太守。革性至孝,常恨贪禄代耕,不及养。在荆州历为郡县,所得俸秩,不及妻孥,专拟还乡造寺,以申感思。大同六年,卒官,时年六十二。"

⑮萧子政:梁代学者。著有《周易义疏》。《隋书·经籍志》:"《周易义疏》十四卷,梁都官尚书萧子政撰。"

⑯刘绍:参见《风操第六》注。《隋书·经籍志》:"《先圣本纪》十卷,刘绍撰。"

⑰讲说:讲论说解。

⑱崔浩:北魏名臣,仕北魏道武、明元、太武帝三朝,官至司徒,参与军国大计。《魏书·崔浩传》:"崔浩,字伯渊,清河人也。白马公玄伯之长子。少好文学,博览经史。玄象阴阳,百家之言,无不关综,研精义理,时人莫及。弱冠为直郎。天兴中,给事秘书,转著作郎。太祖以其工书,常置左右。太祖季年,威严颇峻,官省

左右多以微过得罪，莫不逃隐，避目下之变。浩独恭勤不怠，或终日不归。太祖知之，辄命赐以御粥。其砥直任时，不为穷通改节，皆此类也。"

⑲张伟：北魏名臣。《魏书·儒林传》："张伟，字仲业，小名翠螭，太原中都人也。高祖敏，晋秘书监。伟学通诸经，讲授乡里，受业者常数百人。儒谨泛纳，勤于教训，虽有顽固不晓，问至数十，伟告喻殷勤，曾无愠色。常依附经典，教以孝悌，门人感其仁化，事之如父。性恬平，不以夷崄易操，清雅笃慎，非法不言。世祖时，与高允等俱被辟命，拜中书博士。转侍郎、大将军乐安王范从事中郎、冯翊太守。还，仍为中书侍郎、本国大中正。使酒泉，慰劳沮渠无讳。还，迁散骑侍郎。聘刘义隆，还，拜给事中、建威将军，赐爵成皋子。出为平东将军、营州刺史，进爵建安公。卒，赠征南将军、并州刺史，谥曰康，在州郡以仁德为先，不任刑罚，清身率下，宰守不敢为非。"

⑳刘芳：北魏名儒。有"刘石经"之称。《魏书·刘芳传》："刘芳，字伯文，彭城人也，汉楚元王之后也……芳才思深敏，特精经义，博闻强记，兼览《苍》《雅》，尤长音训，辨析无疑。"

㉑邢子才：北朝著名文人邢邵。字子才，历仕北魏、北齐，与魏收、温子升并称"北地三才"。《北齐书·邢邵传》："邢邵，字子才，河间鄚人，魏太常贞之后。父虬，魏光禄卿……少在洛阳，会天下无事，与时名胜专以山水游宴为娱，不暇勤业。尝因霖雨，乃读《汉书》，五日，略能遍记之。后因饮谑倦，方广寻经史，五行俱下，一览便记，无所遗忘。文章典丽，既赡且速。年未二十，名动衣冠。"

㉒蚩：无知的样子。《诗经·卫风·氓》："氓之蚩蚩。"

㉓指归：意旨，意向。

㉔要会：要旨的意思。

㉕"孔子曰"二句:《论语·卫灵公》:"子曰:'君子谋道不谋食。耕也,馁在其中矣;学也,禄在其中矣。君子忧道不忧贫。'"

㉖仲尼居:此三字为《孝经》篇首。《孝经·开宗明义章第一》:"仲尼居,曾子侍。"

㉗燕寝:闲居之处。

㉘无间:无话可说。没有任何非议。

【译文】

学习风气的兴盛或衰败,随社会风气变化而变化。汉朝的贤士俊才们,都靠精通一部经书来弘扬圣人之道,上可洞察天命,下可贯通人事,他们中凭着这个而做得高官的人很多。汉末风气改变以后就不复如此,读书人都空守章句之学,只知背诵老师讲过的,如果靠这些东西来处理实际事务,大概不会有任何用处。因此,后来的士大夫子弟,都以广泛涉猎各种典籍为贵,不肯专攻一经。梁朝从皇孙以下,在儿童时,就一定先让他们入学读书,观察他们的志向,到步入仕途的年龄后,就去参与文官的事务,没有一个是把学业坚持到底的。既当官又能坚持学业的,有何胤、刘瓛、明山宾、周舍、朱异、周弘正、贺琛、贺革、萧子政、刘绍等人,这些人兼通文史,并不仅仅只会讲论经书而已。我也听说洛阳有崔浩、张伟、刘芳,邺下还有邢子才:这四位学者,虽然都喜好经术,但也以才识广博而闻名。以上的诸贤士,是为学者中的上品,除此之外就大都是些山野村夫,这些人语言鄙陋,没有操守,互相之间固执己见,什么事也不能胜任,你问他一句话他会答出几百句,若要问他其中的意旨究竟是什么,他大都不得要领。邺下有谚语说:"博士去买驴,契约写了三大张,还不见写出个驴字。"如果让你以这种人为师,还不把人气死。孔子说:"学习吧,俸禄就在其中啊。"而今这些人却在那些毫无益处的事情上下工夫,这恐怕不是正道吧。圣人的书,是用来教育人的,只要能熟读经文,粗通注文之义,使之对自己的言行经常有所帮助,也就足以在世上为人了;何必对"仲尼居"三个字就要写两张纸的疏文来解释呢,你说指闲居之处,他说指讲习之所,现在还存在么?在这种问题上争个你输我赢,有什么好处呢?光阴可惜,就像流水般一去不返。我们应当广泛阅读书中那些精要之处,以求对自己的事业有所助益;如果你们能把博览与专精结合起来,那我就十分满意,再无话可说了。

俗间儒士,不涉群书,经纬之外①,义疏而已。吾初入邺,与博陵崔文彦交游,尝说《王粲集》中难郑玄《尚书》事②。崔转为诸儒道之,始将发口③,悬见排蹙④,云:"文集只有诗赋铭诔,岂当论经书事乎?且先儒之中,未闻有王粲也。"崔笑而退,竟不以粲集示之。魏收之在议曹⑤,与诸博士议宗庙事,引据《汉书》,博士笑曰:"未闻《汉书》得证经术。"收便忿怒,都不复言,取《韦玄成传》⑥,掷之而起。博士一夜共披寻之,达明,乃来谢曰:"不谓玄成如此学也。"

【注释】

①经讳:经书和纬书。经书指儒家经典著作,纬书是汉代混合神学附和儒家经义的书。

②王粲:字仲宣,东汉末年著名文学家,建安七子之一。郑玄:字康成,东汉末年经师,遍注群经。

③发口:开口。

④排蹙(cù):斥责。

⑤魏收:字伯起,北朝著名文人,《北齐书》有传。议曹:注见《风操第六》。

⑥韦玄成:字少翁,西汉人,以明经擢为谏大夫,汉元帝永光年间为丞相。《汉书》有传。

【译文】

世间的读书人，不能博览群书，除了研读经书和纬书外，就是学学注疏而已。我初到邺城时，与博陵的崔文彦有交往，曾谈起《王粲集》中关于王粲诘问郑玄注解《尚书》的事。崔文彦转而给几位读书人谈起此事，才刚开口，就被他们斥责道："文集中只有诗、赋、铭、诔之类文体，难道还会论及经书的问题吗？况且在先辈儒士之中，也没听说过王粲这人啊。"崔文彦笑了笑便走了，终究未把《王粲集》给他们看。魏收为议曹时，与各位博士论及有关宗庙的事情，并引《汉书》为据，众博士笑着说："我们没有听说过《汉书》可以验证经学。"魏收很生气，一言不发，拿出《汉书·韦玄成传》，扔给他们就走了。博士们在一起用了一夜来研读此书，天亮时，于是前来向魏收道歉说："想不到韦玄成还有这等学问啊。"

　　夫老、庄之书，盖全真养性①，不肯以物累己也②。故藏名柱史③，终蹈流沙；匿迹漆园④，卒辞楚相⑤，此任纵之徒耳⑥。何晏、王弼⑦，祖述玄宗⑧，递相夸尚，景附草靡⑨，皆以农、黄之化⑩，在乎己身，周、孔之业，弃之度外。而平叔以党曹爽见诛⑪，触死权之网也；辅嗣以多笑人被疾，陷好胜之阱也；山巨源以蓄积取讥⑫，背多藏厚亡之文也；夏侯玄以才望被戮⑬，无支离臃肿之鉴也⑭；荀奉倩丧妻⑮，神伤而卒，非鼓缶之情也⑯；王夷甫悼子⑰，悲不自胜，异东门之达也⑱；嵇叔夜排俗取祸⑲，岂和光同尘之流也⑳；郭子玄以倾动专势㉑，宁后身外己之风也㉒；阮嗣宗沉酒荒迷㉓，乖畏途相诫之譬也㉔；谢幼舆赃贿黜削㉕，违弃其余鱼之旨也：彼诸人者，并其领袖，玄宗所归。其余桎梏尘滓之中，颠仆名利之下者，岂可备言乎！直取其清谈雅论，剖玄析微，宾主往复，娱心悦耳,非济世成俗之要也。泊于梁世㉗,兹风复阐㉘,《庄》、《老》、《周易》,总谓《三玄》。武皇、简文,躬自讲论。周弘正奉赞大猷㉔,化行都邑,学徒千余,实为盛美。元帝在江、荆间,复所爱习,召置学生,亲为教授,废寝忘食,以夜继朝,至乃倦剧愁愤,辄以讲自释。吾时颇预末筵,亲承音旨,性既顽鲁,亦所不好云。

【注释】

①全真:保持本性。

②以物累己:因为外物而损伤自己。

③柱史:柱下史的省称,为周秦时官名,相当于汉代以后的御史。因其常侍立殿柱之下,故名。老子曾为周柱下史。

④漆园:庄子曾为漆园吏。

⑤辞楚相:《史记·老子韩非列传》:"楚威王闻庄周贤,使使厚币迎之,许以为相。庄周笑谓楚使者曰:'千金,重利;卿相,尊位也。子独不见郊祭之牺牛乎? 养食之数岁,衣以文绣,以入大庙。当是之时,虽欲为孤豚,岂可得乎? 子亟去,无污我。我宁游戏污渎之中自快,无为有国者所羁,终身不仕,以快吾志焉。'"

⑥任纵:任性纵情,无拘无束。

⑦何晏:字平叔,曹魏名士,与曹爽一同被司马懿所杀。王弼:字辅嗣,曹魏名士,注《易》及《老子》,年二十余卒。

⑧玄宗:指道教。

⑨景附:如影附身,比喻依附密切。景,同"影"。草靡:赞同,臣服。

⑩农、黄:神农氏和黄帝,为道家学派所宗。

⑪曹爽:字昭伯,魏明帝时大将军,魏明帝死后,为司马懿所杀。

⑫山巨源:山涛。字巨源,魏晋年间竹林七贤之一。史籍未见山涛

蓄积取讥之事，或疑颜之推此处笔误，山巨源乃是王濬冲（王戎）之误。

⑬夏侯玄：字太初，曹魏名士，后为司马师所杀。

⑭支离：即支离疏，《庄子·人间世》篇所记异人，以残疾而保全天性，不为世所害。臃肿：指大树因躯干臃肿，而不为匠人所伐，得以尽其天年。《庄子·逍遥游》："惠子谓庄子曰：'吾有大树，人谓之樗。其大本拥肿而不中绳墨，其小枝卷曲而不中规矩。立之涂，匠者不顾。今子之言，大而无用，众所同去也。'"

⑮荀奉倩：荀粲。字奉倩，曹魏名士。娶曹洪之女为妻，其貌美而早卒，荀粲因妻卒伤心过度，不久亦死。

⑯鼓缶：指妻子死了，庄子鼓盆唱歌之事。缶，瓦器。《庄子·至乐》："庄子妻死，惠子吊之，庄子则方箕踞鼓盆而歌。惠子曰：'与人居，长子老身，死不哭亦足矣，又鼓盆而歌，不亦甚乎！'庄子曰：'不然。是其始死也，我独何能无概然！察其始而本无生，非徒无生也而本无形，非徒无形也而本无气。杂乎芒芴之间，变而有气，气变而有形，形变而有生，今又变而之死。是相与为春秋冬夏四时行也。人且偃然寝于巨室，而我噭噭然随而哭之，自以为不通乎命，故止也。'"

⑰王夷甫：王衍。字夷甫，西晋名士。《晋书·王衍传》："衍尝丧幼子，山简吊之。衍悲不自胜，简曰：'孩抱中物，何至于此！'衍曰：'圣人忘情，最下不及于情。然则情之所钟，正在我辈。'简服其言，更为之恸。"

⑱东门：即东门吴，战国时期秦国人，为人达观乐命，儿子死后还表现得很乐观。后来成为达观者的通称。《战国策·秦策》："梁人有东门吴者，其子死而不忧。其相室曰：'公之爱子也，天下无有，今子死不忧，何也？'东门吴曰：'吾尝无子，无子之时不忧，今子死，乃即与无子时同也。臣奚忧焉！'"《列子·力命》篇亦载

此事。

⑲嵇叔夜:嵇康,字叔夜,魏晋之际竹林七贤之一,为司马氏所害。《晋书》有传。

⑳和光同尘:把光荣和尘浊同样看待。《老子》:"和其光,同其尘。"

㉑郭子玄:郭象。字子玄,注《庄子》。《晋书》有传。

㉒后身外己:《道德经》第七章:"圣人后其身而身先,外其身而身存。"

㉓阮嗣宗:阮籍。字嗣宗,魏晋之际竹林七贤之一。《晋书》有传。

㉔畏途相诫:《庄子·达生》篇:"夫畏途者,十杀一人,则父子兄弟相戒也,必盛卒徒而后敢出焉,不亦知乎!"

㉕谢幼舆:谢鲲。字幼舆,西晋名士。《晋书》有传。

㉖弃其余鱼:把不需要的鱼扔掉。《淮南子·齐俗训》:"惠子从车百乘,以过孟诸,庄子见之,弃其余鱼。"

㉗洎:至,到。

㉘复阐:重又流行广大。

㉙周弘正:见本卷前注。大猷(yóu):治国的大道。

【译文】

老子、庄子的书,讲的是如何保持本真、修养品性,不肯以身外之物来损伤自己。所以老子隐姓埋名做周柱下史,最后隐遁于沙漠之中;庄子隐居漆园为小吏,最终拒绝了楚威王召他为相的邀请,他们都是自由自在、无拘无束的人啊。后来有何晏、王弼,宣讲道教的教义,当时的人如影子依附于形体、草木顺着风向一般,都以神农、黄帝的教化来装扮自身,而将周公、孔子的学业置之度外。然而何晏因为党附曹爽而被诛杀,这是死在贪欲的罗网上了;王弼以自己的所长去讥笑别人而遭来怨恨,掉进了争强好胜的陷阱;山涛因为贪客积敛而遭到世人议论,这是违背了聚敛越多丧失越大的古训;夏侯玄因为自己的才能声望而遭到杀害,这是因为没有从庄子所说的支离和臃肿大树等无用之才得以自保的寓言中汲取教训；荀粲在丧妻之后，因伤心而死，这就不具有庄子在丧妻之后敲盆而歌的超脱情怀；王衍因哀悼儿子而悲不自胜，这就不同于东门吴面对丧子之痛所抱的那种达观态度了；嵇康因排斥俗流而招致杀身之祸，这哪能算是"和其光，同其尘"的人呢；郭象因声名显赫而最终走上权势之路，也没有达到甘于人后的境界；阮籍纵酒迷乱，违背了险途应该小心谨慎的古训；谢鲲因贪污而丢官，违背了节制物欲的宗旨。以上诸人，都是玄学中人心所向的领袖人物。至于其他那些在尘世污秽中身套名缰利锁，在名利场中摸爬滚打之辈，就更不用说了！这些人不过是选取老、庄书中的那些清谈雅论，剖析其中的玄妙细策之处，宾主之间相互问答，只求娱心悦耳，但这并不是有利于形成良好的社会风气的事。到了梁朝，这种崇尚道教的风气又流行起来，当时，《庄子》、《老子》、《周易》被总称为"三玄"。梁武帝和简文帝都亲自加以讲论。周弘正奉君主之命讲述以道教治国的大道理，其风气影响到都城和大小城镇，门徒达到数千人，确实是盛况空前的事。后来元帝在江陵、荆州的时候，也十分爱好并熟悉此道，并召集了学生，亲自为他们讲解，达到夜以继日废寝忘食的地步，甚至在他极度疲倦或忧愁烦闷的时候，也靠玄学来自我排解。我当时偶尔也在末位就座，亲耳聆听元帝的教诲，然而我这人天资愚笨，对此又缺乏兴趣，并没有特别的收益。

　　齐孝昭帝侍娄太后疾①，容色憔悴，服膳减损。徐之才为灸两穴，帝握拳代痛，爪入掌心，血流满手。后既痊愈，帝寻疾崩，遗诏恨不见太后山陵之事②。其天性至孝如彼，不识忌讳如此，良由无学所为。若见古人之讥欲母早死而悲哭之，则不发此言也。孝为百行之首，犹须学以修饰之，况余事乎！

【注释】

①齐孝昭帝：北齐孝昭皇帝高演。字延安，乃高欢第六子。

②山陵：帝王或皇后的坟墓。此指孝昭帝母亲娄太后的丧事。

【译文】

北齐的孝昭帝侍奉病重的娄太后，因担忧而脸色憔悴，茶饭不思。徐之才为太后的两个穴位针灸，孝昭帝在一旁握拳代痛，指甲刺入掌心，以致血流满手。太后病愈后不久，孝昭帝却因病而亡，他在遗诏中说：最遗憾的事是不能亲自为太后操办后事，以尽孝心。他的天性是这样孝顺，却如此不知忌讳，这全都是不学习造成的。他如果从书中看过古人讽刺那些盼望母亲早死便提早痛哭的人记载，就不会在遗诏中说出那样的话。孝为百行之首，尚且须要通过学习去培养完善，何况其他的事呢！

梁元帝尝为吾说："昔在会稽，年始十二，便已好学。时又患疥①，手不得拳，膝不得屈。闲斋张葛帏避蝇独坐②，银瓯贮山阴甜酒，时复进之，以自宽痛。率意自读史书，一日二十卷，既未师受，或不识一字，或不解一语，要自重之，不知厌倦。"帝子之尊，童稚之逸，尚能如此，况其庶士，冀以自达者哉？

【注释】

①疥：疥疮，一种皮肤病。

②葛帏：用葛布制成的围帐。

【译文】

梁元帝曾经对我说："我从前在会稽郡的时候，年龄才十二岁，就已经喜欢学习了。当时我身患疥疮，手不能握拳，膝不能弯曲。我在闲斋中挂上葛布制成的帐子以遮挡蚊蝇，自己独自坐在帐中，身边的小银盆内装着山阴产的甜酒，不时喝上几口，以此减轻疼痛。这时我就随意读一些史书，一天读二十卷，因为没有老师教我，有时候满纸读下来，竟一个字也不认识，一句话也不理解，可是我就是喜欢看，从来不知厌倦。"元帝以帝王之子的尊贵，孩童的闲适，尚且能够如此用功，何况那些希望通过学习谋求腾达的读书人呢？

　　古人勤学，有握锥投斧①，照雪聚萤②，锄则带经③，牧则编简④，亦为勤笃。梁世彭城刘绮，交州刺史勃之孙，早孤家贫，灯烛难办，常买荻尺寸折之，然明夜读。孝元初出会稽，精选寮寀⑤，绮以才华，为国常侍兼记室⑥，殊蒙礼遇，终于金紫光禄。义阳朱詹，世居江陵，后出扬都，好学，家贫无资，累日不爨⑦，乃时吞纸以实腹。寒无毡被，抱犬而卧，犬亦饥虚，起行盗食，呼之不至，哀声动邻，犹不废业，卒成学士，官至镇南录事参军，为孝元所礼。此乃不可为之事，亦是勤学之一人。东莞臧逢世，年二十余，欲读班固《汉书》，苦假借不久，乃就姊夫刘缓乞丐客刺书翰纸末⑧，手写一本，军府服其志尚，卒以《汉书》闻。

【注释】

①握锥：指战国时苏秦以锥刺股之事。比喻用功刻苦。《战国策·秦策一》："(秦)读书欲睡，引锥自刺其股，血流至足。"投斧：指文党投斧求学之事。《太平御览》卷六一一引《庐江七贤传》曰："文党字翁仲。欲之学。时与人俱入丛木，谓侣人曰：'吾欲远学，先试投我斧高木上，斧当挂。'乃仰投之，斧果上挂。因之长安受经。"

②照雪：指晋人孙康映雪读书之事。聚萤：指晋代人车胤借萤火虫
　之光读书之事。《晋书·列传第五十三》："车胤，字武子，南平人
　也……胤恭勤不倦，博学多通。家贫不常得油，夏月则练囊盛数
　十萤火以照书，以夜继日焉。及长，风姿美劭，机悟敏速，甚有乡
　曲之誉。"

③锄则带经：西汉兒宽事。《汉书·兒宽传》："时行赁作，带经而
　锄，休息辄读诵，其精如此。"又汉魏之际常林，亦有此事。《三国
　志·魏书·常林传》引《魏略》曰："林少单贫。虽贫，自非手力，
　不取之于人。性好学，汉末为诸生，带经耕钼。其妻常自馈饷
　之，林虽在田野，其相敬如宾。"

④牧则编简：西汉路温舒事。《汉书·路温舒传》："路温舒字长君，
　巨鹿东里人也。父为里监门。使温舒牧羊，温舒取泽中蒲，截以
　为牒，编用写书。"

⑤寮寀（liáo cǎi）：本指官舍，代指官吏、僚属。

⑥记室：官名。掌管章表书记文檄。

⑦爨（cuàn）：烧火煮饭。

⑧客刺：名刺，名片。

【译文】

　　古代的人非常勤奋好学，有用锥子刺大腿防止瞌睡的苏秦；有投斧
于高树下决心到长安求学的文党；有在夜间靠雪地反光勤读的孙康；有
用袋子收聚萤火虫用来照读的车胤；汉代的兒宽、常林耕种时也不忘带
上经书；还有路温舒，在放牛时就摘蒲草截成小简，用来写字，他们都是
勤奋学习的人。梁朝彭城的刘绮，是交州刺史刘勃的孙子，从小死了父
亲，家境贫寒，无钱购买灯烛，就买来荻草，把它的茎折成尺把长，点燃
后照明夜读。梁元帝在任会稽太守时，精心选拔了一批官吏，刘绮以其
才华当上了太子府中的国常侍兼记室，很受元帝的器重，最后官至金紫
光禄大夫。义阳的朱詹，祖居江陵，后来到了建业，勤学，但家中贫穷无

钱,有时连续几天都不能生火煮饭,就经常吞食废纸充饥。天冷没有被盖,就抱着狗取暖睡觉,狗也饿得受不了,就跑到外面去偷东西吃,朱詹大声呼唤也不见它回家,他哀痛的喊声惊动了邻里,尽管如此,他依旧没有荒废学业,终于成为学士,官至镇南录事参军,为元帝所尊重。这不是一般人所能做到的,也是一个勤学的典型。东莞人臧逢世,二十多岁时,想读班固的《汉书》,但苦于借来的书不能长久阅读,就向姐夫刘缓要来名片、书札的边幅纸头,亲手抄得一本。军府中的人都佩服他的志气,后来他终于以研究《汉书》而闻名于世。

　　齐有宦者内参田鹏鸾①,本蛮人也。年十四五,初为阍寺②,便知好学,怀袖握书,晓夕讽诵。所居卑末,使役苦辛,时伺间隙,周章询请。每至文林馆③,气喘汗流,问书之外,不暇他语。及睹古人节义之事,未尝不感激沉吟久之。吾甚怜爱,倍加开奖。后被赏遇,赐名敬宣,位至侍中开府。后主之奔青州,遣其西出,参伺动静,为周军所获。问齐主何在,绐云④:"已去,计当出境。"疑其不信,欧捶服之⑤,每折一支⑥,辞色愈厉,竟断四体而卒。蛮夷童丱,犹能以学成忠,齐之将相,比敬宣之奴不若也。

【注释】

①内参:太监。

②阍(hūn)寺:古代宫中看门的近侍小臣,多以阉人充任。

③文林馆:官署名。北齐置,掌著作及校理典籍,兼训生徒,置学士。

④绐(dài):哄骗,欺骗。

⑤欧:同"殴",殴打。

⑥支：肢体。

【译文】

　　北齐有位叫田鹏鸾的太监，本是少数民族。年纪有十四五岁，刚开始做太监的时候，就知道好学，随身带着书，早晚诵读。他所处的地位十分低下，差役非常辛苦，但他仍能经常利用空闲时间，四处请教。每次到文林馆，气喘汗流，除了询问书中不懂的地方外，顾不得讲其他的话。每当他看到古人讲气节、重义气的事，就十分激动，连声赞叹，心情久久不能平静。我很喜欢他，对他倍加教导勉励。后来他得到皇帝的赏识，赐名为敬宣，职至侍中开府。齐后主逃往青州的时候，派他到西边去侦查动静，结果被北周军队俘获。周军问他后主在什么地方，田鹏鸾欺骗他们说："已走了，恐怕已出境了。"周军不信他的话，就痛打他，企图使他屈服；他的四肢每被打断一条，他声音和神色就越是严厉，最后终因四肢断裂而死。一个偏远民族的孩子，尚且能够通过学习变成忠臣，北齐的将相们，连敬宣这样的奴才都不如。

　　邺平之后，见徙入关①。思鲁尝谓吾曰："朝无禄位，家无积财，当肆筋力，以申供养。每被课笃②，勤劳经史，未知为子，可得安乎？"吾命之曰："子当以养为心，父当以学为教。使汝弃学徇财，丰吾衣食，食之安得甘？衣之安得暖？若务先王之道，绍家世之业，藜羹缊褐③，我自欲之。"

【注释】

①徙（xǐ）：迁移。

②笃：察视，督促。

③藜羹：用嫩藜煮成的羹饭，此指粗劣的食物。缊（yùn）褐：泛指穷人所穿粗陋衣物。缊，新旧混合的棉絮，乱絮。褐，指粗布或粗

布衣，古时贫贱者所服，最早用葛、兽毛，后通常指大麻、兽毛的粗加工品。

【译文】

邺城被北周军队平定之后，我们被逼迁徙至关内。那时思鲁曾经对我说："我们在朝廷没人当官，家里也没有积财，我应当尽力干活赚钱，以维持家用。现在，我却常被督促着读书，致力于经史之学，你可知道我这做儿子的，如何能安心学习呢？"我教诲他说："当儿子的固然应当把供养双亲的责任放在心上，当父亲的更应当把督促子女学习当做教育他们成人的头等大事。如果让你放弃学业去赚取钱财，即使我能丰衣足食，我吃起饭来怎么会感到香甜？穿起衣服来怎么会感到温暖呢？如果你致力于先王之道，继承我们家祖辈相传的读书传统，那么，即使吃粗茶淡饭，穿麻布衣裳，我也十分乐意。"

《书》曰："好问则裕①。"《礼》云："独学而无友，则孤陋而寡闻②。"盖须切磋相起明也③。见有闭门读书，师心自是④，稠人广坐，谬误差失者多矣。《穀梁传》称公子友与莒挐相搏，左右呼曰："孟劳。"孟劳者，鲁之宝刀名，亦见《广雅》。近在齐时，有姜仲岳谓："孟劳者，公子左右，姓孟名劳，多力之人，为国所宝。"与吾苦净。时清河郡守邢峙⑤，当世硕儒，助吾证之，赧然而伏。又《三辅决录》云⑥，灵帝殿柱题曰："堂堂乎张⑦，京兆田郎。"盖引《论语》，偶以四言，目京兆人田凤也。有一才士，乃言："时张京兆及田郎二人皆堂堂耳。"闻吾此说，初大惊骇，其后寻愧悔焉。江南有一权贵，读误本《蜀都赋》注，解"蹲鸱，芋也"，乃为"羊"字；人馈羊肉，答书云："损惠蹲鸱⑧。"举朝惊骇，不解事义，久后寻迹，方知如此。元氏之世⑨，在洛京时，有一才学重臣，新得《史记音》⑩，而颇纰缪，误反"颛顼"字，顼当为许录反，错作许缘反，遂谓朝士言："从来谬音'专旭'，当音'专翾'耳。"此人先有高名，翕然信行⑪；期年之后，更有硕儒，苦相究讨，方知误焉。《汉书·王莽赞》云："紫色蛙声，余分闰位。"谓以伪乱真耳。昔吾尝共人谈书，言乃王莽形状，有一俊士，自许史学，名价甚高，乃云："王莽非直鸱目虎吻，亦紫色蛙声。"又《礼乐志》云："给太官挏马酒。"李奇注："以马乳为酒也，挏挏乃成⑫。"二字并从手。挏挏，此谓撞捣挺挏之，今为酪酒亦然。向学士又以为种桐时，太官酿马酒乃熟。其孤陋遂至于此。太山羊肃，亦称学问，读潘岳赋"周文弱枝之枣"，为杖策之杖；《世本》"容成造历"，以历为碓磨之磨⑬。

【注释】

①好问则裕：喜欢提问则知识充足。《尚书·仲虺之诰》："能自得师者王，谓人莫己若者亡。好问则裕，自用则小。"

②"独学"两句：独自学习而没有朋友共同商讨，就会孤陋寡闻。见《礼记·学记》："发然后禁，则扞格而不胜；时过然后学，则勤苦而难成；杂施而不孙，则坏乱而不修；独学而无友，则孤陋而寡闻；燕朋逆其师；燕辟废其学。此六者，教之所由废也。"

③起：启发、开导。

④师心自是：本指以己意为师，后指固执己见，自以为是。

⑤邢峙：北齐著名儒者。《北齐书·儒林传》："邢峙，字士峻，河间鄚人也，少好学，耽玩坟典，游学燕、赵之间，通《三礼》、《左氏春秋》。天保初，郡举孝廉，授四门博士，迁国子助教，以经入授皇太子。峙方正纯厚，有儒者之风。厨宰进太子食，有菜曰'邪蒿'，峙命去之，曰：'此菜有不正之名，非殿下所宜食。'显祖闻而

嘉之,赐以被褥缣纩,拜国子博士。皇建初,除清河太守,有惠政,民吏爱之。以年老谢病归,卒于家。"

⑥《三辅决录》:《隋书·经籍志》载:"《三辅决录》七卷,汉太仆赵岐撰,挚虞注。"

⑦堂堂乎张:见《论语·子张》:"曾子曰:'堂堂乎张也,难与并为仁矣。'"

⑧损惠:谢人馈送礼物的敬辞。意谓对方降抑身份而加惠于己。

⑨元氏之世:指北魏。元氏为北魏皇帝之姓。

⑩《史记音》:《隋书·经籍志》:"《史记音》三卷,梁轻车录事参军邹诞生撰。"

⑪翕然:聚集的样子。

⑫揰挏(chòng dòng):上下撞击。

⑬历:繁体作"歷",与"磨"形近。

【译文】

《尚书》上说:"喜欢提问则知识充足。"《礼经》上说:"独自学习而没有朋友共同商讨,就会孤陋寡闻。"看来,学习要共同切磋,互相启发,才能更加明白。我就见过不少闭门读书,自以为是,在大庭广众之中口出谬言的人。《穀梁传》中叙述公子友与莒挐两人相斗,公子友左右的人大喊:"孟劳。"孟劳是鲁国宝刀的名称,这个解释也见于《广雅》。最近我在齐朝的时候,有位叫姜仲岳的人说:"孟劳是公子友左右的人,姓孟,名劳,是位大力士,为鲁国人所看重。"他和我苦苦争辩。当时清河郡守邢峙也在场,他是当今的大学者,他帮我证实了孟劳的真实含义,姜仲岳才红着脸认输了。此外,《三辅决录》上说,汉灵帝在宫殿柱子上题的字为:"堂堂乎张,京兆田郎。"这是引用《论语》中的话,而对以四言句式,用来品评京兆人田凤的。有一位才士,却解释成:"当时的张京兆和田郎二人都相貌堂堂。"他听了我的上述解释后,开始非常惊骇,后来明白了又对此感到惭愧懊悔。江南有一位权贵,读了误本《蜀都赋》的注解，书中将"蹲鸱，芋也"的"芋"字错作"羊"字；因此有人馈赠他羊肉时，他就回信说："谢谢您赐我蹲鸱。"大家都感到非常惊诧，不知他用的是什么典故，经过很长时间才弄清是怎么回事。北魏时期，有一位博学而身居要职的大臣，他新近得到一本《史记音》，而其中错误很多，将"颛顼"错误地注了音，"顼"字应当注为许录反，却错注为许缘反，这位大臣就对朝中官员们说："过去人们一直把颛顼误读成'专旭'，其实应该读成'专翾'。"这位大臣名气很大，他的意见大家当然相信并且采用。直到一年后，另一位大学者对这个词的发音苦苦研讨，才知道是那位大臣搞错了。《汉书·王莽赞》说："紫色蛙声，余分闰位。"意思是说王莽以假乱真。过去我曾经和别人谈书籍，其中谈到王莽的长相，有一位聪明能干的人，自诩精通史学，名声身价都很高，他居然说："王莽不但长着鹰目虎嘴，而且有着紫色的皮肤，青蛙的嗓音。"再比如《礼乐志》上说："给太官挏马酒。"李奇的注解是："以马乳为酒也，挏挏乃成。"二字的偏旁都从手。所谓挏挏，这里是说把马奶上下捣击，现在做奶酒也是用这种方法。刚才提到的那位聪明人又认为李奇注解的意思是：要等种桐树的时候，太官造的马酒才熟。他的学识竟浅陋到如此地步。泰山的羊肃，也称得上有学问的人，他读潘岳赋中"周文弱枝之枣"一句，把"枝"字误读作"杖策"的"杖"字；他读《世本》中"容成造历"一句，把"历"字认作"碓磨"的"磨"字。

　　谈说制文，援引古昔，必须眼学，勿信耳受。江南闾里间，士大夫或不学问，羞为鄙朴，道听途说，强事饰辞：呼徵质为周、郑[①]，谓霍乱为博陆，上荆州必称陕西，下扬都言去海郡，言食则馎口，道钱则孔方[②]，问移则楚丘[③]，论婚则宴尔[④]，及王则无不仲宣[⑤]，语刘则无不公幹[⑥]。凡有一二百件，传相祖述[⑦]，寻问莫知原由，施安时复失所[⑧]。庄生有乘时鹊起之说⑨，故谢朓诗曰："鹊起登吴台⑩。"吾有一亲表，作《七夕》诗云："今夜吴台鹊，亦共往填河。"《罗浮山记》云："望平地树如荠。"故戴暠诗云："长安树如荠⑪。"又邺下有一人《咏树》诗云："遥望长安荠。"又尝见谓矜诞为夸毗⑫，呼高年为富有春秋⑬，皆耳学之过也。

【注释】

①呼徵质为周郑：因《左传·隐公二年》有"周郑交质"一语，故附庸风雅者称徵质为周郑。

②孔方：钱的代称。晋鲁褒《钱神论》："亲爱如兄，字曰孔方。"

③楚丘：因《左传·闵公二年》有"僖之元年，齐桓公迁邢于夷仪。二年，封卫于楚丘"之语，后人乃以"楚丘"代指迁移。

④宴尔：因《诗经·邶风·古风》有"宴尔新婚，如兄如弟"一语，乃以宴尔代指新婚。

⑤仲宣：王粲，字仲宣，为建安七子之一，见前注。

⑥公幹：刘桢，字公幹，汉末著名文人，建安七子之一。

⑦祖述：效法遵循前人的行为或学说。

⑧失所：使用不当，用的不是地方。

⑨乘时鹊起：不见于传本《庄子》，但唐宋类书《艺文类聚》《太平御览》皆有引用，当出《庄子》逸篇。《艺文类聚》卷九十二："《庄子》曰：鹊上高城，危而巢于高枝之巅，城坏巢折，凌风而起，故君子之居世也，得时则义行，失时则鹊起。"

⑩谢朓（tiǎo）：字玄晖，南朝著名诗人，《南齐书》有传。

⑪戴暠（gāo）：梁朝诗人，作品见于《玉台新咏》《乐府诗集》。

⑫夸毗：以阿谀卑屈取媚于人。

⑬富有春秋：指年纪小。春秋，指年数。

【译文】

谈话写文章，援引古代的事例，必须是自己亲眼看到的，而不是人云亦云的。江南闾里间，有些士大夫不肯努力学习，又羞于被视为没有文化的粗鄙之人，就把一些道听途说的东西拿来装饰门面。比如：把微质说成周、郑，把霍乱叫做博陆，上荆州一定要说成去陕西，下扬都说成是去海郡，把吃饭说成糊口，把钱称之为孔方，提起迁徙就讲成楚丘，把婚姻说成宴尔，讲到姓王的人就称仲宣，谈起姓刘的人就提公幹。这些说法不下一二百种，士大夫们前后相承，互相影响。如果向他们问起这些"典故"的缘由，没有一个能答出来的；平时使用又总是用得不恰当。庄子有乘时鹊起的说法，所以谢朓的诗中就说："鹊起登吴台。"我有一位表亲，他作的一首《七夕》诗中说："今夜吴台鹊，亦共往填河。"《罗浮山记》上说："望平地树如荠。"所以戴暠的诗就说："长安树如荠。"而邺下有一个人的《咏树》诗竟说："遥望长安荠。"我还曾经见过有人把矜诞解释为夸毗，称年老为富有春秋，这些都是通过耳听获取知识、人云亦云的过错。

夫文字者，坟籍根本[①]。世之学徒，多不晓字：读《五经》者，是徐邈而非许慎[②]；习赋诵者，信褚诠而忽吕忱[③]；明《史记》者，专徐、邹而废篆籀[④]；学《汉书》者，悦应、苏而略《苍》、《雅》[⑤]。不知书音是其枝叶，小学乃其宗系[⑥]。至见服虔、张揖音义则贵之[⑦]，得《通俗》、《广雅》而不屑。一手之中，向背如此，况异代各人乎？

【注释】

①坟籍：古代典籍。

②徐邈：晋代学者。著有《五经音训》，见《晋书·儒林传》。许慎：

　　字叔重，东汉学者，著有《说文解字》、《五经异义》，见《后汉书·
　　儒林传》。

③褚诠：南朝人，曾官梁中书舍人。吕忱：西晋文字学家，著有《字
　　林》。

④徐、邹：指宋代学者徐野民、梁代学者邹诞生。《隋书·经籍志》：
　　"《史记音义》十二卷，宋中散大夫徐野民撰。《史记音》三卷，梁
　　轻车录事参军邹诞生撰。"篆籀（zhuàn zhòu）：篆书。篆，指小篆。
　　籀，指史籀大篆。

⑤应、苏：指汉代学者应劭、魏代学者苏林。《隋书·经籍志》："《汉
　　书集解音义》二十四卷，应劭撰。"《苍》、《雅》：《仓颉篇》和《尔
　　雅》。

⑥小学：汉代为文字训诂学的专称，隋唐以后是文字学、训诂学、音
　　韵学的总称。

⑦服虔：东汉经学家。见《后汉书·儒林传》。张揖：曹魏博士，著
　　《广雅》。

【译文】

　　文字是典籍的根本。世上求学的人，很多人都不通字义：通读《五
经》的人，赞同徐邈而非议许慎；学习辞赋的人，信服褚诠而忽略吕忱；
通读《史记》的人，只对徐野民、邹诞生的《史记音义》这类书感兴趣，却
废弃了对篆文字义的研究；学习《汉书》的人，欣赏应劭、苏林的注解而
忽略了《苍颉篇》和《尔雅》。他们不明白语音只是文字的枝叶，而字义
才是文字的根本。以致有人见了服虔、张揖有关音义的书就十分重视，
而得到同是这两人写的《通俗文》、《广雅》却不屑一顾。对同出一人之
手的著作都这样厚此薄彼，何况对不同时代不同人的著作呢？

　　夫学者贵能博闻也。郡国山川，官位姓族，衣服饮食，
器皿制度，皆欲根寻，得其原本；至于文字，忽不经怀①，己身

姓名,或多乖舛②,纵得不误,亦未知所由。近世有人为子制名:兄弟皆山傍立字,而有名峙者③,兄弟皆手傍立字,而有名机者;兄弟皆水傍立字,而有名凝者。名儒硕学,此例甚多。若有知吾钟之不调④,一何可笑。

【注释】

①忽:轻视。经怀:留心。

②乖舛(chuǎn):违背,错乱。

③峙:宋本作"峙"。

④钟之不调:指师旷与晋平公讨论钟音是否和谐一事。《淮南子·修务训》:"昔晋平公令官为钟。钟成,而示师旷。师旷曰:'钟音不调。'平公曰:'寡人以示工,工皆以为调。而以为不调,何也?'师旷曰:'使后世无知音者则已,若有知音者,必知钟之不调。'故师旷之欲善调钟也,以为后之有知音者也。"

【译文】

求学的人都以见闻广博为贵。他们对于郡国山川、官位姓族、衣服饮食、器皿制度,都希望刨根问底,找出它们的源头来;但对于文字,却漫不经心,连自家的姓名,也往往出现谬误,即使不出错误的,也不知它们的由来。近代有些人给孩子起名:弟兄几个的名都用山作偏旁的字,其中却有叫"峙"的;弟兄几个的名都用手作偏旁的字,其中竟有取名为"机"的;兄弟几个的名都用水作偏旁的字,其中还有取名为"凝"的。在那些知名的大学者中,这类例子有很多。若后世有人能明白其中的道理,就会觉得这和晋平公与师旷讨论钟音是否和谐那件事一样,而这种事又是多么可笑啊。

吾尝从齐主幸并州①,自井陉关入上艾县②,东数十里,有猎闾村，后百官受马粮在晋阳东百余里亢仇城侧。并不识二所本是何地，博求古今，皆未能晓。及检《字林》、《韵集》③，乃知猎闾是旧㵎余聚，亢仇旧是馧䬧亭，悉属上艾。时太原王劭欲撰乡邑记注，因此二名闻之，大喜。

【注释】

①幸：特指皇帝到某处去。

②井陉关：即井陉口。井陉，山名。为太行山支脉。有要隘名井陉口，又称土门关。是著名的军事要地。

③《字林》：《隋书·经籍志》："《字林》七卷，晋弦令吕忱撰。"《韵集》：《隋书·经籍志》："《韵集》十卷，（又）六卷，晋安复令吕静撰。"又："《韵集》八卷，段弘撰。"

【译文】

　　我曾经跟从北齐文宣帝到并州去，从井陉关进入上艾县，县东几十里，有一个猎闾村，后来百官又在晋阳以东百余里的亢仇城旁接受马匹粮草。大家都不知道上述两个地方原本是哪里，查阅了大量的古今书籍，都没有弄明白。直到我翻检《字林》、《韵集》这两本书，才知道猎闾就是过去的㵎余聚，亢仇就是过去的馧䬧亭，两地都隶属于上艾县。当时太原的王劭想撰写乡邑记注，我把这两个地方的名字说给他听，他非常高兴。

　　吾初读《庄子》"蝂二首"①，《韩非子》曰："虫有蝂者，一身两口，争食相龁②，遂相杀也。"茫然不识此字何音，逢人辄问，了无解者。案：《尔雅》诸书，蚕蛹名蝂，又非二首两口贪害之物。后见《古今字诂》③，此亦古之虺字④，积年凝滞，豁然雾解⑤。

【注释】

①蟪(huì)：虫蛹。

②齕(hé)：咬。

③《古今字诂》：魏博士张揖著。

④虺(huǐ)：毒蛇。

⑤雾解：像雾一样消散。

【译文】

我最初读《庄子》这本书，看到有"蟪二首"这句话，《韩非子》中也说："有一种名叫蟪的虫，一个身子有两张嘴，常常为了争夺食物而相互撕咬，以致互相残杀。"我一直不明白这个"蟪"字读成什么音，我逢人就问，却没有一个人能够解答。据考证：《尔雅》等书上说，蚕蛹名叫蟪，但蚕蛹并不是那种有两个头两张嘴贪婪凶残的动物。后来我又看了《古今字诂》才知道这个"蟪"就是古代的"虺"字，多年来积滞在胸中的疑问，一下子便消散了。

尝游赵州，见柏人城北有一小水，土人亦不知名。后读城西门徐整碑云①："洰流东指②。"众皆不识。吾案《说文》，此字古魄字也，洰，浅水貌。此水汉来本无名矣，直以浅貌目之，或当即以洰为名乎？

【注释】

①徐整：字文操，仕吴，为太常卿。

②洰(pò)："魄"的古字，水浅的样子。

【译文】

我曾经游览赵州，看到柏人城北有一条小河，当地人也不知道叫什么名字。后来我读到城西门徐整碑的碑文，碑文里说："洰流东指。"大家都不知是什么意思。我查阅了《说文解字》，原来这个字就是古代的"魄"字，洦，指水浅的样子。这条河从汉代以来就没有名字，只是视它为一条清浅的小河，或许正好以"洦"给它命名？

　　世中书翰，多称匆匆，相承如此，不知所由，或有妄言此匆匆之残缺耳。案：《说文》："勿者，州里所建之旗也，象其柄及三斿之形①，所以趣民事②。故悤遽者称为匆匆③。"

【注释】

①斿（liú）：古代旌旗的下垂饰物。

②趣：即"促"，催促，督促。

③悤遽（cōng jù）：匆促。

【译文】

世人的书信中常有"匆匆"这个词语，历来相承都是这样写，但不知道它的来源，有人乱下结论说这是"忽忽"的残缺字。经考证：《说文解字》上说："勿，是过去州里所树立的旗帜，这个字像旗杆和旗帜末端三条飘带的形状，是用来催促农民抓紧农事的。所以才把匆忙急迫称为'匆匆'。"

　　吾在益州，与数人同坐，初晴日晃，见地上小光，问左右："此是何物？"有一蜀竖就视①，答云："是豆逼耳。"相顾愕然，不知所谓。命取将来，乃小豆也。穷访蜀土，呼粒为逼，时莫之解。吾云："《三苍》②、《说文》，此字白下为匕，皆训粒，《通俗文》音方力反③。"众皆欢悟。

【注释】

①竖：僮仆。

②《三苍》:古代三部字书的合称,汉初,合李斯《仓颉篇》、赵高《爰历篇》和胡毋敬《博学篇》为一书,称《三苍》,亦统称《仓颉篇》,凡三千三百字。魏晋时,又以李斯《仓颉篇》为上卷,扬雄《训纂篇》为中卷,贾鲂《滂喜篇》为下卷,合为一部,亦称《三苍》。《隋书·经籍志》载:"秦相李斯作《苍颉篇》,汉扬雄作《训纂篇》,后汉郎中贾鲂作《滂喜篇》,故曰《三苍》。"

③《通俗文》:东汉经师服虔所著。

【译文】

我在益州的时候,曾经和几个人一块闲聊,天才刚刚放晴阳光灿烂,我看到地上有个发光的小点,就问身边的人:"这是什么?"有个蜀地的僮仆走上前看了看,回答说:"是豆逼。"大家都很惊愕,不明白他说的是什么意思。我叫他取过来,原来是个小豆。后来我遍访蜀地之人,他们都把"粒"称作"逼",当时的人都不能解释其中原因。我说:"在《三苍》、《说文解字》等书中,这个字就是'白'下面加'匕'字,都解释为'粒'。《通俗文》里给它注的音是方力反。"大家明白后都十分高兴。

　　愍楚友婿窦如同从河州来①,得一青鸟,驯养爱玩,举俗呼之为鹝②。吾曰:"鹝出上党,数曾见之,色并黄黑,无驳杂也。故陈思王《鹝赋》云③:'扬玄黄之劲羽。'"试检《说文》:"鸼雀似鹝而青,出羌中。"《韵集》音介④。此疑顿释。

【注释】

①友婿:即连襟,是同门女婿相互之间的称呼。河州:古西羌地。秦、汉为陇西郡,前秦置河州,北魏亦为河州。

②鹝(hé):鸟名。即鹝鸡。宋高承《事物纪原·虫鱼禽兽·鹝》:

　　　"上党诸山中多鹖，似雉而大，青色，顶有毛角，健斗，至死而止。
　　古之为将士者，取其毛尾插于冑上；今军士插雉尾，即此也。"
　③陈思王：曹植。
　④《韵集》：见前注。

【译文】

　　愍楚的连襟窦如同从河州归来，他在那里得到一只青色的鸟，驯养
得十分温顺，所有的人都称它为"鹖"。我说："鹖鸟产自上党，我曾见过
多次，它的羽毛是黄黑两色，没有斑驳杂色的。所以曹植的《鹖赋》说：
'鹖张开黑黄色的劲翅。'"我试着翻检《说文解字》，书上说："鸐雀和鹖
形似，但它的羽毛却是青色的，出产于羌中。"《韵集》里认为这个字读音
为"介"。这个问题到此就解决了。

　　梁世有蔡朗者讳纯，既不涉学，遂呼莼为露葵①。面墙
之徒②，递相仿效。承圣中③，遣一士大夫聘齐，齐主客郎李
恕问梁使曰④："江南有露葵否？"答曰："露葵是莼，水乡所
出。卿今食者绿葵菜耳。"李亦学问，但不测彼之深浅，乍闻
无以覈究⑤。

【注释】

　①莼(chún)：多年生水草。叶片椭圆形，深绿色，浮在水面，茎上和
　　　叶背有黏液，花暗红色。嫩叶可以做汤菜，即莼菜。露葵：即葵
　　　菜，俗称滑菜。
　②面墙：面墙而立，一无所见。用以比喻毫无见识。
　③承圣：梁简文帝年号，552—555。
　④主客郎：官名。主要负责对外接待。李恕：李慈铭云当为李庶。
　⑤覈(hé)究：查究，核实。

【译文】

梁朝有个叫蔡朗的人避讳"纯"字，他又没有什么学问，于是就把莼菜称作露葵。那些蒙昧无知的人，就跟在后面相互效仿。承圣年间，梁朝派遣一位官员出使北齐，北齐的主客郎李恕就问这位梁朝的使臣说："江南地区有露葵么？"使者回答说："露葵就是莼菜，是水乡出产的植物。您现在吃的是绿葵菜罢了。"李恕也是个有学问的人，但是不清楚对方的学问深浅，乍一听到这个说法也无法核查追究。

思鲁等姨夫彭城刘灵，尝与吾坐，诸子侍焉。吾问儒行、敏行曰："凡字与谘议名同音者^①，其数多少，能尽识乎？"答曰："未之究也，请导示之。"吾曰："凡如此例，不预研检，忽见不识，误以问人，反为无赖所欺，不容易也^②。"因为说之，得五十许字。诸刘叹曰："不意乃尔^③！"若遂不知，亦为异事。

【注释】

①谘议：刘灵的官号。用以代指刘灵。

②不容：不允许，不能。易：等闲视之。

③不意乃尔：没想到是这样的啊！

【译文】

思鲁等人的姨丈是彭城刘灵，他曾经与我一起闲坐，他的几个儿子在一旁陪着。我问儒行、敏行："与你父亲的名字读音相同的字一共有多少？你们都能认识么？"他们回答说："我们没有探究过这个问题，还请您教导指示我们。"我说："凡是这一类的字，如果不提前翻检研究，临时见到又不认识，错拿着去请教别人，反而会被小人欺负，不能轻率对待啊。"于是我就为他们解说这个问题，大约有五十个字左右。刘灵的儿子都感叹说："没想到有这么多啊!"要是他们一直都不知道,那也可算是一件怪事了。

　　校定书籍,亦何容易,自扬雄、刘向,方称此职耳。观天下书未遍,不得妄下雌黄①。或彼以为非,此以为是;或本同末异;或两文皆欠②,不可偏信一隅也。

【注释】

①雌黄:古人以黄纸写字,有误,则以雌黄涂之。

②欠:不足。

【译文】

　　校勘核定书籍,是很不容易的,扬雄、刘向这样的人才算是能胜任这个工作。如果没有读遍天下的书籍,就不能任意改动书籍中的文字。有时那个版本认为是错误的,这个版本又认为是正确的;有时两个版本大同小异;有时两版本的同一处文字都不妥当,所以不可以偏信一种说法。

文章第九

【题解】

在本篇中,作者论述了各种文体的起源,对古代的一些著名文人给以评论;作者认为好的文章"当以理致为心肾,气调为筋骨,事义为皮肤,华丽为冠冕";针对当时文人片面追求音韵对偶的情况,作者认为应当在注重文章体制大义的基础上对文辞进行修饰,"宜以古之制裁为本,今之辞调为末,并须两存,不可偏废也"。

夫文章者,原出《五经》:诏命策檄,生于《书》者也;序述论议,生于《易》者也;歌咏赋颂,生于《诗》者也;祭祀哀诔①,生于《礼》者也;书奏箴铭②,生于《春秋》者也。朝廷宪章,军旅誓诰③,敷显仁义,发明功德,牧民建国,施用多途。至于陶冶性灵,从容讽谏,入其滋味,亦乐事也。行有余力,则可习之。然而自古文人,多陷轻薄:屈原露才扬己,显暴君过④;宋玉体貌容冶,见遇俳优⑤;东方曼倩⑥,滑稽不雅;司马长卿,窃訾无操⑦;王褒过章《僮约》⑧;扬雄德败《美新》⑨;李陵降辱夷虏⑩;刘歆反复莽世⑪;傅毅党附权门⑫;班固盗窃父史⑬;赵元叔抗竦过度⑭;冯敬通浮华摈压⑮;马季长佞媚获诮^⑯；蔡伯喈同恶受诛^⑰；吴质诋忤乡里^⑱；曹植悖慢犯法^⑲；杜笃乞假无厌^⑳；路粹隘狭已甚^㉑；陈琳实号粗疏^㉒；繁钦性无检格^㉓；刘桢屈强输作^㉔；王粲率躁见嫌^㉕；孔融、祢衡^㉖，诞傲致殒；杨修、丁廙^㉗，扇动取毙；阮籍无礼败俗；嵇康凌物凶终；傅玄忿斗免官^㉘；孙楚矜夸凌上^㉙；陆机犯顺履险^㉚；潘岳干没取危^㉛；颜延年负气摧黜^㉜；谢灵运空疏乱纪^㉝；王元长凶贼自诒^㉞；谢玄晖侮慢见及^㉟。凡此诸人，皆其翘秀者，不能悉纪，大较如此。至于帝王，亦或未免。自昔天子而有才华者，唯汉武、魏太祖、文帝、明帝、宋孝武帝，皆负世议，非懿德之君也^㊱。自子游、子夏、荀况、孟轲、枚乘、贾谊、苏武、张衡、左思之俦，有盛名而免过患者，时复闻之，但其损败居多耳。每尝思之，原其所积，文章之体，标举兴会，发引性灵，使人矜伐，故忽于持操，果于进取。今世文士，此患弥切，一事惬当，一句清巧，神厉九霄，志凌千载，自吟自赏，不觉更有傍人。加以砂砾所伤，惨于矛戟，讽刺之祸，速乎风尘，深宜防虑，以保元吉。

【注释】

① 诔(lěi)：哀悼死者的文章。陆机《文赋》："碑披文以相质，诔缠绵而凄怆。"

② 箴(zhēn)：以规诫为主题的文体。

③ 诰(gào)：用于告诫或勉励的文体。

④ "屈原"二句：以班固为代表的汉代儒生多批评屈原露才扬己。王逸《楚辞章句》："而班固谓之露才扬己，竞于群小之中，怨恨怀王，讥刺椒、兰，苟欲求进，强非其人，不见容纳，忿恚自沈。"

⑤俳优:古代以歌舞作谐戏的艺人。

⑥东方曼倩:东方朔。字曼倩,汉武帝时大臣,为人滑稽。《汉书》
有传。

⑦"司马长卿"二句:司马长卿,司马相如。字长卿,汉武帝时著名
文人,擅辞赋。司马相如琴挑卓文君私奔,分卓王孙家财,被视
为"窃赀无操"。

⑧王褒:西汉文学家。宣帝时为谏议大夫。《僮约》:王褒曾作《僮
约》,行文滑稽,又因该篇为过寡妇之门而作,受到儒家学者批
评,是谓"过章"。

⑨《美新》:即《剧秦美新》,扬雄所作,歌颂王莽所建新朝,为人
诟病。

⑩李陵:汉武帝时将军,李广之孙,与匈奴作战,战败投降。

⑪刘歆(xīn):东汉末年著名经学大师。因为投靠王莽而为世人
诟病。

⑫傅毅:东汉著名文人,窦宪为大将军,以傅毅为司马。故世人有
"党附权门"之讥。

⑬班固:东汉著名文人,史学家,《汉书》的作者。六朝人对班固略
有微词,认为其《汉书》乃因袭其父班彪而成。

⑭赵元叔:东汉文人赵壹。字元叔,代表作为《刺世疾邪赋》。《后
汉书·文苑列传》:"赵壹字元叔,汉阳西县人也。体貌魁梧,身
长九尺,美须豪眉,望之甚伟。而恃才倨傲,为乡党所摈,乃作
《解摈》。后屡抵罪,几至死,友人救,得免。"

⑮冯敬通:冯衍。字敬通,东汉人,以文章著称。《后汉书·冯衍
传》:"显宗即位,又多短衍以文过其实,遂废于家。"

⑯马季长:马融。字季长,东汉著名经师、文学家。因屈服于梁冀
淫威,为世人诟病。《后汉书·马融传》:"初,融惩于邓氏,不敢
复违忤势家,遂为梁冀草奏李固,又作大将军《西第颂》,以此颇

为正直所羞。"诮(qiào)：责备。

⑰蔡伯喈：蔡邕。字伯喈，东汉末年文人，因董卓推举出仕。司徒王允杀董卓，蔡邕因念故人之情而叹息，王允杀之。

⑱吴质：字季重，汉末、三国时期文人，与魏文帝曹丕交好。曹丕称帝，拜吴质为北中郎将，官至振威将军，假节都督河北诸军事，封列侯。《三国志·魏书》裴松之注引《魏略》："始质为单家，少游遨贵戚间，盖不与乡里相沉浮。故虽已出官，本国犹不与之士名。"

⑲悖慢：《三国志·魏书·陈思王传》："黄初二年，监国谒者灌均希指，奏‘植醉酒悖慢，劫胁使者’。有司请治罪，帝以太后故，贬爵安乡侯。"

⑳杜笃：东汉文学家。《后汉书·文苑传》："杜笃字季雅，京兆杜陵人也。高祖延年，宣帝时为御史大夫。笃少博学，不修小节，不为乡人所礼。居美阳，与美阳令游，数从请托，不谐，颇相恨。令怒，收笃送京师。"

㉑路粹：字文蔚，东汉末年文人，为曹操宠幸。《三国志·魏书·王卫二刘傅传》引《典略》："仲将云：‘文蔚性颇忿鸷’。"

㉒陈琳：字孔璋，东汉末年著名文学家，建安七子之一。初随袁绍，后归曹操。

㉓繁钦：字休伯，东汉末年文人。《三国志·魏书·王卫二刘傅传》引《典略》曰："钦字休伯，以文才机辩，少得名于汝、颍。钦既长于书记，又善为诗赋。其所与太子书，记喉转意，率皆巧丽。为丞相主簿。建安二十三年卒。"又"仲将云：‘休伯都无格检’。"

㉔刘桢：字公幹，东汉末年著名文学家，建安七子之一。《三国志·魏书·王卫二刘傅传》："桢以不敬被刑，刑竟署吏。"裴松之注引《文士传》："桢辞旨巧妙皆如是，由是特为诸公子所亲爱。其后太子尝请诸文学，酒酣坐欢，命夫人甄氏出拜。坐中众人咸伏，

而桢独平视。太祖闻之,乃收桢,减死输作。"

㉕王粲:字仲宣,东汉末年著名文学家,建安七子之一。《三国志·魏书·杜袭传》:"粲性躁竞。"《文心雕龙·程器》:"仲宣轻锐以躁竞。"

㉖孔融:字文举,东汉末年著名文学家,建安七子之一。乃孔子二十世孙,曾官东汉北海太守,后为曹操所杀。《后汉书》有传。祢衡:字正平,东汉末年著名文人,恃才傲物,与世多忤,后为刘表部将黄祖所杀。

㉗杨修:字德祖,东汉末年文人,为曹操所杀。丁廙:字敬礼,东汉末年文人,曾劝曹操立曹植为嗣。《三国志·陈思王植传》:"植既以才见异,而丁仪、丁廙、杨修等为之羽翼。太祖狐疑,几为太子者数矣。而植任性而行,不自雕励,饮酒不节。文帝御之以术,矫情自饰,宫人左右,并为之说,故遂定为嗣。二十二年,增置邑五千,并前万户。植尝乘车行驰道中,开司马门出。太祖大怒,公车令坐死。由是重诸侯科禁,而植宠日衰。太祖既虑终始之变,以杨修颇有才策,而又袁氏之甥也,于是以罪诛修。植益内不自安……文帝即王位,诛丁仪、丁廙并其男口。"

㉘傅玄:字休奕,西晋学者、文人,官至侍中,北地郡泥阳(今陕西铜川东南)人。忿斗免官:指傅玄与皇甫陶争吵而被罢官之事。《晋书·傅玄传》:"初,玄进皇甫陶,及入而抵,玄以事与陶争,言喧哗,为有司所奏,二人竟坐免官。"

㉙孙楚:字子荆,西晋初年文人。矜夸凌上:指孙楚侮慢石苞事。《晋书·孙楚传》:"孙楚,字子荆,太原中都人也。祖资,魏骠骑将军。父宏,南阳太守。楚才藻卓绝,爽迈不群,多所陵傲,缺乡曲之誉。年四十余,始参镇东军事……楚后迁佐著作郎,复参石苞骠骑军事。楚既负其材气,颇侮易于苞,初至,长揖曰:'天子命我参卿军事。'因此而嫌隙遂构。苞奏楚与吴人孙世山共讪毁

时政，楚亦抗表自理，纷纭经年，事未判，又与乡人郭奕忿争。武帝虽不显明其罪，然以少贱受责，遂湮废积年。初，参军不敬府主，楚既轻苞，遂制施敬，自楚始也。"

㉚陆机：字士衡，西晋著名文学家，因曾为平原内史，世号之"陆平原"。陆机一度为成都王司马颖所信任，司马颖任用陆机为后将军、河北大都督，率军二十余万人，讨伐长沙王司马乂。陆机兵败，宦人孟玖等向司马颖进谗，陆机遂为司马颖所杀。

㉛潘岳：字安仁，西晋著名文学家，谄事贾谧，后因孙秀进谗言，被赵王伦所杀。干没：侥幸取利。《晋书·潘岳传》："岳性轻躁，趋世利，与石崇等谄事贾谧，每候其出，与崇辄望尘而拜。构愍怀之文，岳之辞也。谧二十四友，岳为其首。谧《晋书》限断，亦岳之辞也。其母数诮之曰：'尔当知足，而干没不已乎？'而岳终不能改。"

㉜颜延年：颜延之。字延年，仕宋，任太子中庶子。因自负其才，每与人相争。负气摧黜：指其被刘湛所谮，出为永嘉太守之事。《宋史·颜延之传》："元嘉三年，羡之等诛，征为中书侍郎，寻转太子中庶子。顷之，领步兵校尉，赏遇甚厚。延之好酒疏诞，不能斟酌当世，见刘湛、殷景仁专当要任，意有不平，常云：'天下之务，当与天下共之，岂一人之智所能独了！'辞甚激扬，每犯权要。谓湛曰：'吾名器不升，当由作卿家吏。'湛深恨焉，言于彭城王义康，出为永嘉太守。"

㉝谢灵运：晋宋之际著名文学家，谢玄之孙，袭封康乐公，世称之"谢康乐"。仕宋，历任永嘉太守、临川内史，宋文帝元嘉十年（433），被朝廷以谋反罪名处死。

㉞王元长：王融。字元长，南朝文学家，与齐竟陵王萧子显友善，为"竟陵八友"之一。齐武帝病危，王融欲矫诏拥立子良即位，未遂。萧子良和郁林王萧昭业争夺帝位失败，王融因依附子良而

下狱,被孔稚圭奏劾,赐死。《南齐书》有传。

㉟谢玄晖:谢朓。字玄晖,南朝文学家,曾任齐宣城太守,尚书吏部郎,世称"谢宣城"。齐东昏侯永元元年(499),遭始安王萧遥光与江祏等诬陷下狱死。《南齐书》有传。侮慢见及:指谢朓侮慢江祏,为其所害事。《南史·谢朓传》:"始安欲出朓为东阳郡,祏固执不与。先是,朓常轻祏为人,祏常诣朓。朓因言有一诗,呼左右取,既而便停。祏问其故,云:'定复不急。'祏以为轻己。后祏及弟祀、刘沨、刘晏俱候朓,朓谓祏曰:'可谓带二江之双流',以嘲弄之。祏转不堪,至是构而害之。诏暴其过恶,收付廷尉。

㊱懿(yì)德:美德。

【译文】

　　文章本出《五经》:诏、命、策、檄,是从《尚书》中产生的;序、述、论、议,是从《易》中产生的;歌、咏、赋、颂,是从《诗经》中产生的;祭、祀、哀、诔,是从《礼记》中产生的;书、奏、箴、铭,是从《春秋》中产生的。朝廷的宪章,军中所用的誓、诰,彰显仁义,颂扬功德,治理百姓,统治国家,文章有多种用途。至于以文章来陶冶性情,或抒发自己的情感,或深入体会其含义,都是令人快乐的事情。若平时修行有余力,则可以学习这方面的事。然而自古以来文人大多陷于轻薄:屈原展露自己的才华赞扬自己,公开暴露君主的过失;宋玉形貌冶艳,被人视作俳优;东方朔言行过于滑稽,太不儒雅;司马相如窃人钱财,没有操守;王褒的过失见于《僮约》;扬雄的品德坏于《美新》;李陵投降匈奴,辱没尊严;刘歆投靠王莽逆朝;傅毅依附权贵;班固剽窃父亲写的史书;赵壹为人过分倨傲特出;冯衍轻浮,遭到排挤;马融谄媚权贵被人嘲讽;蔡邕结交恶人遭到惩罚;吴质仗势横行而触怒乡里;曹植傲慢而触犯法纪;杜笃向人借贷而不知满足;路粹心胸太过狭隘;陈琳太过粗略疏忽;繁钦生性不知检点;刘桢性情过分倔强;王粲轻率急躁,遭人厌恶;孔融、祢衡狂放傲慢,因此被杀;杨修、丁廙煽动生事,自取灭亡;阮籍因不守礼法败坏风俗;嵇康因盛气凌人而不得善终；傅玄因负气争吵而免官；孙楚因自高自大而得罪上司；陆机因作乱而冒险；潘岳因侥幸取利而自致危机；颜延年因意气用事而被贬职；谢灵运因空疏而违背法纪；王元长因为叛逆作乱而自取灭亡；谢朓因侮慢别人而遇害。以上这些人物，都是文人中杰出的人士，其他不能全数记取，大略就是如此。至于帝王，有的也未能避免这类毛病。自古以来做皇帝并有才华的，也只有汉武、魏太祖、文帝、明帝、宋孝武帝，但他们遭受世人的非议，不算是完美的君王。像子游、子夏、荀况、孟轲、枚乘、贾谊、苏武、张衡、左思等一流人物，享有盛名而免于过失祸患的，也时常能听说，只是经历艰辛磨难的还是占多数。对此我常思考，推究其中的道理，文章的本质在于揭示兴致感受，抒发性灵，这就容易使人恃才自负，从而忽视操守，勇于追求名利。在现在文士身上，这种毛病更加严重，一个典故用得恰当，一个句子做得清新巧妙，就会心神上达九霄，意气下凌千年，自己吟咏自我欣赏，旁若无人。又因为砂砾给人带来的伤害，会比矛戟造成的伤害更严重；讽刺别人而招祸，会比大风来得更快，应该特别注意防范，以保安全。

　　学问有利钝，文章有巧拙。钝学累功，不妨精熟；拙文研思，终归蚩鄙①。但成学士，自足为人。必乏天才，勿强操笔。吾见世人，至无才思，自谓清华，流布丑拙，亦以众矣，江南号为诒痴符②。近在并州，有一士族，好为可笑诗赋，诮擎邢、魏诸公③，众共嘲弄，虚相赞说，便击牛酾酒④，招延声誉。其妻，明鉴妇人也，泣而谏之。此人叹曰："才华不为妻子所容，何况行路！"至死不觉。自见之谓明，此诚难也。

【注释】

①蚩鄙：粗野拙劣。

②诇（líng）痴符：古代方言。指没有才学却又喜欢夸耀的人。诇，
　　叫卖。

③诮擘（tiǎo piē）：戏言嘲弄。邢、魏：指北朝著名文人邢邵、魏收。

④酾（shī）酒：倒酒斟酒。

【译文】

　　做学问有聪明和迟钝之分，写文章有精巧和拙劣的区别。做学问迟钝的人只要坚持努力，也可以达到精熟；写文章拙劣的人再怎么钻研思考，终究难免陋劣。其实只要成为饱学之士，就足以立身处世。要是真的缺乏天分，就不要勉强执笔写文章。我见到世上有些人，明明极度缺乏才思，却还认为自己的文章清新华丽，并且让丑拙的文章流传在外，这样的人实在太多了，这种人在江南被称为"诇痴符"。近来在并州地方，有个士大夫，喜欢写引人发笑的诗赋，还嘲弄邢邵、魏收等人，人家联合起来嘲弄他，假意称赞他的诗赋，于是他就杀牛斟酒准备宴请人家以扩大声誉。他的妻子是个明白事理的人，哭着劝他。他却叹着气说："我的才华连我的妻子都不能承认，何况不相干的人！"他到死也没有醒悟过来。自己能看清自己才叫明，这确实是不容易做到的。

　　学为文章，先谋亲友，得其评裁，知可施行，然后出手；慎勿师心自任，取笑旁人也。自古执笔为文者，何可胜言。然至于宏丽精华，不过数十篇耳。但使不失体裁，辞意可观，便称才士；要须动俗盖世，亦俟河之清乎！①

【注释】

①俟河之清：等待黄河由浊变清，比喻期望之事不可能实现或难以实现。《左传·襄公八年》："周诗有之曰：'俟河之清，人寿几何？'"杜预注："逸《诗》也，言人寿促而河清迟。喻晋之不

可待。"

【译文】

　　学作文章,先要和亲友商量,得到他们的评点,知道怎样写了,然后才动手写;千万不能自我感觉良好,以致为旁人所取笑。从古以来执笔写文章的,多得数不清。但真正能称上宏丽精华的文章,不过几十篇罢了。只要文章没有违背体裁要求,辞意值得一观,就可以称为才士了;但要自己的文章当真惊动流俗压倒当世,那就像黄河澄清那样不容易等到了!

　　不屈二姓,夷、齐之节也①;何事非君,伊、箕之义也②。自春秋已来,家有奔亡,国有吞灭,君臣固无常分矣;然而君子之交绝无恶声,一旦屈膝而事人,岂以存亡而改虑③?陈孔璋居袁裁书④,则呼操为豺狼;在魏制檄,则目绍为蛇虺。在时君所命,不得自专,然亦文人之巨患也,当务从容消息之⑤。

【注释】

　①夷、齐:指伯夷和叔齐兄弟。为孤竹君二子,兄弟让国,曾谏阻周武王伐商,耻食周粟,饿死于首阳山。

　②伊、箕:指伊尹和箕子。伊尹本为夏臣,后归商。箕子本为商王族,后归周。

　③改虑:改变立场,改变想法。

　④陈孔璋:陈琳。字孔璋,建安七子之一,先随袁绍,后归曹操。

　⑤消息:斟酌。

【译文】

　　不屈身于贰朝,这是伯夷、叔齐的节操;任何君王都可侍奉,这是伊尹、箕子所行的道义。自春秋时期以来,世家有奔窜流亡的时候,国家有被吞并灭亡的时候,君臣之间也没有什么不会改变的名分了;君子即使绝交也不会口出恶言,然而一旦屈膝侍奉别的君主,又怎能因故主的存亡而改变自己的立场呢? 陈琳在袁绍幕下时称曹操为豺狼;在魏国做官时,又在所写的檄文中称袁绍为毒蛇。在当时必须听从君主的命令,自己不能做主,但这也是文人的大祸患,不能不仔细斟酌一番。

　　或问扬雄曰:"吾子少而好赋①?"雄曰:"然。童子雕虫篆刻,壮夫不为也。"余窃非之曰:虞舜歌《南风》之诗②,周公作《鸱鸮》之咏③,吉甫、史克《雅》、《颂》之美者④,未闻皆在幼年累德也。孔子曰:"不学《诗》,无以言。""自卫返鲁,乐正,雅、颂各得其所。"大明孝道,引《诗》证之。扬雄安敢忽之也? 若论"诗人之赋丽以则,辞人之赋丽以淫",但知变之而已,又未知雄自为壮夫何如也? 著《剧秦美新》⑤,妄投于阁,周章怖慑,不达天命,童子之为耳。桓谭以胜老子,葛洪以方仲尼,使人叹息。此人直以晓算术,解阴阳,故著《太玄经》,数子为所惑耳;其遗言余行,孙卿、屈原之不及,安敢望大圣之清尘? 且《太玄》今竟何用乎? 不啻覆酱瓿而已⑥。

【注释】

①吾子:对人的尊称,相当于今天的"您"。

②《南风》:《礼记·乐记》:"昔者,舜作五弦之琴,以歌《南风》。"《孔子家语·辩乐解》:"昔者舜弹五弦之琴,造《南风》之诗,其诗曰:'南风之薰兮,可以解吾民之愠兮;南风之时兮,可以阜吾民之财兮。'"

③《鸱鸮》:《诗经·豳风》篇名,相传为周公所作。《尚书·金滕》:

"武王既丧,管叔及其群弟乃流言于国,曰:'公将不利于孺子。'
周公乃告二公曰:'我之弗辟,我无以告我先王。'周公居东二年,
则罪人斯得。于后,公乃为诗以贻王,名之曰《鸱鸮》。"

④吉甫:即尹吉甫。周宣王时大臣,《诗经·大雅》部分篇章出自其
　　手。《诗经·大雅·崧高》:"吉甫作诵,其诗孔硕。"《毛诗序》:
　　"《崧高》,尹吉甫美宣王也。""《烝民》,尹吉甫美宣王也。""《韩
　　奕》,尹吉甫美宣王也。"史克:春秋时鲁国史官。《毛诗序》认为
　　《鲁颂·駉》的作者。《毛诗序》:"《駉》,颂僖公也。僖公能遵伯禽
　　之法,俭以足用,宽以爱民,务农重谷,牧于坰野,鲁人尊之,于是
　　季孙行父请命于周,而史克作是颂。"

⑤《剧秦美新》:扬雄所作,歌颂王莽所建新朝,为人诟病。

⑥不啻(chì):不过。瓿(bù):小瓮。

【译文】

有人问扬雄说:"您是不是年轻时就喜欢写赋?"扬雄说:"是的。但
是辞赋就如同是小孩子练的虫书、刻符,大丈夫是不屑于做的。"我私下
里认为他的说法是不对的:虞舜吟诵的《南风》,周公所作的《鸱鸮》,尹
吉甫、史克所作的那些收在《雅》《颂》中的美好文章,倒都没听说他们
因为在年轻时写诗而损坏了德行。孔子说:"不学《诗经》,就不知该如
何应答。"又说:"我从卫国回到鲁国,对《诗》的乐章进行整理,使得《雅》
和《颂》都各得其所。"孔子宣扬孝道,就引用了《诗经》来佐证。扬雄怎
么敢忽视诗赋呢?如果就他说的"诗人的赋华丽而合乎法度,辞人的赋
华丽得过度"来看,那也只不过是看到了两者之间的区别而已,不知道
扬雄自从成年之后又做得怎么样呢?他写了《剧秦美新》,又曾经糊涂
地从天禄阁往下跳,处事惊慌失措,不能乐天知命,不过像是小孩子的
行为罢了。桓谭认为扬雄胜过老子,葛洪将他和孔子相提并论,实在是
让人叹息。扬雄只不过是通晓术数,懂得阴阳之学,所以写了《太玄
经》,那些人都被他迷惑了;他的言辞德行连荀子和屈原都比不上,又怎

么能和老子、孔子这样的大圣人相提并论呢？况且《太玄经》在今天有
什么用途呢？不过是被人拿来盖在酱缸上罢了。

齐世有席毗者，清干之士，官至行台尚书。嗤鄙文学，
嘲刘逖云①："君辈辞藻，譬若荣华，须臾之玩，非宏才也；岂
比吾徒千丈松树，常有风霜，不可凋悴矣②！"刘应之曰："既
有寒木，又发春华，何如也？"席笑曰："可哉！"

【注释】

①刘逖：北齐文人。《北齐书·文苑传》："刘逖，字子长，彭城丛亭
　里人也。祖芳，魏太常卿。父徽，金紫光禄大夫。逖少而聪敏，
　好弋猎骑射，以行乐为事，爱交游，善戏谑。郡辟功曹，州命主
　簿。魏末征诣霸府，世宗以为永安公浚开府行参军。逖远离乡
　家，倦于羁旅，发愤自励，专精读书。晋阳都会之所，霸朝人士攸
　集，咸务于宴集。逖在游宴之中，卷不离手，值有文籍所未见者，
　则终日讽诵，或通夜不归，其好学如此。亦留心文藻，颇工
　诗咏。"

②凋悴：枯败凋落。

【译文】

　　北齐有个叫席毗的人，为人廉洁干练，官至行台尚书。他鄙视文
学，曾经嘲笑刘逖说："你们这些文人的辞藻文章，就好像是开放的花朵
一般，只能供人赏玩片刻，算不得栋梁之才；怎能比得上我们这些军人
呢，我们就像千丈高的松树一样，常历风霜，却不会枯败凋落。"刘逖回
答说："若既是耐寒之树，又能在春天开放花朵，这种怎么样呢？"席毗笑
着说："那自然好！"

凡为文章，犹人乘骐骥①，虽有逸气，当以衔勒制之，勿使流乱轨躅②，放意填坑岸也。

【注释】

①骐骥(jì)：良马。

②轨躅(zhuó)：本指车辙，引申为法度规范。

【译文】

作文章就好比是骑千里马，虽然马很骏逸奔放，也还是得用衔勒来控制它，不要让它乱了奔走的法度，纵意跃进那坑岸之下。

文章当以理致为心肾，气调为筋骨，事义为皮肤，华丽为冠冕。今世相承，趋末弃本，率多浮艳。辞与理竞，辞胜而理伏；事与才争，事繁而才损。放逸者流宕而忘归①，穿凿者补缀而不足。时俗如此，安能独违？但务去泰去甚耳。必有盛才重誉，改革体裁者，实吾所希。

【注释】

①流宕(dàng)：流浪漂泊。

【译文】

文章要以义理意致为心肾，气韵格调为筋骨，用典合宜为皮肤，华丽辞藻为冠冕。如今世代传承的文章，都是趋末弃本，过于浮艳。辞藻和义理相竞，文辞虽然优美但事理却被遮隐；用典和才思相争，用典繁琐而才思受损。奔放飘逸的，行文虽然轻快但常常远离主题；过于拘束的，虽然补缀连缀勉强成篇但却文采不足。时下习俗都是这样，怎么能独自立异？但求不要做得太过分就好。如果有位才华横溢、声名远播的人，来改革这种文章体制，那才真是我所盼望的。

古人之文，宏材逸气，体度风格，去今实远；但缉缀疏朴①，未为密致耳。今世音律谐靡，章句偶对，讳避精详，贤于往昔多矣。宜以古之制裁为本，今之辞调为末，并须两存，不可偏弃也。

【注释】

①缉缀：指文章的撰写连缀。

【译文】

古人的文章，气势宏大，潇洒飘逸，其体度风格和现今的文章差别很大；只是古人在遣词造句、过渡钩连等方面，还很粗疏质朴，不够周密细致。如今的文章，音律和谐华丽，词句工整对称，避讳精细详密，在这方面则比古人高超得多了。应该用古文的体制格调为根本，以今人的文辞音调作补充，这两方面同时存在，不可以偏废任何一方。

吾家世文章，甚为典正，不从流俗；梁孝元在蕃邸时，撰《西府新文》①，讫无一篇见录者，亦以不偶于世，无郑、卫之音故也②。有诗赋铭诔书表启疏二十卷，吾兄弟始在草土③，并未得编次，便遭火荡尽，竟不传于世。衔酷茹恨④，彻于心髓！操行见于《梁史·文士传》及孝元《怀旧志》⑤。

【注释】

①《西府新文》：梁元帝使萧淑辑录诸臣僚之文而成。《隋书·经籍志》："《西府新文》十一卷，并录，梁萧淑撰。"颜之推的父亲颜协为震西府咨议参军，然因风格缘故，其文未被收入《西府新文》一书。

②郑、卫之音：泛指靡靡之音，亦指内容香艳文风轻浮的文学作品。

③草土：居丧。古代居父母之丧者寝苦枕块，故称草土。

④酷：惨痛，痛恨。

⑤《怀旧志》：《隋书·经籍志》："《怀旧志》九卷，梁元帝撰。"

【译文】

我父亲的文章写得非常典雅庄重，不同于流俗；梁孝元帝在做湘东王时曾经撰写《西府新文》，先父的文章一篇也未被收录，这也是因为先父的文章不迎合世人口味，没有浮艳风气的缘故。先父留下的诗、赋、铭、诔、书、表、启、疏等各种文体的文章共二十卷，我们兄弟当时还在居丧期间，没有来得及整理编次，就被大火烧了个精光，最终未能流传于世。我的痛苦怨恨，深入心底！先父的操守品行载于《梁史·文士传》和梁元帝的《怀旧志》上。

沈隐侯曰①："文章当从三易：易见事，一也；易识字，二也；易读诵，三也。"邢子才常曰："沈侯文章，用事不使人觉，若胸臆语也②。"深以此服之。祖孝徵亦尝谓吾曰："沈诗云：'崖倾护石髓。'此岂似用事邪？"

【注释】

①沈隐侯：沈约。谥隐侯。沈约，字休文，南朝著名文学家，历仕宋、齐、梁三朝，入梁后地位日高，官至尚书令、太子少傅、侍中。《梁书》有传。

②胸臆（yì）：心，心怀。

【译文】

沈约说："写文章应当遵从'三易'的原则：一是用典通俗易懂；二是文字容易认识；三是易于朗读背诵。"邢子才常说："沈约的文章，引用典故使人难以觉察，教人以为他是直抒胸臆一样。"并因此而深深佩服他。

祖孝徵也曾经对我说："沈约的诗里说:'崖倾护石髓。'这哪里像是在用典啊?"

　　邢子才、魏收俱有重名,时俗准的①,以为师匠。邢赏服沈约而轻任昉②,魏爱慕任昉而毁沈约,每于谈宴,辞色以之。邺下纷纭,各有朋党。祖孝徵尝谓吾曰:"任、沈之是非,乃邢、魏之优劣也。"

【注释】

①准的:标准。

②任昉:字彦升,南朝著名文人,历仕齐、梁二朝,以文学名,为沈约所推重。《梁书》有传。

【译文】

　　邢子才和魏收都有很高的名声,当时的人们都以他们为楷模,奉他们为师。邢子才佩服沈约而轻视任昉,魏收钦慕任昉而诋毁沈约,他们在一起宴饮聚会时常因此而当面争执。邺城的人对此看法不一,两个人都有拥护者。祖孝徵曾经对我说:"任昉和沈约的是与非,实际上正是邢子才和魏收的优与劣。"

　　《吴均集》有《破镜赋》①。昔者,邑号朝歌,颜渊不舍;里名胜母,曾子敛襟:盖忌夫恶名之伤实也。破镜乃凶逆之兽②,事见《汉书》,为文幸避此名也。比世往往见有和人诗者,题云敬同,《孝经》云:"资于事父以事君而敬同。"不可轻言也。梁世费旭诗云:"不知是耶非。"殷沄诗云:"飙飏云母舟。"简文曰:"旭既不识其父,沄又飙飏其母。"此虽悉古事,不可用也。世人或有文章引《诗》"伐鼓渊渊"者,《宋书》已有屡游之诮；如此流比，幸须避之。北面事亲，别舅摛《渭阳》之咏③；堂上养老，送兄赋桓山之悲④，皆大失也。举此一隅，触涂宜慎。

【注释】

①吴均：字叔庠，南朝文学家，仕梁，官奉朝请，以文学名，为沈约所赏识。生平见《梁书·文学传》。

②破镜：一种恶兽，也称"獍"。《汉书·郊祀志》："古天子常以春解祠，祠黄帝用一枭、破镜。"

③摛（chī）：传布、舒展。《渭阳》：即《诗经·秦风·渭阳》。《诗序》云："《渭阳》，康公念母也。康公之母，晋献公之女。文公遭丽姬之难，未反，而秦姬卒。穆公纳文公，康公时为大子，赠送文公于渭之阳，念母之不见也。我见舅氏，如母存焉。及其即位，思而作是诗也。"因为《诗序》提到《渭阳》是秦康公在母亲死后所作，因此母亲在世，送别舅舅不宜滥用"渭阳"语典。

④桓山之悲：比喻父死而兄弟别离之悲。典出《孔子家语》。《孔子家语·颜回》："孔子在卫，昧旦晨兴，颜回侍侧，闻哭者之声甚哀。子曰：'回，汝知此何所哭乎？'对曰：'回以此哭声非但为死者而已，又有生离别者也。'子曰：'何以知之？'对曰：'回闻桓山之鸟生四子焉，羽翼既成，将分于四海，其母悲鸣而送之，哀声有似于此，谓其往而不返也。回窃以音类知之。'孔子使人问哭者，果曰：'父死家贫，卖子以葬，与子长决。'"父在而送别兄长，不宜用桓山之悲这一语典。

【译文】

《吴均集》中有《破镜赋》。从前，有个城邑名叫朝歌，颜渊不在那里居住；有一处乡里名叫胜母，曾子路过时就敛起衣襟：这大约是因为怕不好的名字有伤事物的本质。破镜是一种凶恶暴逆的动物，这在《汉书》里有记载，做文章时一定要避开这一类名称。近来看见有应和别人诗作的人在和诗的题目中写着"敬同"两个字，《孝经》里说："资于事父以事君而敬同。"因此这两个字是不可以轻易乱用的。梁朝费旭的诗中说："不知是耶非。"殷沄的诗中说："飘飏云母舟。"简文帝说："费旭已经不认识自己的父亲，殷沄又使他的母亲四处飘荡。"这些虽然都是古时的事，但也不可用。世上有的人在文章中引用了《诗经》里的"伐鼓渊渊"，《宋书》已经讥剌他不懂反语；诸如此类的事，一定要避开为妙。母亲在世，送别舅舅时却高咏《渭阳》这首诗；双亲在堂，送别兄长时却以"桓山之鸟"来表达自己的悲伤，这些都是严重的过失。这里只是举了一部分例子，写文章时处处都要注意。

　　江南文制①，欲人弹射②，知有病累，随即改之，陈王得之于丁廙也③。山东风俗，不通击难。吾初入邺，遂尝以此忤人，至今为悔；汝曹必无轻议也。

【注释】

①文制：犹制文，即创作文章。

②弹射：用言语指责，这里是指对文章进行批评。

③陈王：陈思王曹植。丁廙（yì）：见前注。

【译文】

　　江南地区的人写了文章之后，希望别人进行批评，知道有不合适的地方，接着就加以修改，陈思王曹植就是从丁廙那里学到了这种习惯。山东地区的风俗，是不许别人对自己的文章提出疑问。我刚到邺城的时候，就曾经因为批评别人的文章而得罪了那个人，到现在还为这件事后悔；你们一定不要轻率地议论别人的文章。

　　凡代人为文，皆作彼语，理宜然矣。至于哀伤凶祸之辞，不可辄代。蔡邕为胡金盈作《母灵表颂》曰："悲母氏之不永，然委我而凤丧。"又为胡颢作其父铭曰："葬我考议郎君。"《袁三公颂》曰："猗欤我祖[①]，出自有妫。"王粲为潘文则《思亲诗》云："躬此劳瘁，鞠予小人；庶我显妣，克保遐年。"而并载乎邕、粲之集，此例甚众。古人之所行，今世以为讳。陈思王《武帝诔》，遂深永蛰之思；潘岳《悼亡赋》，乃怆手泽之遗。是方父于虫，匹妇于考也。蔡邕《杨秉碑》云："统大麓之重。"潘尼《赠卢景宣诗》云："九五思飞龙。"孙楚《王骠骑诔》云："奄忽登遐[②]。"陆机《父诔》云："亿兆宅心[③]，敦叙百揆[④]。"《姊诔》云："伣天之和[⑤]。"今为此言，则朝廷之罪人也。王粲《赠杨德祖诗》云："我君饯之，其乐泄泄[⑥]。"不可妄施人子，况储君乎？

【注释】

①猗欤：叹词。

②奄忽：比喻死亡。

③亿兆：极言众多。

④百揆（kuí）：百官。

⑤伣（qiàn）：譬喻。《诗经·大雅·大明》："大邦有子，伣天之妹。"

⑥泄泄（yì）：闲散自得的样子。

【译文】

　　凡是替别人写文章，都要用他的口气，这从道理上说是应该的。表达哀伤凶祸内容的文章是不可以随便替别人代笔的。蔡邕为胡金盈作《母灵表颂》说："悲母氏之不永，然委我而凤丧。"又为胡颢作父诔，诔文中说："葬我考议郎君。"还有《袁三公颂》说："猗欤我祖，出自有妫。"王粲替潘文则写的《思亲诗》中说："躬此劳悴，鞠予小人；庶我显姚，克保遐年。"而这些文章都收在了蔡邕和王粲的文集里，这样的例子非常多。古人所通行的做法，在现在看来是犯了忌讳。陈思王曹植在《武帝诔》中以"永蛰"表示对父亲的思念；潘岳的《悼亡赋》中以"手泽"指亡妻留下的物品，并抒发看到妻子遗物的悲怆之情。前者是将父亲比作虫子，后者则是将亡妻等同于亡父了。蔡邕的《杨秉碑》说："统大麓之重。"潘尼的《赠卢景宣诗》说："九五思飞龙。"孙楚在《王骠骑诔》中说："奄忽登遐。"陆机的《父诔》中写道："亿兆宅心，敦叙百揆。"《姊诔》又说："伣天之和。"现在要是再写这样的话，那就是朝廷的罪人了。王粲在《赠杨德祖诗》中说："我君饯之，其乐泄泄。""其乐泄泄"是郑庄公和母亲重归于好时说过的话，这种话是不可以随便用在别人子女身上的，何况还是太子呢？

　　挽歌辞者，或云古者《虞殡》之歌①，或云出自田横之客②，皆为生者悼往告哀之意。陆平原多为死人自叹之言③，诗格既无此例，又乖制作本意。

【注释】

①《虞殡》：古代挽歌之名。

②田横：秦汉之际齐王田荣之弟。自刎而死，门客五百皆自杀以殉。《薤露》《蒿里》两篇挽歌，相传是田横门客所作。

③陆平原：陆机。曾为平原内史。见前注。

【译文】

　　挽歌辞，有人说它始于古代的《虞殡》之歌，也有人说出自田横的门客，所有的挽歌辞都是活着的人用来追悼死者表达悲哀之情的。陆机所作的挽歌大多是死者的自我感叹之言，挽歌辞的格式中没有这样的例子，这也违背了创作挽歌辞的本意。

凡诗人之作,刺箴美颂,各有源流,未尝混杂,善恶同篇也。陆机为《齐讴篇》,前叙山川物产风教之盛,后章忽鄙山川之情,殊失厥体①。其为《吴趋行》,何不陈子光、夫差乎②?《京洛行》,胡不述赧王、灵帝乎③?

【注释】

①厥(jué):其。

②陈:述。子光:即春秋时期的吴王阖闾,名光,即位前称公子光,曾命专诸刺杀吴王僚,取得君位。夫差:吴王夫差,春秋末期吴国国君,后为越王勾践所灭。

③赧王:即周赧王。周朝最后一个君王,亡国之君。灵帝:汉灵帝。东汉末年昏君,死后天下大乱。

【译文】

诗人的文章,不管是讽刺的、规劝的、赞美的、还是歌颂的,都有各自的源流,从来没有将其混杂在一起,而善恶同篇。陆机作《齐讴篇》,前半部分叙述山川的秀美和物产的丰盛,以及当地民风的纯朴,后半部分忽然又表现出鄙薄此地山川的情绪,太背离文章的体制。既然这样,那他写《吴趋行》,为什么不提子光和夫差呢?写《京洛行》,为什么不提周赧王和汉灵帝的事呢?

自古宏才博学,用事误者有矣;百家杂说,或有不同,书帙湮灭,后人不见,故未敢轻议之。今指知决纰缪者,略举一两端以为诫。《诗》云:"有莺雉鸣①。"又曰:"雉鸣求其牡。"毛《传》亦曰:"莺,雌雉声。"又云:"雄之朝雊,尚求其雌。"郑玄注《月令》亦云:"雊,雄雉鸣。"潘岳赋曰:"雉莺莺以朝雊。"是则混杂其雄雌矣。《诗》云:"孔怀兄弟。"孔,甚也;

怀,思也,言甚可思也。陆机《与长沙顾母书》,述从祖弟士
璜死,乃言:"痛心拔脑,有如孔怀。"心既痛矣,即为甚思,何
故方言有如也? 观其此意,当谓亲兄弟为孔怀。《诗》云:
"父母孔迩②。"而呼二亲为孔迩,于义通乎?《异物志》云③:
"拥剑状如蟹,但一螯偏大尔。"何逊诗云④:"跃鱼如拥剑。"
是不分鱼蟹也。《汉书》:"御史府中列柏树,常有野鸟数
千,栖宿其上,晨去暮来,号朝夕鸟。"而文士往往误作乌鸢
用之。《抱朴子》说项曼都诈称得仙⑤,自云:"仙人以流霞
一杯与我饮之,辄不饥渴。"而简文诗云:"霞流抱朴碗。"亦
犹郭象以惠施之辨为庄周言也。《后汉书》:"囚司徒崔烈
以银铛锁。"银铛,大锁也;世间多误作金银字。武烈太子
亦是数千卷学士⑥,尝作诗云:"银锁三公脚,刀撞仆射头。"
为俗所误。

【注释】

①鷕(yǎo):雌雉的鸣叫声。《诗经·邶风·匏有苦叶》:"有瀰济盈,
　　有鷕雉鸣。济盈不濡轨,雉鸣求其牡。"

②迩(ěr):近。《诗经·周南·汝坟》:"鲂鱼赪尾,王室如燬。虽则
　　如毁,父母孔迩。"

③《异物志》:《隋书·经籍志》:"《异物志》一卷,后汉议郎杨孚撰。"

④何逊:字仲吉,南朝著名诗人,仕梁,官尚书水部郎,世称"何水
　　部"。生平事迹见《梁书·文学传》。

⑤《抱朴子》:《隋书·经籍志》:"《抱朴子内篇》二十一卷、音一卷,
　　葛洪撰。"

⑥武烈太子:梁元帝长子萧方等,字实相,南讨河东王,军败溺死,
　　谥曰忠壮世子,元帝即位,改谥武烈太子。

【译文】

自古以来那些才华横溢、博学多才的人,在引用典故时出现差错的也大有人在;诸子百家杂说纷纭,有时候对同一事物会有不同的看法,他们的书籍倘若湮没,后人读不到,所以我不敢对此妄加评论。现在我叙述那些属于绝对错误的事,略举几个例子给你们借鉴。《诗经》里说:"有鸣雉鸣。"又说:"雉鸣求其牡。"毛《传》里也说:"鸒,是雌雉的鸣叫声。"《诗经》又说:"雉之朝雊,尚求其雌。"郑玄注的《礼记·月令》也说:"雊,是雄雉的鸣叫声。"而潘岳的赋里说:"雉鸒鸒以朝雊。"这就混淆了雌雄的区别了。《诗经》里说:"孔怀兄弟。"孔,是很的意思;怀,是思念的意思。孔怀的意思是十分想念。陆机的《与长沙顾母书》叙述他的从祖弟陆士璜之死时却说:"痛心拔脑,有如孔怀。"心中既然感到悲痛,那自然就是很思念,为什么还要说"有如"呢?看他在这里的意思,大概是把"孔怀"理解成亲兄弟了。《诗经》说:"父母孔迩。"按照陆机的理解,要称父母为"孔迩",这在意义上能说得通么?《异物志》上说:"拥剑的状貌好像蟹一样,只是有一只螯偏大罢了。"何逊的诗里说:"跃鱼如拥剑。"这鱼、蟹不分了。《汉书》中说:"御史府中种着成列的柏树,经常有数千只野乌栖息在树上,这些乌早晨离去黄昏时归来,被称为朝夕乌。"而文人们在引用的时候往往把它们误作"乌鸢"。《抱朴子》里记载项曼都伪称自己遇上仙人时说:"仙人给了我一杯流霞要我喝下,我就不觉得饥渴了。"而简文帝却在诗里说:"霞流抱朴碗。"这就好像是郭象将惠施辩论的言辞当做庄周的话一样了。《后汉书》中说:"囚司徒崔烈以银铛锁。"银铛,就是大的铁链锁,世人多把"银"误作金银的"银"字。武烈太子也是读过数千卷书的学士,他曾经作诗说:"银锁三公脚,刀撞仆射头。"这是受流俗影响而造成的错误。

文章地理,必须惬当。梁简文《雁门太守行》乃云:"鹅军攻日逐①,燕骑荡康居,大宛归善马,小月送降书。"萧子晖

《陇头水》云："天寒陇水急，散漫俱分泻，北注徂黄龙，东流会白马②。"此亦明珠之颣③，美玉之瑕，宜慎之。

【注释】

①鹳：古代的阵名。《左传·昭公二十一年》："十一月癸未，公子城以晋师至。曹翰胡会晋荀吴、齐苑何忌、卫公子朝救宋。丙戌，与华氏战于赭丘。郑翩愿为鹳，其御愿为鹅。"日逐：与下文"康居"、"大宛"、"小月"皆西域部落名。小月，即小月氏。"鹳军"的典故指宋，"鹳军""燕骑"与西域，了不相涉。

②"萧子晖"几句：萧子晖，字景光，梁朝文人。陇水在西北，黄龙地在北，白马地在西南，不可能在同一流域。

③颣(lèi)：缺点毛病。

【译文】

文章中凡是牵涉到地理知识的，运用时一定要恰当。梁简文帝的《雁门太守行》说："鹳军攻日逐，燕骑荡康居，大宛归善马，小月送降书。"萧子晖在《陇头水》中说："天寒陇水急，散漫俱分泻，北注徂黄龙，东流会白马。"这些都是明珠上的小缺点，美玉上的小瑕疵，应该慎重对待。

　　王籍《入若耶溪》诗云①："蝉噪林逾静，鸟鸣山更幽。"江南以为文外断绝，物无异议。简文吟咏，不能忘之，孝元讽味，以为不可复得，至《怀旧志》载于《籍传》。范阳卢询祖②，邺下才俊，乃言："此不成语，何事于能？"魏收亦然其论。《诗》云："萧萧马鸣，悠悠旆旌③。"《毛传》曰："言不谊哗也。"吾每叹此解有情致，籍诗生于此耳。

【注释】

①王籍：字文海，齐梁之际文人，生平事迹见《梁书·文学传》。

②卢询祖：北朝文学家。仕北齐，为太子舍人。《北齐书》有传。

③斾(pèi)：古代旗帜的统称。旌：用牦牛尾和彩色鸟羽做杆饰的旗。《诗经·小雅·车攻》："萧萧马鸣，悠悠斾旌。徒御不惊，大庖不盈。"

【译文】

王籍在《入若耶溪》这首诗里说："蝉噪林逾静，鸟鸣山更幽。"江南地区的人认为这是独一无二的句子，对此没人表示异议。简文帝经常吟咏这句诗，不能忘怀，梁元帝也经常吟诵回味，认为不可多得，以致在《怀旧志》中将这首诗载入了《王籍传》中。范阳卢询祖，是邺城的优秀人物，他却说："这两句根本不能算是联语，看不出王籍有什么过人的才华。"魏收也赞同他的观点。《诗经》里说："萧萧马鸣，悠悠斾旌。"《毛传》的解释说："这是不喧哗的意思。"我总是感叹这个解释有情致，王籍的诗就是由此而生的。

　　兰陵萧悫①，梁室上黄侯之子，工于篇什。尝有《秋诗》云："芙蓉露下落，杨柳月中疏。"时人未之赏也。吾爱其萧散，宛然在目②。颖川荀仲举、琅邪诸葛汉③，亦以为尔。而卢思道之徒④，雅所不惬。

【注释】

①萧悫(què)：北齐文学家。《北齐书·文苑传》："萧悫，字仁祖，梁上黄侯晔之子。天保中入国，武平中太子洗马。"

②宛然：仿佛，好像。

③荀仲举：北齐文学家。《北齐书·文苑传》："荀仲举，字士高，颖

川人，世江南。仕梁为南沙令，从萧明于寒山被执。长乐王尉粲
甚礼之。与粲剧饮，啮粲指至骨。显祖知之，杖仲举一百。或问
其故，答云：'我那知许，当是正疑是麈尾耳。'入馆，除符玺郎。
后以年老家贫，出为义宁太守。仲举与赵郡李概交款，概死，仲
举因至其宅，为五言诗十六韵以伤之，词甚悲切。世称其美。"诸
葛汉：即诸葛颖，北朝与隋之际文人。《北史・文苑传》："诸葛
颖，字汉，丹杨建康人也。祖铨，梁零陵太守。父规，义阳太守。
颖年十八能属文，起家邵陵王参军事，转记室。侯景之乱，奔齐，
历学士、太子舍人。周氏平齐，不得调，杜门不出者十余年。习
《易》、《图纬》、《苍》、《雅》、《庄》、《老》，颇得其要，清辩有俊才。
晋王广素闻其名，引为参军事，转记室。及王为太子，除药藏郎。
炀帝即位，迁著作郎，甚见亲幸，出入卧内。"

　④卢思道：北朝与隋之际著名文人。《隋书》有传。

【译文】

　　兰陵的萧悫，是梁上黄侯之子，擅长做文章。他在曾经写过的《秋
诗》里说："芙蓉露下落，杨柳月中疏。"当时的人都不欣赏。我却喜欢那
种萧疏散淡的情致，诗中的景象就仿佛在人眼前一样。颍川荀仲举、琅
邪诸葛汉，也是这样认为的。而卢思道等人，则不大喜欢这两句诗。

　　何逊诗实为清巧，多形似之言；扬都论者①，恨其每病苦
辛，饶贫寒气，不及刘孝绰之雍容也②。虽然，刘甚忌之，平
生诵何诗，常云："'辒车响北阙③'，恓恓不道车。"又撰《诗
苑》，止取何两篇，时人讥其不广。刘孝绰当时既有重名，无
所与让；唯服谢朓，常以谢诗置几案间，动静辄讽味。简文
爱陶渊明文，亦复如此。江南语曰："梁有三何，子朗最多。"
三何者，逊及思澄、子朗也④。子朗信饶清巧。思澄游庐山，

每有佳篇，亦为冠绝。

【注释】

①扬都：指南朝首都建业。

②刘孝绰：本名冉，小字阿士，彭城（今江苏徐州）人，七岁能文，号为"神童"，以文才为世所重，恃才傲物，《梁书》有传。

③蘧（qú）车：蘧伯玉之车。《列女传·仁智传》："灵公与夫人夜坐，闻车声辚辚，至阙而止，过阙复有声。公问夫人曰：'知此谓谁？'夫人曰：'此必蘧伯玉也。'公曰：'何以知之？'夫人曰：'妾闻：礼下公门式路马，所以广敬也。夫忠臣与孝子，不为昭昭信节，不为冥冥堕行。蘧伯玉，卫之贤大夫也。仁而有智，敬于事上。此其人必不以暗昧废礼，是以知之。'公使视之，果伯玉也。"刘孝绰讥评何逊诗，或因蘧车音近之故。

④思澄：何思澄。字元静，生平事迹见《梁书·文学传》。子朗：何子朗。字世明，见《南史·文学传》。

【译文】

何逊的诗真是清新奇巧，多有生动形象的语言；扬都谈论他的诗的人批评他太过深思苦吟，意境太过萧索清寒，不如刘孝绰那种从容闲适的诗风。虽然如此，刘孝绰还是很嫉妒他，平常吟诵何逊的诗句时常说："'蘧车响北阙'，恼恼不道车。"他又撰写了《诗苑》，其中只选了何逊两首诗，当时的人们都讽刺他不够大度。刘孝绰在当时有很高的声望，没有什么让他佩服的人；他只佩服谢朓一个人，经常把谢朓的诗文放在桌案上，随时阅读。梁简文帝喜欢陶渊明的诗，也常常这样做。江南地区有句俗语说："梁朝有三何，子朗才最多。"三何是指何逊、何思澄、何子朗。何子朗的诗确实写得很清新精巧。何思澄游览庐山，时常写出优美的篇章，也算冠绝一时。

名实第十

【题解】

作者在这一篇主要探讨的是名与实的关系，从现实生活出发，强调为人处世要言行一致，表里如一，讥讽了"不修身而求令名于世者，犹貌甚恶而责妍影于镜"的人；认为好的名声是靠自己"德艺周厚"、"修身慎行"而取得的，利用卑俗的手段沽名钓誉，即使得到一些虚名，最后也终将为人所笑。

名之与实，犹形之与影也。德艺周厚①，则名必善焉；容色姝丽，则影必美焉。今不修身而求令名于世者，犹貌甚恶而责妍影于镜也。上士忘名，中士立名，下士窃名。忘名者，体道合德，享鬼神之福佑，非所以求名也；立名者，修身慎行，惧荣观之不显②，非所以让名也；窃名者，厚貌深奸，干浮华之虚称，非所以得名也。

【注释】

①德艺：德行才艺。周厚：周洽笃厚。

②荣观：即荣名、荣誉。

【译文】

名与实的关系,就像形体与影子的关系一样。德才周全深厚的人,他的名声必然是好的;容貌秀丽的人,他的影像也必然是美的。现在不修身养性,却希望在世上得到好名声的人,就像容貌丑陋却想要在镜子中照出美丽影像一样。最上等的人忘却名声,中等的人树立名声,下等的人窃取名声。忘却名声的人,内心体悟了"道",行为符合了"德",受到鬼神的赐福和保佑,他们并不是靠它来追求名的;树立名声的人,修养身心谨慎行事,担心自己的荣名得不到显扬,他们是不会对名声谦让的;盗取名声的人,貌似忠厚,心怀奸诈,谋求奢华的虚名,他们是不能获得真正的好名声的。

人足所履,不过数寸,然而咫尺之途,必颠蹶于崖岸①,拱把之梁②,每沉溺于川谷者,何哉? 为其旁无余地故也。君子之立己,抑亦如之。至诚之言,人未能信,至洁之行,物或致疑,皆由言行声名,无余地也。吾每为人所毁,常以此自责。若能开方轨之路③,广造舟之航④,则仲由之言信⑤,重于登坛之盟⑥,赵熹之降城⑦,贤于折冲之将矣。

【注释】

①颠蹶:翻跌,倾跌。

②拱把之梁:即独木桥。拱把,两只手合围或一手握满。梁,桥。

③方轨:两车并行。

④造舟:连船为桥,即浮桥。

⑤仲由:孔门弟子,字子路,以信守诺言著称。

⑥登坛:升登坛场。古时帝王即位、祭祀、会盟、拜将,多设坛场,举行隆重仪式。

⑦赵熹：东汉人，以信义著称，曾劝降舞阴城。《后汉书·伏侯宋蔡
　　冯赵牟韦列传》："更始即位，舞阴大姓李氏拥城不下，更始遣柱
　　天将军李宝降之，不肯，云：'闻宛之赵氏有孤孙熹，信义著名，愿
　　得降之。'"

【译文】

　　人的双脚所踩的范围，不过几寸，但是走在尺多宽的小路上，常常会失足掉下山崖，走在独木桥时，也往往会掉进河里。这是为什么呢？因为这些地方两边都没有空余的地方。君子立身处世的情况，和这个有些类似。最真诚的话，人们不一定会相信；最高洁的行为，反而会招致有些人的怀疑，这都是因为人的一言一行、声望名誉没有余地的缘故。我经常被人诋毁，常常因此而自我反省。如果在立身处世上做到像走在宽广大道、广阔的浮桥上一样留有余地，那么你所说的话就像仲由的言语一样，胜过诸侯会盟的誓言；你所做的事就像赵熹劝降一城，胜过冲锋陷阵的大将。

　　吾见世人，清名登而金贝入①，信誉显而然诺亏，不知后之矛戟，毁前之干橹也②。虑子贱云："诚于此者形于彼③。"人之虚实真伪在乎心，无不见乎迹，但察之未熟耳。一为察之所鉴，巧伪不如拙诚，承之以羞大矣。伯石让卿④，王莽辞政，当于尔时，自以巧密；后人书之，留传万代，可为骨寒毛竖也。近有大贵，以孝著声，前后居丧，哀毁逾制⑤，亦足以高于人矣。而尝于苫块之中⑥，以巴豆涂脸，遂使成疮，表哭泣之过。左右僮竖，不能掩之，益使外人谓其居处饮食，皆为不信。以一伪丧百诚者，乃贪名不已故也。

【注释】

①金贝：金钱，货币。

②干：抵御刀剑之类的小盾牌。橹：抵御矛戟的大盾牌。

③"虙子贱"二句：虙子贱，孔子弟子，曾为单父宰。虙，又作"宓"。《孔子家语·屈节解》："三年，孔子使巫马期远观政焉。巫马期阴免衣，衣敝裘，入单父界。见夜渔者，得鱼辄舍之。巫马期问焉，曰：'凡渔者为得，何以得鱼即舍之？'渔者曰：'鱼之大者名为𫚈，吾大夫爱之；其小者名为鱦，吾大夫欲长之。是以得二者辄舍之。'巫马期返以告孔子曰：'宓子之德至，使民暗行若有严刑于旁。敢问宓子何行而得于是？'孔子曰：'吾尝与之言曰：诚于此者刑乎彼。宓子行此术于单父也。'"

④伯石：春秋时郑国大夫。《左传·襄公三十年》："伯有既死，使大史命伯石为卿，辞。大史退，则请命焉。复命之，又辞。如是三，乃受策入拜。子产是以恶其为人也，使次己位。"

⑤哀毁：哀痛使身体容貌都受到损害。逾：超过。

⑥苫（shān）：古代居丧时，孝子睡的草垫子。

【译文】

我看到世上的人，有了清廉的名声后就开始聚敛财富，有了显耀的信誉后就开始说话不算数了，这些人不知道他们后来的行为，会把前面辛辛苦苦建立的名声全毁掉。虙子贱说过："在这件事上做得真诚，就给另件事树立了榜样。"人的虚假真实都发自内心，没有不在行动上表现出来的，只是别人观察得不仔细罢了。一旦被别人看出了真相，那么巧妙掩饰的虚假还不如笨拙不加掩饰的真实，接着招来的羞辱也够大的。伯石假意辞让卿位，王莽佯装辞谢政权，在当时自以为既巧又密；但真相还是被后人记载下来，留传万世，使后人读了感到毛发竖立，心惊胆战。近年来有一位大贵人，以孝敬父母著称，前后为父母服丧期间，表示哀痛心情的举动都超出了一般礼制的要求，也足以获得高于常人的名声了。但他在居丧的时候却用巴豆涂脸，故意使脸上生疮，以造成哀痛悲泣过度的假象。左右侍奉的僮仆，却不能为他遮盖，于是，真相流露，反而使外人认为他服丧时的居住饮食等其他行为，全都不可相信。像这样由于一件事情伪装出现假，而毁掉了百件事情的真，全都是因为无休无止地追求名誉而造成的。

有一士族，读书不过二三百卷，天才钝拙，而家世殷厚，雅自矜持，多以酒犊珍玩①，交诸名士，甘其饵者，递共吹嘘，朝廷以为文华②，亦尝出境聘③。东莱王韩晋明笃好文学④，疑彼制作，多非机杼⑤，遂设宴言，面相讨试。竟日欢谐，辞人满席，属音赋韵，命笔为诗，彼造次即成⑥，了非向韵。众客各自沉吟，遂无觉者。韩退叹曰："果如所量！"韩又尝问曰："玉斑杼上终葵首⑦，当作何形？"乃答云："斑头曲圌⑧，势如葵叶耳。"韩既有学，忍笑为吾说之。

【注释】

①酒犊：酒和牛，此处指吃喝。

②文华：有文采。

③聘：聘问，专指天子与诸侯或诸侯与诸侯间的遣使通问。

④韩晋明：北齐东莱王，名士。《北齐书·韩轨传》："子晋明嗣。天统中，改封东莱王。晋明有侠气，诸勋贵子孙中最留心学问。好酒诞纵，招引宾客，一席之费，动至万钱，犹恨俭率。朝庭处之贵要之地，必以疾辞。告人云：'废人饮美酒、封名胜，安能作刀笔吏返披故纸乎？'武平末，除尚书左仆射，百余日便谢病解官。"

⑤机杼：比喻诗文创作中构思和布局的精巧。

⑥造次：急忙，仓促。

⑦玉珽(tǐng)：玉笏，古代朝臣上朝时所执手版。终葵首：《考工记·玉人》："大圭长三尺，杼上终葵首，天子服之。"郑注："王所搢大圭也，或谓之珽。终葵，椎也。为椎于其杼上，明无所屈也。杼，杀也。"因郑注以终葵为椎，故颜之推、韩晋明以某人答"终葵首"如葵叶之形为不学。

⑧曲圜：弯而圆。

【译文】

有一个士族出身的人，所读的书不过二三百卷，天生鲁钝笨拙，可是家世富庶，自诩甚高，常用酒肉珍宝结交名士，那些愿意接受他财物的人，便相继为他吹嘘，致使朝廷也以为他有文才，曾聘他出去做官。东莱王韩晋明酷爱文学，对他的作品发生怀疑，认为大多数不是他本人所命意构思的，于是就设宴叙谈，当面向他请教试探。欢宴整日，座中皆为诗文名士，他们按声韵提笔赋诗，这个士族很快就写好了，但全不似向来神韵。别的客人都各自沉思吟咏，没有人发现这一情况。韩晋明退席后感叹道："果然不出我所料！"韩晋明曾有一次问这士人说："玉珽机杼上安装的终葵之首，是什么形状？"他竟回答说："珽头弯曲，大概像葵叶的形状吧。"韩晋明是个有学问的人，后来忍着笑跟我谈起这件事。

治点子弟文章①，以为声价，大弊事也。一则不可常继，终露其情；二则学者有凭，益不精励。

【注释】

①治点：润饰修改文章。

【译文】

替自己的子弟润饰修改文章，用以提高他们的身价，是一大坏事。一来不能永远为他们修改润色，迟早要露出真相；二来使学习的人有所依凭，会更加懒惰不用功。

　　邺下有一少年，出为襄国令，颇自勉笃。公事经怀，每加抚恤，以求声誉。凡遣兵役，握手送离，或赍梨枣饼饵①，人人赠别，云："上命相烦，情所不忍；道路饥渴，以此见思。"民庶称之，不容于口。及迁为泗州别驾②，此费日广，不可常周，一有伪情，触涂难继，功绩遂损败矣。

【注释】

①赍(jī)：送东西给别人。

②别驾：官名。州刺史的佐吏，也称别驾从事史。因随刺史出行时令乘车，故称别驾。

【译文】

　　邺城有一个年轻人，出任襄国县令，做事非常勤奋用心。处理公务时十分认真，对下面的人关怀体贴，以借此博取声名。每当派遣兵役时，他总要与士兵握手送别，有时还送给他们梨、枣、糕饼等食物，与每人都告别一番，说："因为执行上面的命令，要劳烦你们，我内心很不好受；路上难免饥渴，这些就算是我的一片心意吧。"百姓都对他赞不绝口。等到他迁任泗州别驾的时候，这类费用更多，无法每次都遍赠食物，时间一长，势必矫情虚饰，难以为继，原有的声名也因此而毁坏了。

　　或问曰："夫神灭形消，遗声余价，亦犹蝉壳蛇皮，兽迒鸟迹耳①，何预于死者，而圣人以为名教乎？"对曰："劝也。劝其立名，则获其实。且劝一伯夷②，而千万人立清风矣；劝一季札③，而千万人立仁风矣；劝一柳下惠④，而千万人立贞风矣；劝一史鱼⑤，而千万人立直风矣。故圣人欲其鱼鳞凤翼,杂沓参差,不绝于世,岂不弘哉? 四海悠悠,皆慕名者,盖因其情而致其善耳。抑又论之,祖考之嘉名美誉,亦子孙之冕服墙宇也⑥,自古及今,获其庇荫者亦众矣。夫修善立名者,亦犹筑室树果,生则获其利,死则遗其泽。世之汲汲者,不达此意,若其与魂爽俱升,松柏偕茂者,惑矣哉!"

【注释】

①迒(háng):鸟兽或车辆经过的痕迹。

②伯夷:商周之际贤人,孤竹君之子,让国而逃,谏阻武王伐纣,耻食周粟,饿死于首阳山。

③季札:春秋时吴国公子,让国不居,以仁义著称。

④柳下惠:春秋时期鲁国大夫,名获,字禽,"柳下"是其食邑名,"惠"是谥号,以操守著名。

⑤史鱼:春秋时卫国大夫,以正直敢谏著称。《论语·卫灵公》:"子曰:'直哉史鱼! 邦有道如矢,邦无道如矢。'"

⑥冕服墙宇:衣帽房屋。代指上辈留下的遗产。

【译文】

有人问:"人死之后形神俱消,留下的名声,也就像蝉蛇蜕化后的皮壳,像鸟兽经过后留下的踪迹一样,与死人有何关系,而圣人却用它来教化百姓呢?"回答说:"是为了勉励。勉励人们树立名誉,就能得到实效。况且褒扬一个伯夷,就会在千万人中形成清正的风气;褒扬一个季札,就会在千万人中形成仁爱的风气;褒扬一个柳下惠,就会在千万人中形成贞操的风气;褒扬一个史鱼,就会在千万人中形成正直的风气。所以圣人希望这类有美好名声的人不断出现,美名一直流传在世上,这意义不是很大吗? 天地如此之大,人们无不仰慕美名,大概是因为人的性情,都喜欢善的东西。再说,祖先的好名声,对子孙来说就像是冠冕华堂，自古至今，获得祖先的声誉荫庇的人实在太多了。多行善事，树立名誉，就如同造房和种树，在生时获得它的利益，去世后又能泽被后世。世上的庸人，不达此意，如果他们与那些美名与灵魂一起升华，与松柏一样长青的贤人相比，实在是太愚蠢了。"

涉务第十一

【题解】

涉务，即专心致力于世务。本篇指出"士君子之处世，贵能有益于物"，批评了那些整日高谈阔论、"不知几月当下，几月当收"、于家于国毫无用处的贵族子弟；认为不论哪一种事务，只要能做到精通的地步，就能既有益于国家，又有益于自身。

士君子之处世，贵能有益于物耳，不徒高谈虚论，左琴右书，以费人君禄位也。国之用材，大较不过六事：一则朝廷之臣，取其鉴达治体①，经纶博雅；二则文史之臣，取其著述宪章，不忘前古；三则军旅之臣，取其断决有谋，强干习事②；四则藩屏之臣③，取其明练风俗，清白爱民；五则使命之臣，取其识变从宜，不辱君命；六则兴造之臣④，取其程功节费⑤，开略有术，此则皆勤学守行者所能辨也。人性有长短，岂责具美于六涂哉？但当皆晓指趣，能守一职，便无愧耳。

【注释】

①治体：指国家的体制、法度。

②强干：强力能干。

③藩屏：藩篱屏蔽，比喻藩国。

④兴造：指土木工程建筑。

⑤程功：衡量功绩，计算完成工程的进度。

【译文】

　　士大夫处身立世，贵在能够做一些有益于人的事，不能光是高谈阔论，无事研习琴书，虚耗君主给他的俸禄官位。国家使用人材，大体不外乎六个方面：一是在朝廷处理政务的大臣，需要他通晓治理国家的体制纲要，满腹经纶，博学文雅；二是掌管文史的大臣，他要能撰写各种典章法令，不忘前代经验教训；三是统领军队的大臣，他要能机智多谋，勇于决断，熟悉用兵之事；四是驻守边疆的大臣，他要能熟悉当地风俗，为政廉洁，爱护百姓；五是出使外邦的大臣，他要能机智灵活，随机应变，不辱没君王的使命；六是负责兴造的大臣，他要能考核工程节省费用，在节省开支的基础上多做事情：这都是勤奋学习、品行端正的人所能办到的。只是人的秉性各有长处和短处，哪能强求这六个方面都做好呢？只要对这些都通晓大意，而做好其中的一个方面，就可以无愧了。

　　吾见世中文学之士，品藻古今①，若指诸掌，及有试用，多无所堪。居承平之世，不知有丧乱之祸；处庙堂之下，不知有战陈之急；保俸禄之资，不知有耕稼之苦；肆吏民之上，不知有劳役之勤，故难可以应世经务也。晋朝南渡②，优借士族③；故江南冠带④，有才干者，擢为令仆已下尚书郎中书舍人已上⑤，典掌机要。其余文义之士，多迂诞浮华，不涉世务；纤微过失，又惜行捶楚，所以处于清高，盖护其短也。至于台阁令史⑥，主书监帅⑦，诸王签省⑧，并晓习吏用，济办时须，纵有小人之态，皆可鞭杖肃督，故多见委使，盖用其长也。人每不自量,举世怨梁武帝父子爱小人而疏士大夫,此亦眼不能见其睫耳。

【注释】

①品藻:评议鉴定等级。

②晋朝南渡:指建武元年(317)西晋灭亡,司马睿南渡并在建康建立东晋一事。

③优借:优待。

④冠带:士族、缙绅的代称,以其戴冠束带故称。

⑤令:尚书令。仆:仆射。尚书郎:东汉始置,选拔孝廉中有才能者入尚书台,在皇帝左右处理政务,初从尚书台令史中选拔,后从孝廉中选取。初入台称"守尚书郎中",满一年称"尚书郎",三年称"侍郎"。魏晋以后,尚书省分曹,各曹有侍郎、郎中等官,综理政务,通称为尚书郎。晋时为清要之职,号为大臣之副。中书舍人:注见《治家第五》。

⑥台阁:指尚书省。东汉以尚书直接辅佐皇帝以处理政务,三公之权渐轻。令史:官名。汉代兰台尚书属官,居郎之下,掌文书事务,历代因之。隋唐以后,成为三省、六部及御史台低级事务员之称,位卑秩下,不参官品。至明代遂废。

⑦主书:主文书之官。监帅:掌监督军务。

⑧签省:指典签一类的官吏。典签,是南朝地方长官之下典掌机要的官。签,签帅。省,省事。

【译文】

我见到世上的文学之士,评议古今,好似指点掌中之物一般,非常熟悉,但等到真正让他们去处理实际事务时,却多数不能胜任。他们生活在太平之世,不知道有丧乱之祸;身在朝廷之上,不知道有战争激斗的危急;享受安定的俸禄,不知道百姓春种秋收的辛苦;肆意横行于吏民头上,不知道从事劳役之人的奔波之苦;所以他们就很难应付时世和处理政务。东晋南渡之后,朝廷对士族优待宽容,因此江南的文士缙绅中凡是有才干的,就能提拔到尚书令、尚书仆射以下,尚书郎、中书舍人以上,执掌国家机要。其余只懂得一点文义的人,多半迂诞浮华,不涉世务;有了点小过错,又不好严厉杖责,因而只好把他们放在一些名高职轻的位置上,来遮盖他们的短处。至于那些台阁令史、主书、监帅、诸王的典签、省事这一类的职务,都要求对官吏的那一套工作通晓熟练,处理事务,适应需要。他们即使有粗鄙小人的种种毛病,也可以对他们实行鞭打的刑罚,所以他们反而多被委任使用,这是利用了他们的长处。人往往没有自知之明,世人都抱怨梁武帝父子喜欢粗鄙小人而疏远士大夫,这也就像眼睛不能看到眼睫毛的道理是一样的。

　　梁世士大夫,皆尚褒衣博带,大冠高履,出则车舆,入则扶侍,郊郭之内,无乘马者。周弘正为宣城王所爱①,给一果下马②,常服御之,举朝以为放达。至乃尚书郎乘马,则纠劾之。及侯景之乱③,肤脆骨柔,不堪行步,体羸气弱④,不耐寒暑,坐死仓猝者,往往而然。建康令王复性既儒雅,未尝乘骑,见马嘶喷陆梁⑤,莫不震慑,乃谓人曰:"正是虎,何故名为马乎?"其风俗至此。

【注释】

①周弘正:注见《风操第六》。宣城王:即梁哀太子萧大器。《梁书·哀太子传》:"哀太子大器,字仁宗,太宗嫡长子也。普通四年五月丁酉生。中大通四年,封宣城郡王,食邑二千户。"

②果下马:《三国志·魏书·东夷传》裴松之注:"果下马高三尺,乘之可于果树下行,故谓之果下。"

③侯景之乱：注见《慕贤第七》。

④羸（léi）：瘦弱。

⑤嘶喷：马嘶鸣。陆梁：跳跃。

【译文】

梁朝的士大夫，都喜欢穿宽大的衣服系宽阔的腰带，戴高帽子，穿厚底鞋，出门就乘车代步，进门就有人搀扶伺候，无论是在城里还是城外，都见不到骑马的士大夫。宣城王很喜欢南朝学者周弘正，赐给他一匹果下马，周弘正常常骑着这匹马，结果朝廷上下都认为他放达不羁。当时的尚书郎如果骑马，就会遭到弹劾。到了侯景之乱爆发的时候，士大夫们一个个都皮肤细嫩体格柔弱，承受不了步行的辛苦，他们体气虚弱，又不能经受气候的冷热变化，在变乱中因此而死的人，到处都是。建康令王复，性情温文尔雅，从未骑过马，一看见马嘶鸣跳跃的样子，就吓得魂飞魄散，他对人说道："这是老虎，为什么叫马呢？"当时的社会风气竟然到了这种程度。

古人欲知稼穑之艰难，斯盖贵谷务本之道也。夫食为民天，民非食不生矣，三日不粒，父子不能相存。耕种之，茠锄之①，刈获之，载积之，打拂之，簸扬之，凡几涉手，而入仓廪②，安可轻农事而贵末业哉？江南朝士，因晋中兴，南渡江，卒为羁旅，至今八九世，未有力田，悉资俸禄而食耳。假令有者，皆信僮仆为之，未尝目观起一垅土③，耘一株苗；不知几月当下，几月当收，安识世间余务乎？故治官则不了，营家则不办，皆优闲之过也。

【注释】

①茠（hāo）：除田草。锄（chú）：农具名。即锄。

②仓廪(lǐn)：盛粮食的仓库。

③一垡(fá)土：一犁土。垡，耕地翻起的土块。

【译文】

　　古人亲自耕种是为了体验务农的艰辛，这是使人珍惜粮食、重视农业劳动的方法。民以食为天，没有食物人们就无法生存，三天不吃饭的话，父子之间也不能相互救助。粮食要经过耕种、锄草、收割、储存、春打、扬场等好几道工序，才能存进粮仓，怎么可以轻视农业而重视商业呢？南朝的官员，随着晋朝的复兴，南渡过江，流落他乡，到现在也经历了八九代了。这些官员从来没有人从事农业生产，而是完全依靠俸禄供养。即使他们有田产，也是随意交给仆役来耕种，从没亲眼见过别人挖一块泥土，种一棵苗；他们连几月份播种，几月份收获都不知道，又怎能懂得其他事务呢？因此，他们做官时不识时务，治家时又不能处理得宜，这都是养尊处优带来的危害。

省事第十二

【题解】

　　省事，就是不费事，有些不该做的事就不要做。作者认为保全身家的方法之一就是不要多说话，不要多事，多说多败，多事多患，即"无多言，多言多败；无多事，多事多患"。历史上那些巧于辞令的人，虽然煊赫一时，可是最终都很难有好下场；正人君子应当有所必为，有所不为；要能够以道自守，不追求虚名。

　　铭金人云："无多言，多言多败；无多事，多事多患①。"至哉斯戒也！能走者夺其翼，善飞者减其指，有角者无上齿，丰后者无前足，盖天道不使物有兼焉也。古人云："多为少善，不如执一；鼫鼠五能②，不成伎术。"近世有两人，朗悟士也③，性多营综④，略无成名。经不足以待问，史不足以讨论，文章无可传于集录，书迹未堪以留爱玩，卜筮射六得三⑤，医药治十差五⑥，音乐在数十人下，弓矢在千百人中，天文、画绘、棋博，鲜卑语、胡书，煎胡桃油，炼锡为银，如此之类，略得梗概⑦，皆不通熟。惜乎，以彼神明，若省其异端⑧，当精妙也。

【注释】

①“铭金人”几句：铭，刻在器物上用以记叙生平、事业或警戒自己的文字。文中所引文字的意思是告诫人们不要多说话，言多失多；不要多事，多事便会多祸患。事见刘向《说苑·敬慎篇》：“孔子之周，观于太庙，右陛之前，有金人焉，三缄其口，而铭其背曰：‘古之慎言人也，戒之哉！戒之哉！无多言，多言多败；无多事，多事多患。’”

②鼫（shí）鼠：鼠名。也叫“石鼠”、“土鼠”。《尔雅·释兽》郭注：“鼫鼠，形大如鼠，头似兔，尾有毛，青黄色，好在田中食粟豆，关西呼为鼩鼠。”五能：能指能力技能，这里是说鼫鼠有五种技能。《说文·鼠部》：“鼫，五技鼠也，能飞不能过屋，能缘不能穷木，能游不能渡谷，能穴不能掩身，能走不能先人，此之谓五技。从鼠石声。”

③朗悟：聪敏。

④营综：经营综理。

⑤卜筮（shì）：古人预测吉凶，以龟甲为占称“卜”，用蓍草称“筮”，合称“卜筮”。射：猜度。

⑥差（chài）：病好了。

⑦梗概：大略、大概。

⑧异端：古代儒家称其他持不同见解的学派为异端，后泛称不合正统者为异端。《论语·为政》：“攻乎异端，斯害也已。”

【译文】

铭刻在铜人身上的文字说：“不要多话，多话会多失；不要多事，多事会多祸患。”这个训诫对极了啊！善跑的上天不让它生翅膀，善飞的没有前爪，长了双角的缺掉上齿，后肢发达的前肢退化，大概是天道不让生物兼具各种长处吧。古人说：“做得多而做好的少，还不如专心做好一件；鼫鼠有五种本事，可都成不了技术。”近代有两个人，都是聪明人，兴趣广泛，涉猎很广，可没有一样成名的。他们的经学禁不起人家提问，史学不足以和人家讨论，文章不能入选集录以流传于世，书法字迹不堪存留把玩，占卜六次才有三次卜中，医治十人才有五人能痊愈，音乐水平在几十人之下，弓箭技能在千百人之中，天文、绘画、棋博，鲜卑语、胡书，煎胡桃油，炼锡为银，诸如此类，只是懂个大概，都不精通熟练。可惜啊！凭这两位的聪明才智，如果能够醒悟到那些都是末技小道，专攻一项，应该会做到精妙的程度。

　　上书陈事，起自战国，逮于两汉①，风流弥广。原其体度：攻人主之长短，谏诤之徒也②；讦群臣之得失③，讼诉之类也；陈国家之利害，对策之伍也；带私情之与夺，游说之俦也④。总此四涂⑤，贾诚以求位⑥，鬻言以干禄⑦。或无丝毫之益，而有不省之困，幸而感悟人主，为时所纳，初获不赀之赏⑧，终陷不测之诛，则严助、朱买臣、吾丘寿王、主父偃之类甚众⑨。良史所书，盖取其狂狷一介⑩，论政得失耳，非士君子守法度者所为也。今世所睹，怀瑾瑜而握兰桂者⑪，悉耻为之。守门诣阙，献书言计，率多空薄，高自矜夸⑫，无经略之大体⑬，咸秕糠之微事⑭，十条之中，一不足采，纵合时务，已漏先觉，非谓不知，但患知而不行耳。或被发奸私，面相酬证，事途回穴⑮，翻惧愆尤⑯；人主外护声教，脱加含养，此乃侥幸之徒，不足与比肩也。

【注释】

①逮(dài)：及，至。

②谏诤(jiàn zhèng)：直言规劝，止人之失。刘向《说苑·臣术》："有能尽言于君，用则留之，不用则去之，谓之谏；用则可生，不用则

死,谓之诤。"

③讦(jié):直言不讳。

④俦(chóu):同类。

⑤涂:道路。这里指途径。

⑥贾(gǔ)诚:出卖忠心。

⑦鬻(yù)言:出卖言论。

⑧不赀(zī):不可计量。

⑨严助、朱买臣、吾丘寿王、主父偃:此四人皆汉武帝时大臣,因谏
　议之言,一度为汉武帝宠幸,后皆不得善终。

⑩狂狷(juàn):激进与拘谨保守,因为二者皆偏于一面,后泛指偏
　激。狷,洁身自好。《论语·子路》:"子曰:'不得中行而与之,必
　也狂狷乎! 狂者进取,狷者有所不为也。'"

⑪怀瑾瑜、握兰桂:比喻拥有美好的品德和优异的才华。瑾、瑜,皆
　美玉名。兰、桂,芳香异木。

⑫矜夸:自我夸耀。

⑬经略:筹划治理。

⑭秕糠:形容事情微小琐碎。

⑮回穴:纡曲。

⑯愆(qiān)尤:过失,罪咎。

【译文】

　　向君主上书陈事,这种风气起自战国,到了两汉,流行更广。推究它的体制:指责君主的过失,这是直言不阿的一类;直言群臣的得失,这是诉讼的一类;陈述国家政策的利弊,这是属于对策的一类;带着个人感情进行褒贬,这是游说的一类。总的来看这四种情况,都是出卖忠心以求高官,出卖言论以求厚禄。这种上书有的不但不能带来丝毫利益,反而会因君主不理解而招致困厄,即使侥幸打动了君主的心,获得当世采纳,最初得到不可比拟的优待,最后也往往招致难以预料的杀身之

祸,像严助、朱买臣、吾丘寿王、主父偃之类的例子有很多。优秀的史官之所以记录这些,是取其狂狷耿介,敢于评论时政得失罢了,这不是士大夫君子和遵守国家法度的人做的事。我们现在看到,凡是怀才抱德的君子都耻于上书言事。趋赴宫廷,向君主上书言计的人,大都是些腹中空空、学识浅薄、自命不凡的人,他们上书陈述的不是处理国事、有关大局的道理,都是一些无足轻重的小事,十条建议中,没有一条值得采纳,纵使有那么一两条合乎时务的,也都是君主已经认识到的,不是不明白,只是担心知道而不能实行。有的上书者被人揭发怀有奸情私谋,与人当面对质,他们因为事情变化无常,反而畏惧自己的罪过;君主对外为了维护朝廷的声威教化,或许会对他们加以包容,这些都是侥幸之辈,不足以和他们为伍。

　　谏诤之徒,以正人君之失尔,必在得言之地,当尽匡赞之规[1],不容苟免偷安,垂头塞耳;至于就养有方[2],思不出位,干非其任,斯则罪人。故《表记》云[3]:"事君,远而谏,则谄也;近而不谏,则尸利也[4]。"《论语》曰:"未信而谏,人以为谤己也[5]。"

【注释】

①匡赞:匡正辅佐。《南齐书·王晏传》:"隆昌以来,运集艰难,匡赞之功,颇有心力。"

②就养:侍奉、奉养。

③《表记》:《礼记》篇名。

④"事君"五句:语出《礼记·表记》:"事君,远而谏,则谄也;近而不谏,则尸利也。"孔颖达疏曰:"若亲近于君而不谏,则似如尸之受利禄也。"谄,谄媚。尸利,是指身居官位接受俸禄而无所作为。

⑤"未信而谏"二句：出自《论语·子张》："子夏曰：'君子信而后劳
　　其民。未信，则以为厉己也。信而后谏。未信，则以为谤己也。'"
　　谤，诽谤、毁谤。

【译文】

　　处于谏诤之位的臣子，是负责纠正君主过失的，必须得在该说话的
地方，尽其匡正辅佐的责任，不容许苟且偷安，低头塞耳装作不知；至于
侍奉君主要有一定的方法，考虑问题不要超出自己的职责范围，如果做
的事不是自己职务分内的，那就是朝廷的罪人。所以《礼记·表记》中
说："侍奉君主，与君主关系疏远而进谏，有谄媚的嫌疑；与君主关系亲
近而不进谏，就是白食俸禄。"《论语·子张》中说："没有得到对方的信
任而进谏，对方会认为你在讥谤他。"

　　君子当守道崇德，蓄价待时①，爵禄不登，信由天命。须
求趋竞，不顾羞惭，比较材能，斟量功伐②，厉色扬声，东怨西
怒；或有劫持宰相瑕疵③，而获酬谢，或有谊哗时人视听④，求
见发遣⑤；以此得官，谓为才力，何异盗食致饱，窃衣取温哉！
世见躁竞得官者，便谓"弗索何获"；不知时运之来，不求亦
至也。见静退未遇者，便谓"弗为胡成"；不知风云不与，徒
求无益也。凡不求而自得，求而不得者，焉可胜算乎！

【注释】

①蓄价：蓄养名誉身价。
②功伐：功劳，功勋。《史记·项羽本纪论》："自矜功伐，奋其私智
　　而不师古。"
③劫持：要挟，挟持。《汉书·赵广汉传》："司直萧望之劾奏：'广汉
　　摧辱大臣，欲以劫持奉公。'"瑕疵：玉的斑痕。比喻人的过失或

事物的缺点。

④谊聒(guō)：喧嚣刺耳。

⑤发遣：派遣；差遣。

【译文】

　　君子应当坚守正道，增强自身道德修养，蓄养身价名望，等待合适的机会，就算不能得到高官厚禄，那也是由上天安排。要是主动奔走索求，不顾羞耻，和别人比较才能，评论功绩，面带怒容高声呼喊，整天怨这怪那；或者以宰相的短处相要挟，以获得酬谢；或者在世人面前哗众取宠扰乱视听，以求早日被派遣官职。通过这些手段得到官职，认为是有能力，这跟偷吃东西使自己饱足，偷衣服穿以使自己温暖有什么区别呢！世上的人看到那些到处奔走求谒而得到了官职的人，便说"不主动索取哪里会得到"；他们不知道一个人的时运若是来到时，不去索取也能得到。看到那些恬淡谦退而没有得到重用的人，他们便说"不去争取怎么会有收获呢"；他们不知道时势不允许，白白追求也是没用的。所有不索求而获得的人，索求而不获的人，多得数都数不清。

　　齐之季世①，多以财货托附外家，谊动女谒②。拜守宰者，印组光华③，车骑辉赫，荣兼九族，取贵一时。而为执政所患，随而伺察，既以利得，必以利殆，微染风尘，便乖肃正④；坑阱殊深⑤，疮痏未复⑥，纵得免死，莫不破家，然后噬脐⑦，亦复何及。吾自南及北，未尝一言与时人论身分也，不能通达，亦无尤焉。

【注释】

①季世：末代，衰败时期。汉代桓宽《盐铁论·授时》："三代之盛无乱萌，教也；夏商之季世无顺民，俗也。"

②女谒（yè）：谓通过宫中嬖宠的女子干求请托，后泛指通过有权势的妇女干求请托。

③印组：印信和系印信的丝带。古人印信上系有丝带，佩带在身。

④乖：背离，违背。肃正：犹端正。

⑤坑阱（jǐng）：用以捕兽或擒敌的陷阱。常比喻害人的圈套。

⑥疮痏（wěi）：疮疡，伤痕。

⑦噬脐：自啮腹脐，比喻后悔不及。《左传·庄公六年》："亡邓国者，必此人也。若不早图，后君噬脐。"杜预注云："若啮腹脐，喻不可及也。"

【译文】

　　北齐王朝的末世，很多人用财物贿赂依附外戚权贵，通过宫中的宠姬来为自己干求请托。一旦被授为地方长官，则身上官印绶带光华闪耀，车马光鲜显赫，荣耀遍及九族，荣华富贵一时而得。然而这些人往往被执政者所厌恶，随即对其进行侦视观察，既然是通过钱财取得好处，也必定会因为钱财而招致危亡，稍微沾染世间庸俗之事，便违背了端正之道；陷阱太深，受的创伤没有恢复，即使免于一死，也还是免不了家门离散，这时候后悔莫及，又有什么用。我从南方到北方，不曾跟别人说起过一句论及身份地位的话，不能够亨通显达，也没有怨言。

　　王子晋云："佐饔得尝，佐斗得伤①。"此言为善则预，为恶则去，不欲党人非义之事也。凡损于物，皆无与焉。然而穷鸟入怀，仁人所悯②；况死士归我③，当弃之乎？伍员之托渔舟④，季布之入广柳⑤，孔融之藏张俭⑥，孙嵩之匿赵岐⑦，前代之所贵，而吾之所行也，以此得罪，甘心瞑目。至如郭解之代人报仇⑧，灌夫之横怒求地⑨，游侠之徒，非君子之所为也。如有逆乱之行，得罪于君亲者，又不足恤焉⑩。亲友之迫危难也，家财己力，当无所吝；若横生图计，无理请谒，非吾教也。墨翟之徒⑪，世谓热腹⑫，杨朱之侣⑬，世谓冷肠⑭；肠不可冷，腹不可热，当以仁义为节文尔。

【注释】

①"王子晋云"三句：《国语·周语下》引王子晋之言："佐饔者尝焉，佐斗者伤焉。"王子晋，周灵王太子，传说他死后成仙，即王子乔。佐饔（yōng），协助制作菜肴。尝，吃。

②"然而"二句：《三国志·魏书·邴原传》："原以黄巾方盛，遂至辽东，与同郡刘政俱有勇略雄气。辽东太守公孙度畏恶欲杀之，尽收捕其家，政得脱。度告诸县：'敢有藏政者与同罪。'政窘急，往投原。"裴注引《魏氏春秋》曰："政投原曰：'穷鸟入怀。'原曰：'安知斯怀之可入邪？'"

③死士：敢死的勇士。

④伍员：即伍子胥。春秋时期楚国人，其父兄都被楚平王杀害，他出逃至吴国，后领兵打败楚国。传说他在出逃时曾经得到一个渔人的帮助。事见《史记·伍子胥列传》："伍胥惧，乃与胜俱奔吴。到昭关，昭关欲执之。伍胥遂与胜独身步走，几不得脱。追者在后。至江，江上有一渔父乘船，知伍胥之急，乃渡伍胥。伍胥既渡，解其剑曰：'此剑直百金，以与父。'父曰：'楚国之法，得伍胥者赐粟五万石，爵执珪，岂徒百金剑邪！'不受。"

⑤季布：楚人。项羽手下将领，曾经多次围困刘邦。刘邦灭项羽之后曾以千金重赏求捕他。事见《史记·季布栾布列传》："季布者，楚人也。为气任侠，有名于楚。项籍使将兵，数窘汉王。及项羽灭，高祖购求布千金，敢有舍匿，罪及三族。季布匿濮阳周氏。周氏曰：'汉购将军急，鲦且至臣家，将军能听臣，臣敢献计；即不能，愿先自刭。'季布许之。乃髡钳季布，衣褐衣，置广柳车

中，并与其家僮数十人，之鲁朱家所卖之。朱家心知是季布，乃
买而置之田。诫其子曰：'田事听此奴，必与同食。'"广柳：古代
载运棺柩的大车。柳为棺车之饰。

⑥孔融：东汉末期鲁人，字文举，建安七子之一，后为曹操所杀。张
俭：字符节，山阳高平人。他曾投奔孔融的哥哥孔褒，正巧孔褒不
在家，孔融便自作主张收留了他。事见《后汉书·郑孔荀列传》：
"山阳张俭为中常侍侯览所怨，览为刊章下州郡，以名捕俭。俭与
融兄褒有旧，亡抵于褒，不遇。时融年十六，俭少之而不告。融见
其有窘色，谓曰：'兄虽在外，吾独不能为君主邪？'因留舍之。后
事泄，国相以下，密就掩捕，俭得脱走，遂并收褒、融送狱。二人
未知所坐。融曰：'保纳舍藏者，融也，当坐之。'褒曰：'彼来求我，
非弟之过，请甘其罪。'吏问其母，母曰：'家事任长，妾当其辜。'一
门争死，郡县疑不能决，乃上谳之。诏书竟坐褒焉。融由是显名，
与平原陶丘洪、陈留边让齐声称。州郡礼命，皆不就。"

⑦赵岐：字邠卿，京兆长陵人，因为得罪宦官，出逃至北海，得到孙
嵩的救助。事见《后汉书·吴延史卢赵列传》："延熹元年，玹为
京兆尹，岐惧祸及，乃与从子戬逃避之。玹果收岐家属宗亲，陷
以重法，尽杀之。岐遂逃难四方，江、淮、海、岱，靡所不历。自匿
姓名，卖饼北海市中。时安丘孙嵩年二十余，游市见岐，察非常
人，停车呼与共载。岐惧失色，嵩乃下帷，令骑屏行人。密问岐
曰：'视子非卖饼者，又相问而色动，不有重怨，即亡命乎？我北
海孙宾石，阖门百口，孰能相济。'岐素闻嵩名，即以实告之，遂以
俱归。嵩先入白母曰：'出行，乃得死友。'迎入上堂，飨之极欢。
藏岐复壁中数年，岐作厄屯歌二十三章。"

⑧郭解：字翁伯，汉代游侠，后被族诛。见《史记·游侠列传》。

⑨灌夫：西汉人，字仲孺。为人刚正不阿，后被丞相田蚡弹劾以不
敬罪族诛。事见《史记·魏其武安侯列传》。

⑩恤：体恤，怜悯。

⑪墨翟：春秋、战国之际的思想家，墨家学派的创始人，主张"兼爱、非攻、尚同"。

⑫热腹：过于热心肠。

⑬杨朱：战国时期魏国人，字子居，又称杨子、阳子或阳生。年代后于墨翟，早于孟子，他的学说重在爱己，不以物累，不拔一毛以利天下，与墨子的"兼爱"思想相对。

⑭冷肠：心肠冷漠。

【译文】

　　王子晋说："协助别人做菜可以吃到佳肴，帮人打架会受到伤害。"这话是说别人做好事要参与，别人做坏事要避开，不要和人结伙做不正当的事。凡是损害别人利益的事都不参与。然而无处可去的小鸟飞到自己怀里，仁慈的人都会怜悯它；更何况是敢死的勇士前来投奔我，难道要舍弃他么？伍子胥托身渔舟，季布被人藏在广柳车中，孔融收留张俭，孙嵩藏匿赵岐，这些都是受到前人崇尚的行为，也是我所遵从奉行的，即使因此而获罪，也心甘情愿死而瞑目。至于像郭解那样因小利而替别人报仇，灌夫为人怒责田蚡索求田户，这是游侠一类，不是君子所为之事。若是因为谋逆叛乱的行为，受君主和长辈的怪罪与责罚，这就不值得同情了。亲友处在窘迫危难的时候，自己的财产和才力应当毫不吝惜；要是有人图谋不轨，提出一些无理的请托，那不是我教你们怜悯的人。墨家学派的人，世人认为是心肠热忱的人；杨朱学派的人，世人认为是心肠冷漠的人；心肠不可过冷，也不可过热，应当以礼制和道义来节制。

　　前在修文令曹①，有山东学士与关中太史竞历②，凡十余人，纷纭累岁，内史牒付议官平之③。吾执论曰："大抵诸儒所争，四分并减分两家尔④。历象之要⑤，可以晷景测之⑥；今验其分至薄蚀⑦，则四分疏而减分密。疏者则称政令有宽猛,运行致盈缩⑧,非算之失也;密者则云日月有迟速,以术求之,预知其度,无灾祥也⑨。用疏则藏奸而不信,用密则任数而违经⑩。且议官所知,不能精于讼者,以浅裁深,安有肯服?既非格令所司⑪,幸勿当也。"举曹贵贱⑫,咸以为然。有一礼官,耻为此让,苦欲留连,强加考覈⑬。机杼既薄⑭,无以测量,还复采访讼人,窥望长短,朝夕聚议,寒暑烦劳,背春涉冬,竟无予夺,怨诮滋生,赧然而退,终为内史所迫:此好名之辱也。

【注释】

①在修文令曹:指在北齐待诏文林馆之时。《北齐书·文苑传》言颜之推"河清末,被举为赵州功曹参军,寻待诏文林馆,除司徒录事参军"。

②竞历:争论历法。

③牒:官府公文的一种。

④四分:即四分历,亦称"后汉四分历"。东汉章帝元和二年(85)实施的历法。编䜣、李梵等创制。规定一年(回归年)为365/4日,一月(朔望月)为29499/940日,19个太阴年插入7个闰月,因岁余为四分之一日。减分:即减分历,历法的一种计算方法。《后汉书·律历下》:"一术,以蔀法除朔小余,所得以减日半度也。余以减分,即月夜半所在度也。"

⑤历象:推算观测天体的运行。

⑥晷(guǐ)景:晷表之投影,日影。

⑦分至:指春秋二分与冬夏二至。薄蚀:指日食月食。

⑧盈缩:指岁星运行的位置偏差。《汉书·天文志》:"岁星所在,国不可伐,可以伐人。超舍而前为嬴,退舍为缩。嬴,其国有兵不

复;缩,其国有忧,其将死,国倾败。"

⑨灾祥:即祸福。

⑩违经:违背《春秋》经灾异说。汉代经师说《春秋》,惯用灾异说,以日食月食等异常天象比附人间灾异。采用减分历,则可以推算日食月食的发生日期,是运用历数得法,但却违背经义。

⑪格令:法令。

⑫举曹:包括争论双方在内的诸同僚。

⑬考覈:同"考核"。

⑭机杼既薄:指学问有限,思虑不周。

【译文】

以前我在修文令曹的时候,山东学士和关中太史争论历法,参与争论的约有十多人,连年混争,以致内史下了公文交付议官来平息纷争。我提出异议说:"基本上大家所争论的,不过是'四分历'和'减分历'两家。推测天体运行的关键,可以通过晷影来测算,现在根据春分秋分,冬至夏至和日食月食来验证,可以看出'四分历'太疏而'减分历'太密。主张'四分历'的一方认为政令有宽猛之别,天体的运行也会导致长短之分,这并不是历法计算的失误;主张'减分历'的一方则说日月运行有快有慢,运用一定的方法推求,就可以预先知道它们运行的度次,没有什么祸福之说。采用较疏的'四分历'可能藏奸而不明确,采用较密的'减分历'虽然顺应天数却违背经义。况且议官所懂得的天文知识,并不比争论的双方更为精通,让学识浅薄的人去评判学识渊博的人,怎么会有人信服呢? 这既然不是律令所掌管的事,最好不要由他们来处理。"令曹上下所有人,都认为我说的有道理。有一个礼官,耻于做出这种让步,苦苦纠缠,想尽办法加以验证。他本身学问就浅,没有办法测量计算,于是就不断对争论的双方进行搜求访问,暗中查测双方短长,他们时常聚在一起讨论,不分寒暑为之劳烦,然而由春至冬,还是不能裁决,很多人都埋怨他、嘲笑他,他也只好含羞而退,最终受到内史的斥责:这就是追求虚名所带来的羞辱。

止足第十三

【题解】

　　止足,意思是凡事知止知足,不能贪得无厌。本篇指出不论是做官还是积财都要有个限度,不能放纵自己的欲望。

　　《礼》云:"欲不可纵,志不可满①。"宇宙可臻其极②,情性不知其穷,唯在少欲知足,为立涯限尔③。先祖靖侯戒子侄曰④:"汝家书生门户,世无富贵;自今仕宦不可过二千石⑤,婚姻勿贪势家。"吾终身服膺⑥,以为名言也。

【注释】

　　①《礼》云三句:《礼》,指《礼记》。《礼记·曲礼上》:"敖不可长,欲不可从,志不可满,乐不可极。"

　　②臻:到,达到。

　　③涯限:界限,限度。

　　④靖侯:注见《治家第五》。

　　⑤二千石(dàn):汉制,郡守俸禄为二千石,即每月俸禄为百二十斛。世因称郡守为"二千石"。

　　⑥服膺(yīng):铭记在心,衷心信奉。《礼记·中庸》:"得一善,则拳

拳服膺而弗失之矣。"朱熹《中庸章句》："服,犹着也;膺,胸也。奉持而着之心胸之间,言能守也。"

【译文】

《礼记》中说:"欲望不可以放纵,志向不可以满足。"宇宙还可到达边缘,人的本性则没有个尽头,只有减少欲望,知道满足而止,给自己立个限度。先祖靖侯曾经教诫子侄说:"你们家是读书人家,世世代代没有出现过大富大贵之人;从今以后,做官不可超过太守这个职位,缔结婚姻不要攀附权力显赫的人家。"这些话,我终身铭记在心,并认为这是至理名言。

天地鬼神之道,皆恶满盈。谦虚冲损①,可以免害。人生衣趣以覆寒露②,食趣以塞饥乏耳。形骸之内③,尚不得奢靡,己身之外,而欲穷骄泰邪④? 周穆王⑤、秦始皇、汉武帝,富有四海,贵为天子,不知纪极⑥,犹自败累,况士庶乎? 常以二十口家,奴婢盛多,不可出二十人,良田十顷,堂室才蔽风雨,车马仅代杖策,蓄财数万,以拟吉凶急速,不啻此者⑦,以义散之;不至此者,勿非道求之。

【注释】

①冲:淡泊,谦和。

②趣:通"取",仅仅。

③形骸:人的躯体。《庄子·天地》:"汝方将忘汝神气,堕汝形骸,而庶几乎?"

④骄泰:骄恣放纵。

⑤周穆王:西周第五位君王,喜漫游。

⑥纪极:终极,限度。《左传·文公十八年》:"聚敛积实,不知

纪极。"

⑦不啻（chì）：不仅，何止。

【译文】

　　天地鬼神之道，都厌恶满盈。谦虚自抑，可以减少祸患。人活着，穿衣服的目的不过是用它覆盖身体以免寒冷袒露，吃东西的目的也仅仅在填饱肚子以免饥饿乏力而已。自身躯体尚且不求奢侈浪费，自身之外，还要极尽骄奢舒泰吗？周穆王、秦始皇、汉武帝，富有天下，贵为天子，不懂得适可而止，还招致伤败受害，何况是普通人呢？我总认为二十口之家，奴婢最多不可超出二十人，有十顷良田，堂室仅能遮挡风雨，车马只求代替扶杖步行，积蓄几万钱财，用来准备婚丧和应急之用。超出这个标准的，要通过做好事来散掉；没有到达这个程度的，也切勿用不正当的办法来求取。

　　仕宦称泰①，不过处在中品，前望五十人，后顾五十人，足以免耻辱，无倾危也。高此者，便当罢谢，偃仰私庭②。吾近为黄门郎③，已可收退；当时羁旅，惧罹谤讟④，思为此计，仅未暇尔。自丧乱已来，见因托风云，徼倖富贵，旦执机权，夜填坑谷，朔欢卓、郑⑤，晦泣颜、原者⑥，非十人五人也。慎之哉！慎之哉！

【注释】

①泰：通达。

②偃仰：安居，游乐。

③黄门郎：黄门侍郎的省称，注见《风操第六》。

④罹：被，遭受。谤讟（dú）：怨恨毁谤。《左传·昭公元年》："民无谤讟，诸侯无怨。"

⑤朔：月初。卓、郑：代指富豪。《史记·货值列传》："蜀卓氏之先，赵人也，用铁冶富。秦破赵，迁卓氏。卓氏见虏略，独夫妻推辇，行诣迁处。诸迁虏少有馀财，争与吏，求近处，处葭萌。唯卓氏曰：'此地狭薄。吾闻汶山之下，沃野，下有蹲鸱，至死不饥。民工于市，易贾。'乃求远迁。致之临邛，大喜，即铁山鼓铸，运筹策，倾滇蜀之民，富至僮千人。田池射猎之乐，拟于人君。程、郑，山东迁虏也，亦冶铸，贾椎髻之民，富埒卓氏，俱居临邛。"

⑥晦：月末。颜、原：代指贫穷。颜，颜回。原，原宪。二人皆是孔子的弟子，又皆贫穷。

【译文】

做官可以称得上稳妥的，是处在中品的官位，前面有五十个人，后面有五十个人，这就足以避免耻辱，没有倾覆的危险。若官位高于中品，就应当告退谢绝，安居家中。我前不久获任黄门郎这一职务，已经该收敛告退了；但是因为正客居他乡，怕遭到别人的怨恨和毁谤，心里有这个打算，但是却没有机会。自从丧乱发生以来，我见过很多乘机得势，侥幸取得富贵的人，早上还大权在握，晚上就葬身荒野。月初时还是像卓氏、郑氏那样快乐的富豪，月底却成了像颜回、原宪那样寒苦的贫士，这种人不止五个十个啊！一定要谨慎，要谨慎啊！

诫兵第十四

【题解】

　　这一篇，作者主要论述对习武带兵的态度，他先从颜氏的祖先讲起，列举本族之中因从武而取祸的例子，认为世习儒雅，恪守士大夫之风才可以保全门户。

　　颜氏之先，本乎邹、鲁，或分入齐，世以儒雅为业，遍在书记①。仲尼门徒，升堂者七十有二，颜氏居八人焉②。秦、汉、魏、晋，下逮齐、梁，未有用兵以取达者。春秋世，颜高、颜鸣、颜息、颜羽之徒③，皆一斗夫耳④。齐有颜涿聚⑤，赵有颜最⑥，汉末有颜良⑦，宋有颜延之⑧，并处将军之任，竟以颠覆。汉郎颜驷⑨，自称好武，更无事迹。颜忠以党楚王受诛⑩，颜俊以据武威见杀⑪，得姓已来，无清操者⑫，唯此二人，皆罹祸败。顷世乱离，衣冠之士⑬，虽无身手⑭，或聚徒众，违弃素业，徼幸战功。吾既羸薄⑮，仰惟前代，故真心于此⑯，子孙志之。孔子力翘门关⑰，不以力闻，此圣证也。吾见今世士大夫，才有气干，便倚赖之，不能被甲执兵，以卫社稷；但微行险服⑱，逞弄拳腕，大则陷危亡，小则贻耻辱，遂无免者。

【注释】

①书记：指文字、书籍、文章等。

②居：占。据《史记·仲尼弟子列传》，孔门弟子颜氏有颜回，字子渊；颜无繇，字路（颜回之父）；颜幸，字子柳；颜高，字子骄；颜祖，字襄；颜之仆，字叔；颜哙，字子声；颜何，字冉。共八人，皆为邹鲁人士。

③颜高、颜鸣、颜息、颜羽：四人名皆见于《左传》，同为鲁国武士。

④斗夫：武夫。

⑤颜涿聚：即颜庚。《左传》："晋伐齐，战于黎丘，齐师败绩，亲禽颜庚。"杜预注曰："黎丘，隰也。颜庚，齐大夫颜涿聚也。"

⑥颜聚（zuì）：事见《史记·赵世家》："幽缪王迁七年，秦人攻赵，赵大将李牧，将军司马尚将，击之。李牧诛，司马尚免，赵忽及齐将颜聚代之。赵忽军破，颜聚亡去。"

⑦颜良：袁绍属下将领，后为关羽所杀。事见《三国志》。

⑧颜延之：南朝宋临沂人，字延年，官至金紫光禄大夫，文章冠绝当时。《宋书·颜延之传》："尝领步兵校尉，未尝为将军。其子竣传云：'竣字士逊。世祖践阼，以为侍中，迁左卫将军。丁忧，起为右将军。以所陈多不被纳，颇怀怨愤，免官。竣频启谢罪，并乞性命，上愈怒，及竟陵王诞为逆，因此陷之于狱，赐死。'"

⑨颜驷：汉代人，于汉文帝时为郎，历文帝、景帝、武帝三世，不获任用，老于郎署。事见《汉武故事》："颜驷，不知何许人，文帝时为郎，武帝辇过郎署，见驷庞眉皓发，问曰：'叟何时为郎？何其老也！'对曰：'臣文帝时为郎，文帝好文而臣好武；至景帝好美，而臣貌丑；陛下即位，好少，而臣已老，是以三世不遇。'上感其言，擢拜会稽都尉。'"

⑩颜忠：汉人，曾参与楚王英的谋反，事发，被诛。事见《后汉书·光武十王列传》："十三年，男子燕广告英与渔阳王平、颜忠等造

作图书,有逆谋,事下案验。有司奏英招聚奸猾,造作图谶,擅相官秩,置诸侯王公将军二千石,大逆不道,请诛之。"

⑪颜俊:三国时人。事见《三国志·魏书·刘司马梁张温贾传》:"是时,武威颜俊、张掖和鸾、酒泉黄华、西平麹演等并举郡反,自号将军,更相攻击。俊遣使送母及子诣太祖为质,求助。太祖问既,既曰:'俊等外假国威,内生傲悖,计定势足,后即反耳。今方事定蜀,且宜两存而斗之,犹卞庄子刺虎,坐收其毙也。'太祖曰:'善。'岁余,鸾遂杀俊,武威王祕又杀鸾。"

⑫清操:高尚的节操。

⑬衣冠之士:泛指士大夫。

⑭身手:指娴习武艺,有勇力。

⑮羸薄:瘦弱。

⑯寘(zhì):止息。

⑰翘:举。门关:出入必经的国门、关门。《列子·说符》:'孔子之劲,能招国门之关,而不肯以力闻。'

⑱微行:指悄无声息的行动。险服:不合礼制的服饰;奇异的服装。

【译文】

颜氏的祖先,本来在邹国、鲁国,有的分支迁到齐国,世代从事儒雅的事业,这都在古书上面记载着。孔子的学生,学问精深的有七十二人,姓颜的就占了其中八个。从秦、汉、魏、晋,直到齐、梁,颜氏家族中没有靠带兵打仗来取得显贵的人。春秋时代,颜高、颜鸣、颜息、颜羽等人,都不过是一介武夫罢了。齐国的颜涿聚,赵国的颜冣,东汉末年的颜良,南朝宋的颜延之,都担任过将军的职务,最终都因此而倾覆败亡。汉时侍郎颜驷,自称喜好武功,却没有见他干出什么功绩。颜忠因党附楚王而被杀,颜俊因谋反占据武威而被诛,颜氏家族从得此姓以来,节操不清白的,只有这两个人,他们都遭到祸患失败。近代天下大乱,有些士大夫和贵族子弟,虽然没有勇力习武,却聚集众人,放弃一贯从事的儒雅事业,想侥幸获取战功。我身体瘦弱单薄,又想起颜氏家族前人中因好兵致祸的教训,所以仍旧把心放在读书上面,子孙们对这一点要牢记在心里。孔子的力气大到能举起沉重的关门,却不肯以力大闻名于世,这是圣人留下的榜样。我看到今世的士大夫,稍微有点气力,就以此作为资本,不能披铠甲执兵器来保卫国家,而是行踪神秘,穿着奇装异服,卖弄拳勇,重则陷于危亡,轻则留下耻辱,最后没有人能避免这一下场。

　　国之兴亡,兵之胜败,博学所至,幸讨论之。入帷幄之中,参庙堂之上,不能为主尽规以谋社稷,君子所耻也。然而每见文士,颇读兵书,微有经略,若居承平之世,睥睨宫阃①,幸灾乐祸,首为逆乱,诖误善良②;如在兵革之时,构扇反复③,纵横说诱,不识存亡,强相扶戴④:此皆陷身灭族之本也。诚之哉! 诚之哉!

【注释】

①睥睨(pì nì):窥视,侦伺。阃(kǔn):门槛,借指军事或政务。

②诖(guà)误:贻误,连累。

③构扇:挑拨煽动。

④扶戴:扶立拥戴。

【译文】

　　国家的兴亡,战争的胜败这类问题,在学识够渊博的时候,是可以讨论的。在军队中运筹帷幄,在朝廷里参与议政,如果不能尽力为君主出谋献策以保全国家,这是君子引以为耻的事情。然而我常常看见一些文人,粗略读过几本兵书,稍微懂得一些谋略,如果是生活在太平盛世,他们就蔑视宫廷,幸灾乐祸,带头起来叛乱,连累善良的人;如果是在兵荒马乱的时代，他们就勾结煽动众人反叛，无所顾忌，四处游说，拉拢诱骗，不能识见存亡之机，拼命相互扶植拥戴：这些都是招致杀身灭族的祸根。一定要以之为诫啊！要以之为诫！

习五兵^①，便乘骑，正可称武夫尔。今世士大夫，但不读书，即称武夫儿，乃饭囊酒瓮也。

【注释】

①五兵：五种兵器。所指不一，后泛指各种兵器。

【译文】

熟练使用五种兵器，擅长骑马，这才可以称得上武夫。当今的士大夫，只要不肯读书，就称自己是武夫，实际上不过是酒囊饭袋罢了。

养生第十五

【题解】

　　这一篇主要论述作者关于养生的看法,针对当时社会上流行的服药养生的情况,作者列举了一些因服药养生而被药物所害的例子,他认为真正的养生必须注意避祸,要将保养身体和修身立世结合起来,通过叙述嵇康以傲物而受刑、石崇因贪溺而取祸的例子,来说明如果不能全身避祸,再精于养生之术也是无用的。

　　神仙之事,未可全诬①;但性命在天,或难钟值②。人生居世,触途牵萦③:幼少之日,既有供养之勤;成立之年,便增妻孥之累。衣食资须,公私驱役;而望遁迹山林,超然尘滓,千万不遇一尔。加以金玉之费,炉器所须,益非贫士所办。学如牛毛,成如麟角。华山之下,白骨如莽④,何有可遂之理⑤?考之内教⑥,纵使得仙,终当有死,不能出世。不愿汝曹专精于此。若其爱养神明,调护气息,慎节起卧,均适寒暄⑦,禁忌食饮,将饵药物⑧,遂其所禀⑨,不为夭折者,吾无间然⑩。诸药饵法,不废世务也。庾肩吾常服槐实⑪,年七十余,目看细字,须发犹黑。邺中朝士,有单服杏仁、枸杞、黄精、术、车前得益者甚多⑫，不能一一说尔。吾尝患齿，摇动欲落，饮食热冷，皆苦疼痛。见《抱朴子》牢齿之法，早朝叩齿三百下为良；行之数日，即便平愈，今恒持之。此辈小术，无损于事，亦可修也。凡欲饵药，陶隐居《太清方》中总录甚备⑬，但须精审，不可轻脱。近有王爱州在邺学服松脂⑭，不得节度，肠塞而死。为药所误者甚多。

【注释】

①诬：虚假，虚妄。

②钟值：正好遇上。

③牵絷（zhí）：牵绊。

④白骨如莽：白骨堆集如野草。莽，野草。

⑤遂：遂愿，愿望达成。

⑥内教：佛教。

⑦寒暄：寒暖。暄，暖。

⑧饵：服食，吃。

⑨禀：领受，承受。

⑩无间：没有闲话可说。

⑪庾肩吾：南朝梁代人，字子慎，庾信的父亲。工诗赋，有《书品》流传。见《梁书·文学传》。

⑫术（zhú）：草名。多年生草本。有白术、苍术等数种。根茎可入药。

⑬陶隐居：指陶弘景。南朝齐梁时期人，入梁后，隐居茅山华阳洞，深受梁武帝器重，有“山中宰相”之称。见《梁书·处士传》。

⑭爱州：地名。梁置，属九真郡。

【译文】

得道成仙的事情，不能说全是假的；只是人的性命长短取决于天，很难遇到这种机会。人生在世,到处都有牵累羁绊:小时候,有侍奉父母的辛劳;成年以后,又增加了妻子儿女的拖累。既要解决衣食供给需求,又要为公事、私事操劳奔波;然而希望隐居山林之中,超脱于尘世的人,千万人中也遇不到一个。加上炼丹要耗资黄金宝玉,需要炉鼎器具,这更不是贫士所能办到的。学道的人多如牛毛,成仙的人却稀如麟角。华山下面,白骨多如野草,哪里有顺心如愿的道理?在佛理之中考校这个问题,即使能成仙,最后还是得死,并不能摆脱人世间的羁绊。我不愿意让你们专心致力于此事。如果是爱惜保养精神,调理护养气息,起居有规律,穿衣冷暖适当,饮食有所禁忌,吃些补药滋养,达到应尽之年,不致夭折,我也就没有什么可批评的了。掌握各种服药的方法,不要因此耽误了世间事务。庾肩吾常服用槐实,到了七十多岁,眼睛还能看清小字,胡须头发还很黑。邺城的朝廷官员有人专门服用杏仁、枸杞、黄精、白术、车前,从中得到很多好处,不能一一例举。我曾患有牙痛,牙齿松动快掉了,不管是吃冷的东西还是热的东西,都要疼痛受苦。看了《抱朴子》里固齿的方法,早上起来就叩碰牙齿三百次为佳;我坚持了几天,牙就好了,现在我还坚持这么做。这一类的小方法,对别的事没有损害,可以学学。凡是想要服用补药,陶隐居的《太清方》中收录的很完备,但是必须精心挑选,不能轻率。最近有个叫王爱州的人,在邺城效仿别人服用松脂,没有节制,结果因肠子堵塞而死。这种被药物所害的例子有很多。

　　夫养生者先须虑祸,全身保性。有此生然后养之,勿徒养其无生也。单豹养于内而丧外,张毅养于外而丧内①,前贤所戒也。嵇康著《养生》之论,而以傲物受刑;石崇冀服饵之征②,而以贪溺取祸③,往世之所迷也。

【注释】

①"单豹"二句：事见《庄子·达生》："善养者如牧羊，视其后者而鞭之。鲁有单豹者，岩居而水饮，不与民共利，行年七十，而犹有婴儿之色。不幸遇饿虎，饿虎杀而食之。有张毅者，高门县薄，无不走也，行年四十，而有内热之病以死。豹养其内而虎食其外，毅养其外而病攻其内：此二子者，皆不鞭其后者也。"

②石崇：字季伦，西晋人，以富奢闻名，后为孙秀所杀。

③贪溺：贪于财货，溺于美色。

【译文】

养生的人首先应该考虑避免祸患，先要保住自身性命。有了生命，然后才得以保养它；不要白费心思地去保养不存在的所谓长生不老的生命。单豹这人很重视保养身心，但却因外界的因素而丢了性命；张毅这人很重视防备外来侵害，但因患内热病而丧生。这些都是前代贤者所引以为戒的。嵇康写了《养生论》，但是由于傲慢无礼而遭杀头；石崇希望服药延年益寿，却因贪财好色而招致杀身之祸，这都是前代那些糊涂人的例子。

夫生不可不惜，不可苟惜①。涉险畏之途，干祸难之事，贪欲以伤生，谗慝而致死②，此君子之所惜哉；行诚孝而见贼，履仁义而得罪，丧身以全家，泯躯而济国③，君子不咎也。自乱离已来，吾见名臣贤士，临难求生，终为不救，徒取窘辱，令人愤懑。侯景之乱，王公将相，多被戮辱，妃主姬妾，略无全者。唯吴郡太守张嵊④，建义不捷⑤，为贼所害，辞色不挠⑥；及鄱阳王世子谢夫人，登屋诟怒，见射而毙⑦。夫人，谢遵女也。何贤智操行若此之难？婢妾引决若此之易⑧？悲夫！

【注释】

①苟惜：以不正当手段爱惜。

②慝(tè)：灾害，祸患。

③泯躯：捐躯。济国：利国。谓对国家做出有益的贡献。

④张嵊：字四山，镇北将军稷之子也。曾经领兵讨伐侯景，兵败被
　　杀。事见《梁书·张嵊传》。

⑤建义：兴义军，举义旗。这里指张嵊组织义军讨伐侯景。

⑥辞色不挠：言辞和神色不屈服。

⑦"及鄱阳王"三句：王利器《颜氏家训集解》云："《南史》但言妻子
　　为任约所虏，盖史脱略。"

⑧引决：毅然赴死。

【译文】

　　生命不能不珍惜，也不能以不正当手段来爱惜。走上邪恶危险的
道路，卷入招致祸难的事情，追求欲望的满足而丧生，为奸作恶而致死，
在这些方面，君子应该珍惜生命；做忠孝的事而被害，做仁义的事而获
罪，舍弃自己的生命而保全家族，捐躯救国，在这些事情上舍弃生命，君
子是不会怪罪的。自从梁朝乱离以来，我看到一些有名望的官吏和贤
能的文士，面临危难，苟且求生，最终求生不得，还白白遭受窘迫和侮
辱，真叫人愤懑。侯景作乱的时候，朝廷的王公将相，大部分都遭到杀
戮侮辱，妃嫔、公主、姬妾，几乎没有幸存的。只有吴郡太守张嵊，组织
义军反抗侯景失败，被逆贼所杀，他的言辞和神色至死都不屈服；还有
鄱阳王世子萧嗣的夫人谢氏，她曾登上房顶怒骂逆贼，中箭而死。谢夫
人，是谢遵的女儿。为什么那些贤明智能之士坚守操行是那样困难？
而婢妾之辈舍身就义反而如此容易？这真叫人觉得悲哀啊！

归心第十六

归心，归于佛心，虔诚信佛之意。作者在这一篇中叙述了自己对佛教的虔诚信仰，并针对时人对佛教的诘难，从五个方面展开论述，维护佛教思想，告诫子孙要坚持持戒修行，不可虚度生命；文章后半部分列举了很多例子来论证佛家的因果报应思想。

三世之事①，信而有征，家世归心②，勿轻慢也。其间妙旨，具诸经论，不复于此，少能赞述；但惧汝曹犹未牢固，略重劝诱尔。

【注释】

①三世：佛家以过去、现在、未来为三世。

②归心：心悦诚服归附。

【译文】

佛教中所说的过去、现在、未来三世之事，是可信而且可以得到验证的，我们家世代皈依佛教，不可轻视侮慢。其间精妙的意旨，都记载在佛教典籍里，我就不再在这里多作赞美转述了；我只怕你们的信佛之心不够牢固，重在对你们进行劝说诱导。

　　原夫四尘五荫①,剖析形有②;六舟三驾③,运载群生:万行归空,千门入善,辩才智惠,岂徒《七经》、百氏之博哉④?明非尧、舜、周、孔所及也。内外两教,本为一体,渐积为异,深浅不同。内典初门⑤,设五种禁;外典仁义礼智信⑥,皆与之符。仁者,不杀之禁也;义者,不盗之禁也;礼者,不邪之禁也;智者,不酒之禁也;信者,不妄之禁也。至如畋狩军旅,燕享刑罚,因民之性,不可卒除⑦,就为之节,使不淫滥尔。归周、孔而背释宗,何其迷也!

【注释】

①四尘:佛教语。色、香、味、触的总称。五荫:即"五蕴",也是佛教用语,指色、受、想、行、识五者假合而成的身心。色为物质现象,其余四者为心理现象。佛教不承认灵魂实体,以为身心虽由五蕴假合而不无烦恼、轮回。又名"五阴"、"五众"。

②形有:指有形之物。

③六舟:即"六度",佛教语,又译为"六到彼岸"。度,是梵文pāramitā(波罗蜜多)的意译。指使人由生死之此岸度到涅槃(寂灭)之彼岸的六种法门:布施、持戒、忍辱、精进、精虑(禅定)、智慧(般若)。三驾:佛教以羊车喻声闻乘,鹿车喻缘觉乘,牛车喻菩萨乘,称"三驾"。

④《七经》:汉以来历代封建王朝所推崇的七部儒家经典。东汉《一字石经》作:《易》、《诗》、《书》、《仪礼》、《春秋》、《公羊》、《论语》。百氏:即诸子百家。

⑤内典:佛教徒称佛经为内典。

⑥外典:佛教徒称佛书以外的典籍为外典。

⑦卒:同"猝",突然,立即。

【译文】

推究"四尘"和"五荫"的道理,辨析世间有形之物;运用"六度"、"三驾"的方法修行,超度众生:佛教有众多的修行方法使人皈依空门,有许多的法门可使人进入善地,有高明辩才及超凡智慧,岂止像儒家《七经》和诸子百家那样只有广博的学问? 佛教的见事之明,不是尧、舜、周公、孔子所能赶得上的。佛教和儒教本来是一体的,但两者在悟道的方式上和目的上有所不同,所以境界深浅也不相同。佛经的初学法门,设有五种禁戒;儒家经典所提倡的仁、义、礼、智、信五种德行,是和它相符合的。仁,即不杀生的禁戒;义,是不偷盗的禁戒;礼,是不做奸邪之事的禁戒;智,是不纵酒的禁戒;信,是不妄言的禁戒。至于像狩猎、战争、宴饮、刑罚这一类的,都是人的本性使然,不能即刻去除,就为它们设置一定的界限,使其不过分罢了。人们只知道尊崇周、孔,却违背佛家教义,这是多么糊涂啊!

俗之谤者,大抵有五:其一,以世界外事及神化无方为迂诞也①。其二,以吉凶祸福或未报应为欺诳也。其三,以僧尼行业多不精纯为奸慝也②。其四,以糜费金宝减耗课役为损国也。其五,以纵有因缘如报善恶,安能辛苦今日之甲,利益后世之乙乎? 为异人也。今并释之于下云。

【注释】

①迂诞:迂阔荒诞,不合事理。
②奸慝(tè):奸佞邪恶。

【译文】

世人对佛教的指责,大约有五种:第一,认为佛家所讲的现实世界之外的事以及神灵的变化无常是荒诞不稽的事。第二,因为现实的吉凶祸福没有得到相对的报应,就认为佛家强调的因果报应是欺骗世人的说法。第三,因为僧尼中有很多不清白的人,便认为佛门是藏污纳垢之地。第四,认为僧尼虚耗财物且不交租不服役,有损于国家利益。第五,认为即使存在因果轮回善恶报应,哪能让今天的甲辛劳坎坷,以使后世的乙获利受益呢?因为甲和乙是不同的两个人。我现在在下面的文字里对这些指责一并做出解释。

释一曰:夫遥大之物,宁可度量?今人所知,莫若天地。天为积气,地为积块,日为阳精,月为阴精,星为万物之精,儒家所安也。星有坠落,乃为石矣;精若是石,不得有光,性又质重,何所系属?一星之径①,大者百里,一宿首尾②,相去数万;百里之物,数万相连,阔狭从斜,常不盈缩。又星与日月,形色同尔,但以大小为其等差;然而日月又当石也?石既牢密,乌兔焉容③?石在气中,岂能独运?日月星辰,若皆是气,气体轻浮,当与天合,往来环转,不得错违,其间迟疾,理宜一等;何故日月五星二十八宿④,各有度数⑤,移动不均?宁当气坠,忽变为石?地既滓浊,法应沉厚,凿土得泉,乃浮水上;积水之下,复有何物?江河百谷,从何处生?东流到海,何为不溢?归塘尾闾⑥,漊何所到⑦?沃焦之石,何气所然?潮汐去还,谁所节度?天汉悬指⑧,那不散落?水性就下,何故上腾?天地初开,便有星宿;九州未划,列国未分,翦疆区野⑨,若为躔次⑩?封建已来⑪,谁所制割?国有增减,星无进退,灾祥祸福,就中不差;乾象之大,列星之伙,何为分野,止系中国?昴为旄头⑫,匈奴之次;西胡、东越⑬,雕题、交址⑭,独弃之乎?以此而求,迄无了者,岂得以人事寻常，抑必宇宙外也？

【注释】

①径：直径。

②宿（xiù）：星宿，我国古代指某些星的集合体。首尾：头和尾。

③乌兔：神话谓日中有乌，月中有兔，故以"乌兔"指日月。

④五星：指水、木、金、火、土五大行星，即东方岁星（木星）、南方荧惑（火星）、中央镇星（土星）、西方太白（金星）、北方辰星（水星）。《史记·天官书论》："水、火、金、木、填星，此五星者，天之五佐。"二十八宿：指我国古代天文学家把周天黄道（太阳和月亮所经天区）的恒星分成的二十八个星座。《淮南子·天文训》："五星、八风，二十八宿。"高诱注云："二十八宿，东方：角、亢、氐、房、心、尾、箕；北方：斗、牛、女、虚、危、室、壁；西方：奎、娄、胃、昴、毕、觜、参；南方：井、鬼、柳、星、张、翼、轸也。"

⑤度数：以度为单位计量而得的数目。

⑥归塘：也称"归墟"，传说为海中无底之谷，是众水汇聚之处。《列子·汤问》："渤海之东，不知几亿万里，有大壑焉，实惟无底之谷，其下无底，名曰归墟。"张湛注曰："归墟，或作归塘。"尾闾：古代传说中泄海水之处。《庄子·秋水》："天下之水，莫大于海，万川归之，不知何时止而不盈；尾闾泄之，不知何时已而不虚。"成玄英疏云："尾闾者，泄海水之所也。"

⑦渫（xiè）：泄漏。

⑧天汉：天河。悬指：指定向悬挂。

⑨区野：分野。指与星次相对应的地域。古以十二星次的位置划分地面上州、国的位置与之相对应。就天文说，称作"分星"；就地面说，称作"分野"。

⑩躔（chán）次：日月星辰在运行轨道上的位次。

⑪封建：封邦建国。古代帝王把爵位、土地分赐亲戚或功臣，使之在各该区域内建立邦国，相传黄帝为封建之始。

⑫昴（mǎo）：二十八星宿之一，白虎七宿的第四宿，又名髦头、旄头，有亮星七颗（古代以为五颗，故有昴宿之精转化为五老的传说）。旄头：星名。即昴星，二十八宿之一。《汉书·天文志》："昴曰旄头，胡星也，为白衣会。"

⑬西胡：古代对葱岭内外西域各族的泛称。匈奴居中，称胡或北胡；乌桓、鲜卑在匈奴东，称东胡；西域各族在匈奴西，称西胡。东越：古族名。古代越人的一支。相传为越王勾践的后裔。秦汉时分布在今浙江省东南部、福建省北部一带。汉武帝元鼎六年（前111）东越王馀善反汉，旋被其部属所杀。部分族人被迫迁入江淮地区。事见《史记·东越列传》。

⑭雕题：指古代南方雕额文身之部族。交址：原为古地区名，泛指五岭以南。汉武帝时为所置十三刺史部之一，辖境相当于今广东、广西大部和越南的北部、中部。东汉末改为交州。

【译文】

对于第一种指责的解释：遥远广大的东西，怎么能够度量？现在人们所熟悉的事物，没有什么能够比得上天和地的。天由云气聚结而成，地由土石聚积而成，太阳是阳气的精华凝聚，月亮是阴气的精华凝聚，星辰是万物的精华凝聚，这是儒家所信奉的理论。陨落的地面上的星星，原来是石头；精华若是石头，就不会有光亮，况且石头有形体有重量，是靠什么悬挂在天上的呢？一颗星的直径，大的约有百里多长，一个星宿，头和尾之间相隔数万里；百里大的物体，相隔万里联成一体，它们之间的距离宽窄纵横排列都有一定的形态，一般不会变化。再者星辰和日月相比，形状和颜色都相同，不过以体积大小来作为等级区别；要是这样的话，那太阳和月亮也是石头么？石头的性质坚固牢密，太阳里的金乌和月亮中的玉兔又怎么置身其中呢？石头悬浮在气体之中，怎么能够独立运转？日月星辰如果都是气体，那么气体轻飘，应当与天空合而为一，来回循环运转，不可能互相交错，它们运行的速度，从道理上说应该是一致的；但为何日月以及五星和二十八宿各有一定的位置，运行速度快慢不均呢？难道是气体在坠落的时候，忽然变成石头？大地既然是细微实体所聚集而成，按理说应当沉重厚实，可是深挖土地能够挖到泉水，这说明地是浮在水上的；那么聚集的流水下面又是什么呢？长江黄河以及众多的河流从哪里流出？江河水都向东流入大海，海水为什么不会溢出来？传说中水都汇集到"归塘"和"尾闾"，那么其中的水又流向何处呢？如果说海水都被沃焦山的石头烧干了，那么又是什么气体使石头燃烧的呢？海水的潮汐涨落，又是谁在控制？银河悬挂在空中，为什么不会散落下来？水的特性从高处往低处流，又是什么原因使它升到天上？天地刚刚开辟的时候，就有了星宿；当时还没有划分九州分封列国，这些星宿划断疆界，区别地域，又是谁为它们在运行轨道上安排的位次？自从封邦建国以来，又是谁在主宰这些事呢？诸侯国有增有减，而星辰的位置却没有移动，其对应的吉凶祸福都照样发生，并无偏差；天象这样大，星辰如此多，为什么星宿划分的州郡疆野只限于中原地区呢？被称为旄头的昴星是对应匈奴的，同是少数民族的西胡、东越、雕题、交趾，这些地区就被弃置不管了么？这样的问题要是探求起来是永无尽头的，又怎能以人间事物的寻常道理去衡量宇宙之外的事呢？

凡人之信，唯耳与目；耳目之外，咸致疑焉。儒家说天，自有数义：或浑或盖，乍宣乍安[1]。斗极所周[2]，管维所属[3]，若所亲见，不容不同；若所测量，宁足依据？何故信凡人之臆说[4]，迷大圣之妙旨，而欲必无恒沙世界[5]、微尘数劫也[6]？而邹衍亦有九州之谈[7]。山中人不信有鱼大如木，海上人不信有木大如鱼;汉武不信弦胶⑧,魏文不信火布⑨;胡人见锦,不信有虫食树吐丝所成;昔在江南,不信有千人毡帐,及来河北,不信有二万斛船:皆实验也。

【注释】

①"儒家说天"四句:浑、盖、宣、安,指浑天说、盖天说、宣夜说、安天说,皆为我国古代天文学理论。《晋书·天文志》:"古言天者有三家,一曰盖天,二曰宣夜,三曰浑天……成帝咸康中,会稽虞喜因宣夜之说作《安天论》。"浑天说最初认为,地球不是孤零零地悬在空中的,而是浮在水上;后来又有发展,认为地球浮在气中,因此有可能回旋浮动,这就是"地有四游"的朴素地动说的先河。浑天说认为全天恒星都布于一个"天球"上,而日月五星则附丽于"天球"上运行,这与现代天文学的天球概念十分接近。盖天说认为,天是圆形的,像一把张开的大伞覆盖在地上,地是方形的,像一个棋盘,日月星辰则像爬虫一样过往天空,因此这一学说又被称为"天圆地方说"。宣夜说主张"日月众星,自然浮生于虚空之中,其行其上,皆须气焉",创造了天体漂浮于气体中的理论,并且在它的进一步发展中认为连天体自身、包括遥远的恒星和银河都是由气体组成。盖天说、浑天说,都把天看做一个坚硬的球体,星星都固定在这个球壳上。宣夜说否定这种看法,认为宇宙是无限的,宇宙中充满着气体,所有天体都在气体中漂浮运动。星辰日月的运动规律是由它们各自的特性所决定的,决没有坚硬的天球或是什么本轮、均轮来束缚它们。宣夜说打破了固体天球的观念,非常难得。安天说则可视为宣夜说的补充和发展。关于浑天说、盖天说、宣夜说、安天说的具体涵义与差别,可参考《晋书·天文志》。

②斗极:北斗星与北极星。《尔雅·释地》:"北戴斗极为空桐。"邢

昺疏:"斗,北斗也。极者,中宫天极星。"

③管维:亦作"筦维"。即斗枢,古人指天宇所据以运转的枢纽。

④臆说:只凭个人想象的说法。

⑤恒沙:即"恒河沙数",佛教语。形容数量多至无法计算。

⑥微尘:佛教语。色体的极小者称为极尘,七倍极尘谓之"微尘"。常用以指极细小的物质。

⑦邹衍:战国时期齐国人,曾著书讨论"九州"之事。事见《史记·孟子荀卿列传》。

⑧弦胶:即续弦胶。古代传说西海之中有凤麟洲,仙家以凤喙及麟角合煎作胶,名之为续弦胶,又名集弦胶、连金泥。此胶能续弓弩已断之弦,连刀剑断折之金,更以胶连续之处,使力士掣之,他处乃断,粘合之处,终无所损。

⑨火布:指火浣布。

【译文】

一般人所相信的,都是自己亲耳听到亲眼见到的事;凡是耳闻目睹之外的事,都会加以怀疑。儒家对天的认识,有好几种学说:有浑天说,有盖天说,有宣夜说,有安天论。北斗星和北极星的运行,是依靠斗枢为转轴,若是亲眼所见就不会有不同的看法;若是猜测揣量,又怎么能够可靠呢?为什么相信普通人的主观猜测,而怀疑佛祖的精妙教义,非得认为没有像恒河沙子那样多的世界,不相信微小的尘埃也曾经历过多次劫难呢?况且,邹衍也曾提出过中国之外还有九州的说法。生活在山里的人不相信有树那样大的鱼,生活在海边的人不相信有鱼那样大的树;汉武帝不相信世界上有续弦胶,魏文帝不相信有火浣布;胡人看见锦缎,不相信那是用吃树叶的虫子所吐的丝织成的;过去我在江南的时候,不相信有可以容纳上千人的毡帐,等到了黄河以北的地区之后,又发现这里的人不相信有可容纳两万斛的大船:这些都是实际的经验。

世有祝师及诸幻术^①，犹能履火蹈刃，种瓜移井，倏忽之间，十变五化。人力所为，尚能如此；何况神通感应，不可思量，千里宝幢^②，百由旬座^③，化成净土，踊出妙塔乎^④？

【注释】

①祝师：能祝物的巫师。

②宝幢(chuáng)：即经幢。刻有佛号或经咒的石柱。

③由旬：古印度计程单位。一由旬的长度，我国古有八十里、六十里、四十里等诸说。

④踊：向上升起，冒出。

【译文】

世间有巫师和熟悉各种幻术的人，他们都能踏火而行，在刀刃上行走，能使种下的瓜果立刻成熟，还可以移动深井，刹那之间，千变万化。人力的所作所为，尚能如此，何况佛的神通广大，更是不可想象估量的，能够变出高达千里的经幢，大至千里的莲花宝座，庄严洁净的极乐世界，使地上涌出座座宝塔。

释二曰：夫信谤之征，有如影响；耳闻目见，其事已多，或乃精诚不深，业缘未感^①，时傥差阑^②，终当获报耳。善恶之行，祸福所归。九流百氏，皆同此论，岂独释典为虚妄乎？项橐、颜回之短折^③，伯夷、原宪之冻馁^④，盗跖、庄跷之福寿^⑤，齐景、桓魋之富强^⑥，若引之先业，冀以后生，更为通耳。如以行善而偶钟祸报，为恶而傥值福征，便生怨尤，即为欺诡^⑦；则亦尧、舜之云虚，周、孔之不实也，又欲安所依信而立身乎？

【注释】

①业缘：佛教语。谓苦乐皆为业力而起，故称为"业缘"。《维摩经·方便品》："是身如幻，从颠倒起；是身如梦，为虚妄见；是身如影，从业缘现。"

②差阑：略迟，较晚。

③项橐(tuó)：古代的神童。《战国策·秦策五》："甘罗曰：'夫项橐生七岁而为孔子师，今臣生十二岁于兹矣！君其试焉，奚以遽言叱也？'"颜回：孔子的学生，早亡。短折：夭折，早死。

④伯夷：古代的贤者，义不食周粟，饿死在首阳山下。事见《史记·伯夷列传》。原宪：孔子弟子。

⑤盗跖(zhí)：相传是黄帝时的大盗之名。春秋时期柳下惠的弟弟为天下大盗，所以世人称他为"盗跖"。事见《史记·伯夷列传》："盗跖日杀不辜，肝人之肉，暴戾恣睢，聚党数千人横行天下，竟以寿终。"庄蹻：本为楚威王将军，后为大盗。

⑥齐景：齐景公。桓魋(tuí)：春秋时期宋司马向魋，因是宋桓公之后，故称"桓魋"，他对孔子很不友好。事见《史记·孔子世家》："孔子去曹适宋，与弟子习礼大树下。宋司马桓魋欲杀孔子，拔其树。孔子去。弟子曰：'可以速矣。'孔子曰：'天生德于予，桓魋其如予何！'"

⑦欺诡(guǐ)：即欺诈。

【译文】

对于第二种指责的解释：我相信你们所指责的因果报应之说，这报应就像影子跟随形体，回响伴着声音一样；我所耳闻目睹的这类事情，已经有很多了。有的时候可能是因为诚心不够，缘分不到，报应的时间可能会较迟，但最终还是会得到报应的。一个人是行善还是行恶，注定了他是招致灾祸还是获得福报。九流百家各个学派都认同这一说法，难道只有佛教典籍是虚假骗人的么？项橐、颜回的短命早死，伯夷、原宪的忍饥受冻，盗跖、庄蹻的幸福长寿，齐景公、桓魋的富足强大，若把这些看成是他们的前身积下的祸福，报应在后人身上，这就可以讲得通了。如果因为做了好事而偶然招致灾祸，做坏事之后又意外得到好处，从而产生怨恨责怪之心，认为因果报应是欺骗人的说法，这也就是认为尧、舜的事迹都是虚假的，周公、孔子的学说也是不可信的。那么又要相信什么，依靠什么信念来立身处世呢？

释三曰：开辟已来，不善人多而善人少，何由悉责其精洁乎①？见有名僧高行，弃而不说；若睹凡僧流俗，便生非毁。且学者之不勤，岂教者之为过？俗僧之学经律，何异士人之学《诗》、《礼》？以《诗》、《礼》之教，格朝廷之人，略无全行者；以经律之禁，格出家之辈，而独责无犯哉？且阙行之臣②，犹求禄位；毁禁之侣，何惭供养乎？其于戒行，自当有犯。一披法服③，已堕僧数，岁中所计，斋讲诵持④，比诸白衣⑤，犹不啻山海也。

【注释】

①精洁：精粹纯洁。

②阙行：道德修养上有过错。

③法服：僧、道所穿的法衣。

④斋讲：宣讲佛法的集会。诵持：诵念经文并持守之。

⑤白衣：指俗家人，佛教徒因为身着缁衣，所以称俗家为“白衣”。

【译文】

对于第三种指责的解释：自从开天辟地以来，就是坏人多而好人少，怎么可以要求每一个僧尼都是清白的好人呢？看见名僧高尚的德行，都放在一旁不说；只要见到了凡庸僧人伤风败俗，就指责非议谤毁。

况且接受教育的人不勤勉，难道是教育者的过错？凡庸僧尼学习佛经，跟士人学习《诗经》、《礼记》有什么两样？用《诗经》、《礼记》中所要求的标准去衡量朝廷中的大臣官员，大概没有几个是符合标准的；用佛经的戒律衡量出家人，怎么能惟独要求他们一点不违犯戒律呢？品德很差的官员，还依然能获取高官厚禄；犯了禁律的僧尼，坐享供养又有什么可惭愧的呢？对于所规定的戒律规范，人们难免会有所违犯。出家人一披上法衣，就算加入了僧侣的行业，一年到头所做的事情，就是吃斋念佛，诵经修行，与世俗之人的德行修养相比，其高低深浅的差距远胜过高山与深海。

　　释四曰：内教多途，出家自是其一法耳。若能诚孝在心，仁惠为本，须达、流水，不必剃落须发①；岂令罄井田而起塔庙，穷编户以为僧尼也？皆由为政不能节之，遂使非法之寺，妨民稼穑，无业之僧，空国赋算，非大觉之本旨也。抑又论之：求道者，身计也；惜费者，国谋也。身计国谋，不可两遂。诚臣徇主而弃亲，孝子安家而忘国，各有行也。儒有不屈王侯高尚其事，隐有让王辞相避世山林；安可计其赋役，以为罪人？若能偕化黔首②，悉入道场③，如妙乐之世，襀佉之国④，则有自然稻米，无尽宝藏，安求田蚕之利乎⑤？

【注释】

①须达：又称"须达多"，梵语 sudatta 的音译。意译为"善与"、"善给"、"善授"等。古印度拘萨罗国舍卫城的富商，波斯匿王的大臣，释迦的有力施主之一，号称给孤独。后皈依佛陀。与祇陀太子共同施佛精舍，称祇树给孤独园。流水：即流水长者。

②黔（qián）首：古代称平民，老百姓。

③道场：佛寺。

④儴佉（ráng qū）：梵语。印度古代神话中的国王名，即转轮王。也
　　写作"儴佉"、"蠰佉"。《佛说弥勒大成佛经》："其国尔时有转轮
　　圣王名儴佉，有四种兵，不以威武，治四天下。"

⑤田蚕：指植桑养蚕等事务，泛指农桑。

【译文】

　　对于第四种指责的解释：佛教修行的途径有很多，出家仅仅是其中
一种。如果心中有忠孝之念，能以仁爱施惠为立身之本，就像须达和流
水两位长者那样，是不必剃掉须发出家为僧的；哪能把所有的田地都用
来建造佛塔，让所有的百姓都做僧尼呢？都是由于执政者不能合理地
节制佛事，才出现大量不守法纪的寺庙，妨碍百姓的农事生产，没有生
计来源的僧尼空享国家的赋税，这并非佛教的原意。或者也可以这样
说：信佛求道是为自身打算；节省费用是为国家打算。为自身打算和为
国家打算，二者不能两全。这就像是忠臣献身君主而不能奉养双亲，孝
子安定家庭而忽略了为国家尽义务，各有不同的行为准则。儒家当中
有不肯屈身侍奉王侯，以高尚标准行事的人，隐士当中有辞让王爵相位
隐居山林的；哪能再计算他们的赋税徭役，并认定他们是逃避徭役的罪
人呢？如果能够将百姓全部感化，使他们信奉佛教，皈依空门，去往极
乐之地、儴佉之国，那就会有自然生长的稻米，用不完的宝藏，哪还用追
求种田养蚕的利益呢？

　　释五曰：形体虽死，精神犹存。人生在世，望于后身似
不相属；及其殁后①，则与前身似犹老少朝夕耳。世有魂神，
示现梦想，或降童妾，或感妻孥，求索饮食，征须福佑②，亦为
不少矣。今人贫贱疾苦，莫不怨尤前世不修功业；以此而
论，安可不为之作地乎？夫有子孙，自是天地间一苍生耳，

何预身事？而乃爱护，遗其基址③，况于己之神爽④，顿欲弃之哉？凡夫蒙蔽，不见未来，故言彼生与今非一体耳；若有天眼，鉴其念念随灭，生生不断，岂可不怖畏邪⑤？又君子处世，贵能克己复礼⑥，济时益物。治家者欲一家之庆，治国者欲一国之良，仆妾臣民，与身竟何亲也，而为勤苦修德乎？亦是尧、舜、周、孔虚失愉乐耳。一人修道，济度几许苍生？免脱几身罪累？幸熟思之！汝曹若观俗计，树立门户，不弃妻子，未能出家；但当兼修戒行，留心诵读，以为来世津梁⑦。人生难得，无虚过也。

【注释】

①殁（mò）：死，去世。

②福佑：赐福保佑。

③基址：建筑物的地基、基础，比喻事业的根基、根本。

④神爽：指神魂、心神。

⑤怖畏：恐惧。《敦煌变文集·维摩诘经讲经文》："若称无我，恐众生生怖恨心。"

⑥克己复礼：约束自我，使言行合乎先王之礼。见《论语·颜渊》："颜渊问仁。子曰：'克己复礼为仁。一日克己复礼，天下归仁焉。为仁由己，而由人乎哉？'颜渊曰：'请问其目。'子曰：'非礼勿视，非礼勿听，非礼勿言，非礼勿动。'颜渊曰：'回虽不敏，请事斯语矣！'"

⑦津梁：桥梁。

【译文】

　　对第五种指责的解释：人的形体虽然死去，精神依然存在。人活在这个世界上，遥想自己的后身，似乎是毫不相干的事；等到死后，才发现后身与前身之间的关系,就像老人与小孩、早晨与晚上一般关系密切。世上有些死者的灵魂,会在活人梦中出现,有的托梦给仆童、小妾,有的托梦给妻子、儿女,向他们讨求饮食,验证后身需要前世的福佑,这种事也是不少的。现在的人因为生活贫贱痛苦,没有不怨恨前世没有修好功德的;从这一点来说,生前怎么能不为来世的灵魂开辟一片安乐之地呢? 至于人有子孙,也只不过是天地间一个普通人而已,跟我自身有什么相干? 尚且对其尽心加以爱护,将家业留给他们,何况对于自己的灵魂,怎能舍弃不顾呢? 凡夫俗子愚昧无知,无法预见来世,所以就说来生和今生不是一体;若是有能够洞察天机的慧眼,看到心念随生随灭,生生死死轮回不断,难道不会感到畏惧害怕? 再说君子活在这个世界上,最重要的是要约束自我,使自己的言行合乎礼制,能够济世救人,对社会有用。治理家庭的人希望这个家庭幸福美满,治理国家的人希望这个国家兴旺富强,其实仆人、婢妾、臣子、百姓,和自身又有什么相干,却要使我为他们辛苦操劳? 这也是尧、舜、周公、孔子之道,为了别人而空使自己失去欢乐罢了。一个人修身求道,能够超度多少世人? 使多少人免脱罪恶负累? 一定要好好思考这个问题! 你们要是关心世俗生计,安家立业,不舍弃妻子儿女,不能出家修道;但是要兼顾修行持戒,留心于诵读佛经,以此为超度来世的桥梁。人生在世很难再得,不要白白度过。

　　儒家君子,尚离庖厨①,见其生不忍其死,闻其声不食其肉。高柴、折像②,未知内教,皆能不杀,此乃仁者自然用心。含生之徒③,莫不爱命;去杀之事,必勉行之。好杀之人,临死报验,子孙殃祸,其数甚多,不能悉录耳,且示数条于末。

【注释】

①庖厨:厨房。《孟子·梁惠王上》:"君子之于禽兽也,见其生,不忍见其死;闻其声,不忍食其肉。是以君子远庖厨也。"

②高柴:春秋时人,孔子弟子。《孔子家语·弟子行》:"自见孔子,出入于户,未尝越礼;往来过之,足不履影;启蛰不杀,方长不折;执亲之丧,未尝见齿。是高柴之行也。"折像:字武伯,东汉人。《后汉书·方术列传》:"像幼有仁心,不杀昆虫,不折萌牙。"

③含生:一切有生命者,多指人类。

【译文】

儒家的君子,尚且远离厨房,看见活的生物,不忍心见到它们被杀死,听到动物被宰杀时的惨叫,就不忍心吃它们的肉。高柴、折像二人,不懂得佛教教义,却都能不杀生,这是仁爱之人天生的善心使然。一切生灵,没有不爱惜自己生命的;必须尽力使自己避开杀生之事。喜欢杀生的人,死时会遭到报应,还会祸及子孙,这样的例子有很多,我不能一一记下来,姑且举几个例子列在本文的末尾。

梁世有人,常以鸡卵白和沐①,云使发光,每沐辄二三十枚。临死,发中但闻啾啾数千鸡雏声。

【注释】

①鸡卵:鸡蛋。

【译文】

梁朝有个人,经常用鸡蛋白来洗头,说是能使头发有光泽,每次洗头就需要二三十个鸡蛋。他临死的时候,只听到头发中传来几千只小鸡的啾啾鸣叫声。

江陵刘氏，以卖鳝羹为业。后生一儿头是鳝，自颈以下，方为人耳。

【译文】

江陵有个姓刘的人，靠卖鳝鱼羹为生。后来生了一个孩子，头是鳝鱼头，从脖子往下才是人的身体。

王克为永嘉郡守①，有人饷羊②，集宾欲醼③。而羊绳解，来投一客，先跪两拜，便入衣中。此客竟不言之，固无救请。须臾，宰羊为羹，先行至客。一脔入口，便下皮内，周行遍体④，痛楚号叫；方复说之。遂作羊鸣而死。

【注释】

①王克：梁人，与王褒、庾信同时，官至尚书仆射。

②饷（xiǎng）：赠送。

③醼：同"宴"。聚饮。

④周行：循环运行。

【译文】

王克做永嘉郡守时，有人送给他一只羊，他于是邀集了许多客人准备饮酒设宴。那只羊挣脱了绳子，奔到一位客人面前，先跪下拜了两拜，就钻进了他的衣服里。那位客人居然没说起这件事，更没有为了救它而向主人求情。过了一会儿，羊被杀了煮成肉汤，先送到那位客人面前。他才刚吃了一块肉，便觉得那肉窜入皮内，在自己全身循环运行，他痛得大声哭喊，才说起之前那只羊向他求救的事。最后发出像羊一样的叫声，就死了。

梁孝元在江州时，有人为望蔡县令，经刘敬躬乱①，县廨被焚②，寄寺而住。民将牛酒作礼，县令以牛系刹柱③，屏除形像，铺设床坐，于堂上接宾。未杀之顷，牛解，径来至阶而拜，县令大笑，命左右宰之。饮啖醉饱④，便卧檐下。稍醒而觉体痒，爬搔隐疹⑤，因尔成癞⑥，十许年死。

【注释】

①刘敬躬乱：指梁武帝大同八年，安城郡民刘敬躬造反之事。

②廨（xiè）：官舍，官署。

③刹（chà）柱：佛教语。指寺前的幡竿。

④啖（dàn）：食，吃。

⑤隐疹：皮肤上起的小疙瘩。

⑥癞：恶疮，顽癣，麻风。

【译文】

梁孝元帝在江州的时候，有个人做望蔡县的县令，经历了刘敬躬起兵叛乱的事，县里的官署被烧掉了，他暂时寄居在一所寺庙里。老百姓带来牛和酒作为礼物送给他，县令将牛拴在寺前的幡竿上，搬除佛像，摆设好坐具，在佛堂上接待宾客。牛在即将被宰杀的时候，挣脱了绳子，直冲到台阶前向他跪拜，县令大笑，让手下侍从把牛杀了。县令酒足饭饱之后，便躺在屋檐下休息。稍后醒来时，觉得身上发痒，抓挠之后就起了很多小疙瘩，他因此而得了恶疮，十多年后就死掉了。

杨思达为西阳郡守，值侯景乱，时复旱俭，饥民盗田中麦。思达遣一部曲守视①，所得盗者，辄截手腕，凡戮十余人。部曲后生一男，自然无手。

【注释】

①部曲:部属,部下。

【译文】

　　杨思达在做西阳郡守的时候,正好赶上侯景之乱,当时又因为旱灾歉收,饥饿的百姓就去偷官田里的麦子。杨思达派了一个部下在麦田看守,抓到偷麦子的人就砍断他们的手腕,一共砍了十多个人。这个部下后来生了一个儿子,天生就没有手。

　　齐有一奉朝请①,家甚豪侈,非手杀牛,啖之不美。年三十许,病笃②,大见牛来,举体如被刀刺,叫呼而终。

【注释】

①奉朝(cháo)请:官名。古代诸侯春季朝见天子叫朝,秋季朝见为请。因称定期参加朝会为奉朝请。汉代退职大臣、将军和皇室、外戚多以奉朝请名义参加朝会。晋代以奉车、驸马、骑三都尉为奉朝请,南北朝设以安置闲散官员,隋初罢之,另设朝请大夫、朝请郎,为文散官。

②病笃:病势沉重。

【译文】

　　齐朝有一个奉朝请,家境非常豪华奢侈,如果不是自己亲手杀的牛,他吃起来就会觉得味道不够鲜美。他三十多岁的时候,有一次病得很严重,看到有牛向他冲来,全身就好像被刀割一样,呼喊嚎叫之后就死了。

　　江陵高伟,随吾入齐,凡数年,向幽州淀中捕鱼。后病,每见群鱼啮之而死。

【译文】

江陵人高伟，跟随我一起来到齐朝，前后好几年，一直在幽州的湖泊捕鱼。他后来生病，常常看见一大群鱼来咬他，最后因此而死了。

世有痴人，不识仁义，不知富贵并由天命。为子娶妇，恨其生资不足①，倚作舅姑之尊，蛇虺其性，毒口加诬，不识忌讳，骂辱妇之父母，却成教妇不孝己身，不顾他恨。但怜己之子女，不爱己之儿妇。如此之人，阴纪其过②，鬼夺其算③。慎不可与为邻，何况交结乎？避之哉！

【注释】

①生资：指嫁妆。

②阴：冥冥之中，借指鬼神。

③算：寿命。

【译文】

世上有一种无知的人，不懂得仁义，也不知道富贵都是由上天注定的。为儿子娶媳妇，怨恨媳妇的嫁妆太少，仗着自己为人公婆的尊贵身份，怀着毒蛇般的心性，对儿媳妇恶意辱骂，不知忌讳，甚至谩骂侮辱儿媳妇的父母，这反而是教媳妇不孝自己，也不顾及她心里的怨恨。只知道疼爱自己的子女，不知道爱护自己的儿媳。像这种人，阴司会把他的罪过记录下来，鬼神也会减掉他的寿命。千万不可以和这种人做邻居，更何况与他交朋友呢？还是避开他们吧！

书证第十七

【题解】

本篇主要记录了作者对经、史典籍所作的零星考证,共有 47 条,有学者认为这一篇纯是考证之学,应当另为一书。其实在这篇文章里,作者既是对自己读书心得的系统整理,同时也是通过列举这些例子来告诫子孙要博览群书,不可妄发议论,以免因谬误而惹人耻笑。

《诗》云:"参差荇菜①。"《尔雅》云:"荇,接余也。"字或为"莕"。先儒解释皆云:"水草,圆叶细茎,随水浅深。今是水悉有之,黄花似莼,江南俗亦呼为'猪莼',或呼为'荇菜'。"刘芳具有注释②。而河北俗人多不识之,博士皆以参差者是苋菜③,呼"人苋"为"人荇",亦可笑之甚。

【注释】

①参差:长短不齐的样子。荇(xìng)菜:多年生水生草本植物,叶呈对生圆形,嫩时可食,亦可入药,睡莲科,初夏开黄色小花。此句出自《诗经·周南·关雎》:"参差荇菜,左右流之。"

②刘芳:字伯文,北魏彭城人,曾撰《毛诗笺音义证》十卷。事见《魏

书·列传第四十三》："芳撰郑玄所注《周官仪礼音》、干宝所注《周官音》、王肃所注《尚书音》、何休所注《公羊音》、范宁所注《榖梁音》、韦昭所注《国语音》、范晔《后汉书音》各一卷,《辨类》三卷,《徐州人地录》二十卷,《急就篇续注音义证》三卷,《毛诗笺音义证》十卷,《礼记义证》十卷,《周官》、《仪礼义证》各五卷。"具:写,撰写。

③苋(xiàn)菜:一年生草本植物。叶对生,卵形或菱形,有绿紫两色。花黄绿色。种子极小,黑色而有光泽。嫩苗可作蔬菜。

【译文】

《诗经》里说:"参差荇菜。"《尔雅》解释说:"荇,就是接余。"这个字又写成"莕"。以前的学者在对它进行解释的时候都说:"它是一种水草,叶子是圆形的,茎很细,随着水的流动而深浅沉浮。现在凡是有水的地方都有这种植物,它开黄色的花,就好像莼菜一样,江南民间也称它为'猪莼',也有叫'荇菜'的。"刘芳的《毛诗笺音义证》里都有注释。黄河以北地区的人大都不认识这种植物,博学之士都以为《诗经》里说的这种长短不齐的荇菜就是苋菜,把"人苋"称为"人荇",也是十分可笑。

《诗》云:"谁谓荼苦①?"《尔雅》、《毛诗传》并以荼,苦菜也。又《礼》云:"苦菜秀②。"案:《易统通卦验玄图》曰③:"苦菜生于寒秋,更冬历春,得夏乃成。"今中原苦菜则如此也。一名"游冬",叶似苦苣而细,摘断有白汁,花黄似菊。江南别有苦菜,叶似酸浆,其花或紫或白,子大如珠,熟时或赤或黑,此菜可以释劳④。案:郭璞注《尔雅》⑤,此乃"蘵"⑥,黄蒢也⑦。今河北谓之"龙葵"⑧。梁世讲《礼》者,以此当苦菜;既无宿根⑨,至春方生耳,亦大误也。又高诱注《吕氏春秋》曰⑩:"荣而不实曰英⑪。"苦菜当言英,益知非龙葵也。

【注释】

①荼(tú)：苦菜。文中所引诗句见《诗经·邶风·谷风》："谁谓荼苦，其甘如荠。"

②苦菜秀：出自《礼记·月令》："孟夏之月，苦菜秀。"秀，植物开花。

③《易统通卦验玄图》：《隋书·经籍志》载《易通统卦验玄图》一卷，不题撰人。当即此书。

④释劳：消除辛劳。

⑤郭璞：字景纯，晋代河东闻喜人，好经术，工辞赋，精通阴阳历算，曾为王敦的记室参军，后因劝阻王敦起兵而被杀。他曾为《尔雅》作注。事见《晋书·列传第六十四》。

⑥蘵(zhī)：草名。即龙葵。古人亦误之为苦蘵。

⑦黄蒢(chú)：草名。叶子似酸浆，花小而白，中心黄。

⑧龙葵：一年生草本植物，叶互生，卵形或椭圆形。夏秋间开白花，结浆果，圆球形，熟时紫黑色。有小毒。全草可供药用，有清热解毒、除湿止痒、消肿生肌的功效。

⑨宿根：某些二年生或多年生草本植物的根，这些植物的茎叶枯萎后可以继续生存，次年春重新发芽，所以叫做宿根。

⑩高诱：汉末涿郡人，曾为《吕氏春秋》作注。

⑪英：植物开花而不结果实。

【译文】

《诗经》里说："谁谓荼苦？"《尔雅》和《毛诗传》都认为荼就是苦菜。另外，《礼记》中说："农历四月苦菜开花而不结果。"据考证：《易统通卦验玄图》中说："苦菜长在深秋时节，经过冬天和春天，到夏天才长成。"现在中原地区的苦菜就是这样的。它也叫"游冬"，叶子好像苦苣但是比苦苣细，掐断后有白汁，花是黄色的，像菊花。江南地区另外有一种苦菜，叶子好像酸浆叶一样，它的花有紫色有白色，果实像珠子一般大，成熟的时候或者为红色或者为黑色，这种菜可以消除疲劳。据考证：郭璞在注《尔雅》时说,这是"蘵",就是黄蒢。现在黄河以北地区的人称之为"龙葵"。梁朝讲《礼记》的人把它当做苦菜;但这种植物没有多年生的根,又是在春天才发芽,这是个大错误。另外,高诱注的《吕氏春秋》里说:"开花而不结果,叫英。"苦菜应当被称为"英",由此更加知道它不是龙葵了。

　　《诗》云:"有杕之杜①。"江南本并"木"傍施"大"②,《传》曰:"杕,独貌也。"徐仙民音徒计反③。《说文》曰:"杕,树貌也。"在"木"部。《韵集》音"次第"之"第"④,而河北本皆为"夷狄"之"狄",读亦如字⑤,此大误也。

【注释】

①杕(dì):树木孤独挺立的样子。杜:即杜梨,也叫棠梨。一种野生梨。本句出《诗经·唐风·杕杜》:"有杕之杜,其叶湑湑。"

②本:书的版本。

③徐仙民:即晋代人徐邈,他曾撰《毛诗音》二卷。事见《晋书·列传第六十一》。

④《韵集》:《隋书·经籍志》载:"《韵集》六卷,晋安复令吕静撰。"

⑤如字:一字有两个或两个以上读音,依本音读叫"如字"。

【译文】

《诗经》里说:"有杕之杜。"江南地区的抄本中的"杕"字都是"木"字旁加"大"字,《毛诗传》里说:"杕,孤独挺立的样子。"徐仙民给它注的音是徒计反。《说文解字》中说:"杕,是树的样子。"收在"木"部。《韵集》中把它读作"次第"的"第",而黄河以北地区的抄本都写作"夷狄"的"狄",读音也如"狄"字的本音,这是大错误。

《诗》云:"駉駉牡马①。"江南书皆作"牝牡"之"牡"②,河北本悉为"放牧"之"牧"。邺下博士见难云:"《駉颂》既美僖公牧于坰野之事③,何限骘骘乎④?"余答曰:"案:《毛传》云:'駉駉,良马腹干肥张也⑤。'其下又云:'诸侯六闲四种⑥:有良马,戎马,田马,驽马。'若作牧放之意,通于牝牡,则不容限在良马独得'駉駉'之称。良马,天子以驾玉辂⑦,诸侯以充朝聘郊祀⑧,必无骘也。《周礼·圉人职》:'良马,匹一人⑨。驽马,丽一人⑩。'圉人所养,亦非骘也;颂人举其强骏者言之,于义为得也。《易》曰:'良马逐逐⑪。'《左传》云:'以其良马二。'亦精骏之称,非通语也。今以《诗传》良马,通于牧骘,恐失毛生之意⑫,且不见刘芳《义证》乎?"

【注释】

①駉駉(jiōng):马肥壮的样子,亦指肥壮之马。牡(mǔ)马:公马。《诗经·鲁颂·駉》:"駉駉牡马,在坰之野。"

②牝(pìn)牡:鸟兽的雌性和雄性。

③僖公:指鲁僖公。坰(jiōng):远郊,野外。

④骘(cǎo):母马。骘(zhì):公马。

⑤干:人和动植物躯体的主干。肥张:肥壮的样子。

⑥六闲:周朝诸侯有六闲。闲,马厩。《周礼·夏官·校人》:"天子十有二闲,马六种;邦国六闲,马四种;家四闲,马二种。"

⑦玉辂(lù):古代帝王所乘之车,以玉为饰。

⑧朝(cháo)聘:古代诸侯亲自或派使臣按期朝见天子。《礼记·王制》:"诸侯之于天子也,比年一小聘,三年一大聘,五年一朝。"郊祀(sì):古代于郊外祭祀天地,南郊祭天,北郊祭地。郊指大祀,祀为群祀。

⑨匹一人：意思是每匹良马由一个人来饲养。

⑩丽一人：此处指两匹驽马由一个人饲养。丽，偶，成对。

⑪逐逐：极速狂奔的样子。

⑫毛生：指为《诗经》作传的汉代人毛公。

【译文】

《诗经》里说："骃骃牡马。"江南地区的书上都写作"北牡"的"牡"，而黄河以北地区的版本都写成"放牧"的"牧"。邺下的学者对此进行诘难说："《骃颂》这首诗既然是赞美僖公野外放牧的事，为什么要限定是公马还是母马呢？"我回答说："根据考证：《毛诗传》里说：'骃骃，是说良马躯干肥壮。'下面又说：'周代诸侯有六个马厩，四种马：包括良马、战马、打猎骑的马、劣马。'要是解释为放牧的意思，那就是通指公马和母马了，而不能限定只有良马才能得到'骃骃'的美名。良马，天子用它来驾车，诸侯用它来参与朝见天子、在郊外祭祀天地等活动，它肯定不会是母马。《周礼·圉人职》里说：'良马，每匹由一个人来饲养；驽马，每两匹由一个人来饲养。'圉人所养的马，也不会是母马；颂诗的作者列举强骏的马来进行赞美，在意义上是恰当的。《易》中说：'良马狂奔。'《左传》中说：'赵旃用他的两匹良马……'也是说马强壮骏美，并不是提到所有马都通用的说法。现在认为《毛诗传》里的良马通指母马和公马，恐怕是违背了作者毛公的本意，难道没读过刘芳的《毛诗笺音义证》吗？"

《月令》云①："荔挺出。"郑玄注云②："荔挺，马薤也③。"《说文》云："荔，似蒲而小，根可为刷。"《广雅》云④："马薤，荔也。"《通俗文》亦云马蔺⑤。《易统通卦验玄图》云："荔挺不出，则国多火灾。"蔡邕《月令章句》云："荔似挺。"高诱注《吕氏春秋》云："荔草挺出也。"然则《月令》注荔挺为草名，误矣。河北平泽率生之⑥。江东颇有此物，人或种于阶庭，但呼为"旱蒲"，故不识马薤。讲《礼》者乃以为马苋;马苋堪食,亦名豚耳,俗名马齿。江陵尝有一僧,面形上广下狭;刘缓幼子民誉⑦,年始数岁,俊晤善体物⑧,见此僧云:"面似马苋。"其伯父绍因呼为"荔挺法师"。绍亲讲《礼》名儒⑨,尚误如此。

【注释】

①《月令》:《礼记》篇名。

②郑玄:字康成,东汉高密人,著名学者,曾经遍注五经。

③马薤(xiè):植物名。叶子像薤但是较薤长厚,像蒲草,因此被称为旱蒲,三月开花,五月结实,根可制刷。

④《广雅》:我国古代的一部字典,三国时期魏人张揖所撰,原书三卷,共一万八千一百五十字。书的体例篇目基本依据《尔雅》,字按意义分部,释义多沿用同义相释的办法。因为这本书博采汉代经书笺注及《三苍》、《方言》、《说文》等字书对《尔雅》进行增广补充,所以称《广雅》。隋朝曹宪在为它作音释的时候,分为十卷,后来因避隋炀帝杨广之讳,改名《博雅》,现在两名通用。

⑤《通俗文》:一部解释经史用字的字典。汉代人服虔所撰,原书一卷,已失传,仅散见于《汉书注》、《文选注》及唐宋类书和诸经音义之中。马蔺(lìn):蠡实的别名。多年生草本植物。根茎粗,叶子线形,花蓝色。叶子富于韧性,可用来捆东西,又可造纸,根可以制刷子。

⑥平泽:平湖,沼泽。

⑦刘缓:字含度,南朝梁人,刘绍之弟。

⑧俊晤:聪明卓异。体物:描述事物;摹状事物。

⑨绍亲:即刘绍本人。

【译文】

《礼记·月令》中说:"荔挺出。"郑玄解释说:"荔挺,就是马薤。"《说文解字》中说:"荔,形状像蒲草但是比蒲草小,根可以用来做刷子。"《广雅》中说:"马薤,就是荔。"《通俗文》也说它是马蔺。《易统通卦验玄图》说:"若是荔挺不发芽,那么国家就会多火灾。"蔡邕的《月令章句》说:"荔似挺。"高诱注的《吕氏春秋》里说:"荔草直立生长。"然而《月令注》认为荔挺是草名,错了。黄河以北地区的湖泊沼泽里到处都长着这种植物。江南地区也有很多这东西,有人把它种在台阶前的庭院里,称它作"旱蒲",故而不认识马薤。讲授《礼记》的人就认为"荔"是"马苋";马苋可以吃,也叫"豚耳",俗名为"马齿"。江陵有个和尚,脸型上宽下窄;刘缓的小儿子刘民誉,年纪才刚刚几岁,聪明卓异善于描摹事物,他见到这个和尚就说:"和尚的脸像马苋一样。"他的伯父刘绍因此就称这个僧人为"荔挺法师"。刘绍本人就是讲授《礼记》的著名学者,竟然也会错到这种地步。

　　《诗》云:"将其来施施^①。"《毛传》云:"施施,难进之意。"郑《笺》云:"施施,舒行貌也。"《韩诗》亦重为"施施"^②。河北《毛诗》皆云"施施"。江南旧本,悉单为"施",俗遂是之,恐为少误。

【注释】

①施施:徐行的样子。本句见《诗经·王风·丘中有麻》:"彼留子嗟,将其来施施。"

②重(chóng)为:指两个"施"字重叠而用。

【译文】

《诗经》里说:"将其来施施。"《毛诗传》说:"施施,是行进困难的意思。"郑玄的《毛诗传笺》说:"施施,行进舒缓的样子。"《韩诗》中也是叠用了"施施"两个字。黄河以北地区的《毛诗传》都作"施施"。江南地区的旧版本，都是只写一个"施"字，大家于是都认为这是对的，恐怕有一定的错误。

《诗》云："有渰萋萋，兴云祁祁^①。"《毛传》云："渰，阴云貌。萋萋，云行貌。祁祁，徐貌也。"《笺》云："古者，阴阳和，风雨时，其来祁祁然，不暴疾也。"案：渰已是阴云，何劳复云"兴云祁祁"耶？"云"当为"雨"，俗写误耳。班固《灵台》诗云："三光宣精^②，五行布序^③，习习祥风，祁祁甘雨。"此其证也。

【注释】

①渰(yǎn)：阴云。文中诗句见《诗经·小雅·大田》："有渰萋萋，兴云祁祁。"萋萋：云朵弥漫的样子。祁祁(qí)：舒缓的样子。

②三光：日、月、星。

③五行：水、火、木、金、土。我国古代称构成各种物质的五种元素，古人常以此说明宇宙万物的起源和变化。布序：依次展布。

【译文】

《诗经》里说："有渰萋萋，兴云祁祁。"《毛诗传》中说："渰，阴云之貌。萋萋，云朵移动的样子。祁祁，是舒缓的样子。"《毛诗传笺》里说："古代的时候，阴阳调和，风雨按时而来，来的时候非常舒缓，不迅猛。"据考证："渰"已经是指阴云，哪里用得着再说"兴云祁祁"呢？"云"应当是"雨"，是一般人写错了。班固的《灵台》诗说："三光宣精，五行布序，习习祥风，祁祁甘雨。"就是这一说法的例证。

《礼》云："定犹豫，决嫌疑^①。"《离骚》曰："心犹豫而狐疑。"先儒未有释者。案：《尸子》曰^②："五尺犬为犹。"《说文》

云："陇西谓犬子为犹③。"吾以为人将犬行，犬好豫在人前④，待人不得，又来迎候，如此往还，至于终日，斯乃"豫"之所以为未定也，故称"犹豫"。或以《尔雅》曰："犹如麂⑤，善登木。"犹，兽名也，既闻人声，乃豫缘木⑥，如此上下，故称"犹豫"。狐之为兽，又多猜疑，故听河冰无流水声，然后敢渡。今俗云："狐疑，虎卜⑦。"则其义也。

【注释】

①"定犹豫"两句：意为判断嫌疑，决定犹豫。语出《礼记·曲礼上》："卜筮者，先圣之所以使民决嫌疑，定犹与也。"

②《尸子》：《汉书·艺文志》："《尸子》二十篇。名佼，鲁人，秦相商君师之。鞅死，佼逃入蜀。"

③犬子：幼犬。

④豫：事先，预先。

⑤麂(jǐ)：一种小型的鹿，雄的有长牙和短角，腿细而有力，善于跳跃。

⑥缘木：爬树。

⑦虎卜：一种占卜的方法。《太平御览》卷八九二引晋张华《博物志》："虎知冲破，又能画地卜。今人有画物上下者，推其奇偶，谓之虎卜。"

【译文】

《礼记》里说："定犹豫，决嫌疑。"《离骚》中说："心犹豫而狐疑。"前辈学者对此都没有解释。据考证：《尸子》中说："五尺长的狗是犹。"《说文解字》中说："陇西地区称狗的幼崽为犹。"我认为人带着狗走的时候，狗喜欢先跑在人的前面，等人等不到，又跑回来迎候，像这样来回往返，整天如此，这就是"豫"之所以表示不确定的缘故，所以才说"犹豫"。有人认为《尔雅》说："犹，形状像麂，善于爬树。"犹是动物的名字，它听到人的声音就会提前爬到树上，这样上下不定，因此称为"犹豫"。狐狸是一种野兽，生性多疑，所以过河时，听到结冰的河里没有流水声之后才敢过。现在有句俗语说："狐狸性多疑，老虎会占卜。"就是这个意思。

　　《左传》曰："齐侯疥①，遂痁②。"《说文》云："痎，二日一发之疟③。痁，有热疟也。"案：齐侯之病，本是间日一发，渐加重乎故，为诸侯忧也。今北方犹呼"痎疟"，音"皆"。而世间传本多以"痎"为"疥"④，杜征南亦无解释⑤，徐仙民音"介"，俗儒就为通云："病疥，令人恶寒，变而成疟。"此臆说也。疥癣小疾，何足可论，宁有患疥转作疟乎？

【注释】

①痎（jiē）：隔日发作的疟疾。

②痁（shān）：伴随着发热的疟病。

③疟（nüè）：一种急性传染病。《礼记·月令》："〔孟秋之月〕寒热不节，民多疟疾。"郑玄注："疟疾，寒热所为也。"

④疥（jiè）：一种皮肤病，又称"疥癣"。

⑤杜征南：指杜预。位居征南大将军，爱读《左传》，自称有"左传癖"，曾为《左传》作注。

【译文】

　　《左传》里说："齐侯得了疥病，后来转成了痁病。"《说文解字》中说："痎，两天一发作的疟疾。痁，是伴随着发热症状的疟疾。"据考证：齐侯的病本来是隔天发作一次，逐渐加重，才为诸侯所担心。现在北方地区仍然说"痎疟"，读作"皆"。然而世间的传本大多认为"痎"是"疥"，杜预对此也没有解释，徐仙民把"痎"注作读"介"，一般的学者就把它解释成："得了疥病,使人怕寒,转而变成疟疾。"这是主观猜测的说法。疥癣这样的小毛病,哪里值得一提,哪有得了疥这种皮肤病而转成疟疾的呢?

《尚书》曰:"惟影响①。"《周礼》云:"土圭测影②,影朝影夕。"《孟子》曰:"图影失形③。"《庄子》云:"罔两问影④。"如此等字,皆当为"光景"之"景"。凡阴景者⑤,因光而生,故即谓为"景"。《淮南子》呼为"景柱",《广雅》云:"晷柱挂景⑥。"并是也。至晋世葛洪《字苑》⑦,傍始加"彡"⑧,音于景反。而世间辄改治《尚书》、《周礼》、《庄》、《孟》从葛洪字,甚为失矣。

【注释】

①影响:影子和回声。多用以形容感应迅捷。引文见《尚书·大禹谟》:"惠迪吉,从逆凶,惟影响。"孔传:"吉凶之报,若影之随形,响之应声,言不虚。"

②土圭(guī):古代用以测日影、正四时和测度土地的器具。《周礼·地官·大司徒》:"以土圭之法,测土深,正日景,以求地中。"

③"图影失形"一句:不见于今本《孟子》七章,当是外篇。图影,画影。

④罔(wǎng)两:影子边缘的淡薄阴影。"罔两问影"事见《庄子·齐物论》:"罔两问景曰:'曩子行,今子止;曩子坐,今子起,何其无特操与?'"郭象注:"罔两,景外之微阴也。"

⑤阴景:阴影。

⑥晷(guī)柱:即晷表,日晷上测量日影的标杆。

⑦葛洪:东晋人,崇信道教,著有《抱朴子》、《字苑》等书。

⑧彡(shān):一种部首。

【译文】

《尚书》当中说:"惟影响。"《周礼》当中说:"用土圭来测量日影,影朝多阴,影夕多风。"《孟子》说:"图影失形。"《庄子》当中有:"罔两问影。"像这些地方的"影"字,都应当是"光景"的"景"字。所有的阴影,都是依托光明而产生的,所以就称为"景"。《淮南子》称"景柱",《广雅》中说:"晷柱挂景。"都是这么回事。到了晋代葛洪写的《字苑》里,才在"景"字旁边加"彡",读成于景反。而世间的人就擅自改动《尚书》、《周礼》、《庄子》《孟子》等书中的"景"字,而用葛洪所说的"影"字,这是个很大的错误。

　　太公《六韬》①,有天陈、地陈、人陈、云鸟之陈②。《论语》曰:"卫灵公问陈于孔子③。"《左传》:"为鱼丽之陈④。"俗本多作"阜"傍"车乘"之"车"。案诸陈队,并作"陈、郑"之"陈"。夫行陈之义,取于陈列耳,此六书为假借也⑤,《苍》、《雅》及近世字书⑥,皆无别字;唯王羲之《小学章》⑦,独"阜"傍作"车",纵复俗行,不宜追改《六韬》、《论语》、《左传》也。

【注释】

①《六韬》:我国古代的兵书名。旧题周吕望撰,故文中称太公《六韬》。书分文韬、武韬、龙韬、虎韬、豹韬、犬韬六卷。

②陈(zhèn):军伍行列,战斗队形。

③"卫灵公"句:事见《论语·卫灵公》:"卫灵公问陈于孔子。孔子对曰:'俎豆之事,则尝闻之矣;军旅之事,未之学也。'明日遂行。"

④鱼丽:古代战阵名。《左传·桓公五年》"为鱼丽之陈"晋杜预注:"《司马法》:'车战二十五乘为偏。'以车居前,以伍次之,承偏之隙而弥缝阙漏也。五人为伍。此盖鱼丽陈法。"

⑤六书:古人分析汉字造字的理论,包括象形、指事、会意、形声、转

注、假借。假借：六书的一种，谓本无其字而依声托事。汉许慎
《说文叙》："假借者，本无其字，依声托事，令、长是也。"

⑥《苍》：指《仓颉篇》。《雅》：即《尔雅》。

⑦《小学章》：古代字书。《隋书·经籍志》载："小学篇一卷，晋下邳
内史王义撰。""义"繁体"義"，因形近而误为"羲"。

【译文】

姜太公的《六韬》里有天阵、地阵、人阵、云鸟之阵。《论语·卫灵
公》里说："卫灵公问阵于孔子。"《左传》里有："为鱼丽之阵。"一般的版
本大多数是将以上几个"陈"字，写成"阜"字旁加上"车乘"的"车"字。
据考证，表示各种军队陈列队伍的"陈"，都写作"陈、郑"的"陈"字。行
陈之义，是取义于陈列，将"陈"写作"阵"，这在六书中属于假借法。
在《苍颉篇》、《尔雅》和近代的字书里，"陈"都没有写成别的字，只有
王義之的《小学章》里，唯独将"陈"写称"阜"字旁加"车"，即使这种
写法在世间通行，也不应该再去更改《六韬》、《论语》以及《左传》中
的"陈"字。

《诗》云："黄鸟于飞，集于灌木①。"《传》云："灌木，丛木
也。"此乃《尔雅》之文，故李巡注曰②："木丛生曰灌。"《尔雅》
末章又云："木族生为灌。"族亦丛聚也。所以江南《诗》古本
皆为"丛聚"之"丛"，而古"丛"字似"寂"字③，近世儒生，因改
为"寂"，解云："木之寂高长者。"案：众家《尔雅》及解《诗》无
言此者，唯周续之《毛诗注》④，音为徂会反，刘昌宗《诗注》⑤，
音为在公反，又祖会反：皆为穿凿，失《尔雅》训也。

【注释】

①"黄鸟"二句：见《诗经·周南·葛覃》。意思是黄雀来回飞舞，栖

息在丛生的灌木上。

②李巡：东汉汝南人，曾经为《尔雅》作注，《隋书·经籍志》载："梁
　有汉中黄门李巡《尔雅注》三卷，亡。"其人见《后汉书·列传第六
　十八》。

③冣(zuì)："最"的古字。

④周续之：字道祖，雁门广武人。事见《宋书·列传第五十三》。

⑤刘昌宗：晋人。有《周礼音》、《仪礼音》各一卷，《礼记音》五卷。

【译文】

《诗经》里说："黄鸟于飞，集于灌木。"《毛诗传》中说："灌木，就是丛
生的树木。"这是《尔雅》里面的话，所以李巡注的《尔雅》中说："树木丛
生称为灌。"《尔雅》中这一解释的段末又说："树木族生就是灌。"族，也
就是丛聚的意思。所以江南地区《诗经》的古版本都写成"丛聚"的
"丛"，而古"丛"字的字形像"冣"，近代的儒生因此就把"丛"字改成"冣"
字，并且解释成："树木中长得最高大的。"据考证：各家的《尔雅》和注释
《诗经》的都没有这样讲的，只有周续之的《毛诗注》把这个字的音注成
徂会反，刘昌宗的《诗注》，给它注的音是在公反，也作祖会反：这些都是
牵强附会的说法，不符合《尔雅》的注释。

　　"也"是语已及助句之辞①，文籍备有之矣。河北经传，
悉略此字，其间字有不可得无者，至如"伯也执殳"②，"于旅
也语"③，"回也屡空"④，"风，风也，教也⑤"，及《诗传》云："不
戢，戢也；不儺，儺也⑥。""不多，多也。"如斯之类，傥削此
文⑦，颇成废阙⑧。《诗》言："青青子衿⑨。"《传》曰："青衿，青领
也，学子之服。"按：古者，斜领下连于衿，故谓领为"衿"。孙
炎、郭璞注《尔雅》，曹大家注《列女传》⑩，并云："衿，交领也。"
邺下《诗》本，既无"也"字，群儒因谬说云："青衿、青领，是衣两

处之名，皆以青为饰。"用释"青青"二字，其失大矣！又有俗学，闻经传中时须"也"字，辄以意加之，每不得所，益成可笑。

【注释】

①语已：即语尾。助句：即语助词。

②殳(shū)：古代的一种兵器，以竹或木制成，八棱，顶端装有圆筒形金属，无刃，也有装金属刺球，顶端带矛的，多用作仪仗。引文见《诗·卫风·伯兮》："伯也执殳，为王前驱。"毛传："殳，长丈二而无刃。"

③旅：次序。此句见《仪礼·乡射礼》："古者于旅也语，凡旅不洗，不洗者不祭；既旅，士不入。"

④回：颜回。屡空：经常贫困，谓贫穷无财。《论语·先进》："回也其庶乎！屡空。"

⑤"风"三句：文见《诗·小序》。风，风教，教化。

⑥"不戢"四句：《诗·小雅·桑扈》："不戢不难，受福不那。"不戢(jí)，不检束；放纵。傩(nuó)：难。

⑦傥：倘若，假如，表示假设。

⑧废阙：指缺漏。

⑨衿(jīn)：古代衣服的交领。

⑩曹大家(gū)：即汉代人班昭。她是班彪之女，班固、班超之妹。嫁给曹世叔，早寡，屡受召入宫，为皇后及诸贵人教师，号曰"大家"。大家，即大姑，古代对女子的尊称。家，通"姑"。

【译文】

"也"字是用做句末语气词和做句中语助的词，文章典籍都会用到这个字。北方的经书及传本中大都省略了这字，而其中有些地方的"也"字是不能省略的，比如像"伯也执殳"，"于旅也语"，"回也屡空"，"风，风也，教也"，以及《毛诗传》中说的："不戢，戢也；不傩，傩也。""不多，多也。"诸如此类的句子，假如省略了"也"字，文章句意就会残缺不全。《诗经》中有："青青子衿。"《毛诗传》解释说："青衿,即青色的衣领,是学子所穿的衣服。"据考证:古时候,衣服领子斜着下来与衣襟连在一起,所以将领子称作"衿"。孙炎、郭璞注的《尔雅》、曹大家班昭注的《列女传》,都说:"衿,就是交领。"邺下的《诗经》传本,都没有"也"字,许多儒生因而错误地解释说:"青衿、青领,是衣服上两个部分的名称,都用青色作装饰。"用这种说法来解释"青青"两个字,实在是大错特错! 还有一些平庸的读书人,听说经书的传注中常用到"也"字,就根据自己的主观猜测随意添补,往往添补的不是地方,更加可笑。

《易》有蜀才注①,江南学士,遂不知是何人。王俭《四部目录》②,不言姓名,题云:"王弼后人③。"谢昊、夏侯该,并读数千卷书,皆疑是谯周④;而《李蜀书》,一名《汉之书》,云:"姓范名长生,自称蜀才。"南方以晋家渡江后⑤,北间传记,皆名为"伪书",不贵省读⑥,故不见也。

【注释】

①蜀才:东晋时成汉范贤的自称。贤字长生,曾注《周易》。

②王俭:字仲宝,琅邪临沂人,著有《七志》、《宋元徽元年四部书目》等书。《四部书目》分甲、乙、丙、丁四部,计一万五千七百零四卷。事见《南齐书·王俭传》与《隋书·经籍志》。

③王弼:三国时期魏人。撰有《周易注》。

④谯周:字允南,三国时期蜀国人。

⑤晋家:指西晋王朝。

⑥省读:阅读。

【译文】

《易经》有署名蜀才的注本,江南地区的学者都不知道蜀才是什么人。王俭的《四部目录》中没有说他的姓名，只写着："他是王弼的后人。"谢灵、夏侯该，都是读过数千卷书的学者，他们都怀疑蜀才就是谯周；而《李蜀书》，又名《汉之书》中说："蜀才姓范，名叫长生，自称蜀才。"南方地区自从晋朝渡江之后，把北方地区的经传文章都称作"伪书"，不重视阅读这些"伪书"，因此就不知道蜀才是谁。

《礼·王制》云："裸股肱[①]。"郑注云："谓捋衣出其臂胫[②]。"今书皆作"擐甲"之"擐"[③]。国子博士萧该云[④]："'擐'当作'揎'，音'宣'，'擐'是穿著之名，非出臂之义。"案《字林》[⑤]，萧读是，徐爰音"患"[⑥]，非也。

【注释】

①裸：露出。股肱(gōng)：大腿和胳膊。

②捋(xuān)衣：捋起衣服。胫：人的小腿。

③擐(huàn)甲：穿上甲胄，贯甲。

④萧该：南朝梁鄱阳王恢之孙，性笃学，精通《汉书》。事见《隋书·儒林传》。

⑤《字林》：《隋书·经籍志》："《字林》七卷，晋弦令吕忱撰。"

⑥徐爰：南朝宋开阳人，著有《礼记音》。

【译文】

《礼记·王制》中说："裸股肱。"郑玄注释说："是指捋起衣服露出胳膊和腿。"现在的书都写作"擐甲"的"擐"。国子博士萧该说："'擐'应当是'揎'，读作'宣'，'擐'是穿着的意思，不是露出手臂的意思。"依据《字林》的内容，萧该的读音是正确的；徐爰读成"患"，是不对的。

《汉书》："田肎贺上[①]。"江南本皆作"宵"字。沛国刘显②,博览经籍,偏精班《汉》③,梁代谓之"《汉》圣"。显子臻④,不坠家业。读班史,呼为"田肎"。梁元帝尝问之,答曰:"此无义可求,但臣家旧本,以雌黄改'宵'为'肎'⑤。"元帝无以难之。吾至江北,见本为"肎"。

【注释】

①田肎(kěn)贺上:见《汉书·高帝纪》。肎,"肯"的古字。

②刘显:字嗣芳,沛国相人。博涉多通,著有《汉书音》二卷。

③班《汉》:指班固所著的《汉书》。

④臻:刘臻。刘显之子。

⑤雌黄:用矿物雌黄制成的颜料。古人写字用黄纸,有误,则用雌黄涂抹后改写。亦用于绘画。

【译文】

《汉书》中有:"田肎贺上。"江南地区的版本都把"肎"写作"宵"字。沛国人刘显,博览经书典籍,尤其精通班固的《汉书》,梁朝人称他为"《汉》圣"。刘显的儿子刘臻,继承了家传的学业。他读班固的《汉书》时,读成"田肎"。梁元帝曾经问他为什么这样读,他回答说:"这没有什么意义可探究,只是我家的旧抄本中,用雌黄把'宵'字改成了'肎'字。"梁元帝也没法诘难他。我到了江北地区后,知道这个字本就是写作"肎"。

《汉书·王莽赞》云:"紫色蛙声,余分闰位①。"盖谓非玄黄之色②,不中律吕之音也③。近有学士,名问甚高,遂云:"王莽非直鸢髆虎视④,而复紫色蛙声。"亦为误矣。

【注释】

①闰位:非正统的帝位。

②玄黄：黑色和黄色，是正色。

③律吕：古代校正乐律的器具。比喻准则、标准。

④髆(bó)：胳膊。虎视：像老虎那样雄视，有伺机攫取之意。

【译文】

《汉书·王莽赞》中说："紫色蛙声，余分闰位。"意思是说紫色不是玄黄正色，蛙声不合声律标准。近来有位学者，名望很高，竟然说："王莽不仅像鸢鸟那样双肩高耸，像老虎那样雄视四方，而且还有着紫色的皮肤和蛙鸣一样的声音。"这也是弄错了。

简"策"字，"竹"下施"朿"，末代隶书[①]，似杞、宋之"宋"[②]，亦有"竹"下遂为"夹"者，犹如"刺"字之傍应为"朿"，今亦作"夹"。徐仙民《春秋》、《礼音》，遂以"筴"为正字[③]，以"策"为音，殊为颠倒。《史记》又作"悉"字，误而为"述"，作"妬"字[④]，误而为"姤"[⑤]，裴、徐、邹皆以"悉"字音"述"[⑥]，以"妬"字音"姤"。既尔，则亦可以"亥"为"豕"字音[⑦]，以"帝"为"虎"字音乎[⑧]？

【注释】

①末代：末世，指一个朝代衰亡的时期。这里是指秦末。

②杞、宋：都是古国名。杞为夏之后，宋为商之后，是以并称。

③正字：字形或拼法符合标准的字。区别于异体字、错字、别字等，亦指本字。

④妬(dù)：同"妒"。

⑤姤(gòu)：《易》卦名。六十四卦之一。《易·姤》："姤，女壮，勿用取女。彖曰：'姤，遇也。'"孔颖达疏："此卦一柔而遇五刚，故名为姤。"《易·姤》："象曰：天下有风，姤。"

⑥裴、徐、邹：指南朝宋人裴骃、徐广、梁人邹诞生。《隋书·经籍志》："《史记》八十卷，宋南中郎外兵参军裴骃注。《史记音义》十二卷，宋中散大夫徐野民撰。《史记音》三卷，梁轻车录事参军邹诞生撰。"

⑦以"亥"为"豕"字音：《孔子家语·七十二弟子解》："卜商，卫人。无以尚之。尝返卫，见读史志者云：'晋师伐秦，三豕渡河。'子夏曰：'非也，"己亥"耳。'读史志者问诸晋史，果曰：'己亥'。于是卫以子夏为圣。"

⑧以"帝"为"虎"字音：《抱朴子·遐览》："谚曰，书三写，鱼成鲁，帝成虎，此之谓也。"

【译文】

简策的"策"字，是在"竹"下面加"朿"字，秦末的隶书中，这个字的字形类似杞、宋的"宋"字，也有在"竹"字下面写成"夹"的，就好像"刺"字的偏旁应该是"朿"，现在也写成"夹"。徐仙民注的《春秋》和《礼记音》中，竟以"笑"字为本字，把"策"作为读音，实在是本末倒置。《史记》中写"悉"字，错写成"述"，写"妒"字，错写成"姤"。裴骃、徐广、邹诞生在为《史记》作注时，都把"悉"注音作"述"，把"妒"注音作"姤"。既然这样的话，那可以用"亥"为"豕"字注音，用"帝"为"虎"字注音吗？

张揖云①："虚②，今伏羲氏也③。"孟康《汉书·古文注》亦云④："虚，今伏。"而皇甫谧云⑤："伏羲或谓之宓羲。"按诸经史纬候⑥，遂无"宓羲"之号。"虚"字从"虍"⑦，"宓"字从"宀"⑧，下俱为"必"，末世传写，遂误以"虚"为"宓"，而《帝王世纪》因误更立名耳。何以验之？孔子弟子虚子贱为单父宰⑨，即虚羲之后，俗字亦为"宓"⑩，或复加"山"。今兖州永昌郡城，旧单父地也，东门有子贱碑，汉世所立，乃曰："济南

伏生^⑪，即子贱之后。"是"虙"之与"伏"，古来通字，误以为
"宓"，较可知矣。

【注释】

①张揖：字稚让，清河人，一云河间人，魏太中博士。著有《广雅》四
　　卷，《埤苍》三卷，《三苍训诂》三卷，《杂字》一卷，《古文字训》三卷。

②虙(fú)：通"伏"，姓。

③伏羲：古代传说中的三皇之一。风姓。相传其始画八卦，又教民
　　渔猎，取牺牲以供庖厨，因称庖牺。

④孟康：字公休，三国时魏安平人，曾注《汉书》。

⑤皇甫谧：字士安，幼名静，西晋安定朝那人，工诗赋，曾撰《帝王世
　　纪》、《年历》、《高士传》、《逸士传》、《列女传》、《玄晏春秋》等书。

⑥纬候：纬书与《尚书中候》的合称。亦为纬书的通称。

⑦虍(hū)：部首的一种，意思是虎皮上的花纹。

⑧宀(mián)：部首的一种，意思是房屋。《说文·宀部》："宀，交覆
　　深屋也。象形。"

⑨虙子贱：即孔子的学生宓不齐。字子贱，少于孔子三十岁，孔子
　　曾经称许他为君子。他曾为单父的地方官，政绩卓著。事见《史
　　记·仲尼弟子列传》。单(shàn)父：春秋时期鲁国的邑名。故址
　　在今山东单县南。

⑩俗字：即俗体字。旧时指通俗流行而字形不合规范的汉字，别于
　　正体字而言。

⑪伏生：汉时济南人，名胜，或云字子贱。原秦博士，治《尚书》。始
　　皇焚书，伏生以书藏壁中。汉兴后，求其书已散佚，仅得二十九
　　篇，以教于齐鲁间。汉文帝即位后，闻其能治《尚书》，欲召之。
　　然伏生年已九十余，老不能行，乃诏太常使掌故晁错往受之。西
　　汉《尚书》学者，皆出其门下。相传所撰有《尚书·大传》三卷，学

者怀疑是后学杂录所闻而成。事见《汉书·儒林传》。

【译文】

　　张揖说："虙，就是现在说的伏羲氏。"孟康的《汉书·古文注》也说："虙，就是现在的伏字。"而皇甫谧说："伏羲也称作宓羲。"考证各种经书和典籍记载，都没有"宓羲"的名号。"虙"字属于"虍"部，"宓"字属于"宀"部，两个字的下半部分都是"必"字，后世传抄誊写时，错把"虙"字写成"宓"，而皇甫谧的《帝王世纪》就因此错误地给伏羲氏另立了名号。怎样可以验证这一说法呢？孔子的学生虙子贱曾经做单父地区的地方官，是虙羲的后人，他的姓的俗体字也写作"宓"，或者再加个"山"字。现在的兖州永昌郡城，就是过去的单父地区，郡城的东门有子贱碑，是汉代所立，碑文说："济南的伏生，就是子贱的后人。"由此可知"虙"字和"伏"字，自古以来就是通用的字，伏羲氏的"伏"被错作为"宓"的原因，就清楚可知了。

　　《太史公记》曰："宁为鸡口，无为牛后①。"此是删《战国策》耳。案：延笃《战国策音义》曰②："尸，鸡中之王。从，牛子。"然则，"口"当为"尸"，"后"当为"从"，俗写误也。

【注释】

①《太史公记》三句：《太史公记》，即《史记》，汉、魏、南北朝人，称司马迁《史记》为《太史公记》。引文见《史记·苏秦列传》，意思是宁居小者之首，不为大者之后。

②延笃：字叔坚，南阳犨人也，曾经从马融受业，博通经传及百家之言，能著文章，当时甚有名气。《隋书·经籍志》载其撰有《战国策论》一卷。其人见《后汉书·吴延史卢赵列传》。

【译文】

　　《太史公记》中说："宁为鸡口，无为牛后。"这句话是删减了《战国策》中的文字而得来的。据考证：延笃的《战国策音义》中说："尸，是鸡中的主宰。从，是牛犊。"那么，《太史公记》中的"口"应该是"尸"字，"后"应当是"从"字，一般人都写错了。

　　应劭《风俗通》云①："《太史公记》：'高渐离变名易姓②，为人庸保③，匿作于宋子④，久之作苦，闻其家堂上有客击筑，伎痒⑤，不能无出言。'"案：伎痒者，怀其伎而腹痒也。是以潘岳《射雉赋》亦云："徒心烦而伎痒。"今《史记》并作"徘徊"，或作"彷徨不能无出言"，是为俗传写误耳。

【注释】

①应劭(shào)：字仲远，汉代汝南南顿人，曾为太山太守。《隋书·经籍志》载其撰有《风俗通义》三十一卷。

②高渐离：战国时期燕国人。擅长击筑，与荆轲相友善，曾经在易水击筑为荆轲送行。秦统一天下之后，他变换姓名，隐居于宋子，终因伎痒难耐而显露身份。秦始皇因为爱惜他的音乐才能，赦免了他的死罪，只熏瞎了他的眼睛，使他击筑为乐。秦始皇放松了对他的警惕之后，他利用机会将铅块藏在乐器中，扑击秦始皇，结果击而不中，被秦始皇诛杀。事见《史记·刺客列传》。

③庸保：受雇充任杂役的人。

④宋子：县名。在河北钜鹿。

⑤伎(jì)痒：指人有所擅长，遇有机会即欲表现，如痒难忍。

【译文】

　　应劭的《风俗通义》中说："《太史公记》里写道：'高渐离更名改姓，给人家做杂役，隐姓埋名在宋子县，日子久了感到很劳苦，听到主人家的堂上有人在击筑，无法克制自己展示技能，心痒难耐，不能一言不发。'"据考证：伎痒，是指人身怀某种技能因不能展示而心痒难耐。因此潘岳的《射雉赋》里也说："徒心烦而伎痒。"现在的《史记》中都写作"徘徊"，或者是"彷徨不能无出言"，这是人们传抄誊写造成的错误。

太史公论英布曰①："祸之兴自爱姬，生于妒媢②，以至灭国。"又《汉书·外戚传》亦云："成结宠妾妒媢之诛③。"此二"媢"并当作"媢"④，媢亦妒也，义见《礼记》、《三苍》⑤。且《五宗世家》亦云："常山宪王后妒媢⑥。"王充《论衡》云⑦："妒夫媢妇生，则忿怒斗讼。"益知"媢"是"妒"之别名。原英布之诛为意贲赫耳⑧，不得言"媢"。

【注释】

①英布：汉六（即今六安）人。曾犯法被黥面，故又称黥布。秦末率骊山刑徒起事，归附项羽，封九江王，奉项羽的命令追杀义帝于郴县。楚汉相争时，随何说服他归附汉军，封淮南王，从刘邦击灭项羽于垓下。高祖十一年，韩信、彭越被杀，英布起兵造反，被汉高祖击败后，为长沙王诱杀。事见《史记·黥布列传》。

②媢：逢迎取悦。

③成结：形成，酿成。

④媢（mào）：嫉妒。

⑤《三苍》：古代三部字书的合称。汉初，合李斯《仓颉篇》、赵高《爰历篇》和胡毋敬《博学篇》为一书，称《三苍》，亦统称《仓颉篇》，凡三千三百字。魏晋时，又以李斯《仓颉篇》为上卷，扬雄《训纂篇》为中卷，贾鲂《滂喜篇》为下卷，合为一部，亦称《三苍》。《隋书·经籍志》载："秦相李斯作《苍颉篇》，汉扬雄作《训纂篇》，后汉郎中贾鲂作《滂喜篇》，故曰《三苍》。"

⑥常山宪王：即刘舜。汉景帝之子，立为常山王，卒谥号为"宪"。

⑦王充：字仲任，会稽上虞人，东汉著名学者，著有《论衡》三十卷。事见《后汉书·王充王符仲长统列传》。

⑧贲（fén）赫：汉人。初为淮南王中大夫，后因揭发英布谋反之事而被封为将军。

【译文】

太史公司马迁在评论英布时说："灾祸因他的爱姬而兴起，根源于妒媚之心，导致邦国破灭。"另外，《汉书·外戚传》中也说："杀身之祸是由宠妾妒媚酿成的。"这两处的"媚"字都应该是"媢"字，媢就是嫉妒的意思，它的释义参见《礼记》和《三苍》。而且《五宗世家》也说："常山宪王的王后为人妒媢。"王充的《论衡》中说："有妒夫媢妇出现，就会互相愤恨恼怒产生争斗诉讼。"更加可以知道"媢"就是"妒"的别名。推究《史记》之中英布被杀的原因，应是意指贲赫，不能说是"媚"。

《史记·始皇本纪》："二十八年，丞相隗林、丞相王绾等①，议于海上②。"诸本皆作"山林"之"林"。开皇二年五月③，长安民掘得秦时铁称权④，旁有铜涂镌铭二所⑤。其一所曰："廿六年，皇帝尽并兼天下诸侯，黔首大安，立号为皇帝，乃诏丞相状、绾，法度量则不壹、歉疑者⑥，皆明壹之。"凡四十字。其一所曰："元年，制诏丞相斯、去疾，法度量，尽始皇帝为之，皆□刻辞焉。今袭号而刻辞不称始皇帝，其于久远也，如后嗣为之者，不称成功盛德，刻此诏□左⑦，使毋疑。"凡五十八字，一字磨灭，见有五十七字，了了分明⑧。其书兼为古隶。余被敕写读之⑨，与内史令李德林对⑩，见此称权，今在官库；其"丞相状"字，乃为"状貌"之"状"，"爿"旁作"犬"；则知俗作"隗林"，非也，当为"隗状"耳。

【注释】

①隗(wěi)林：秦朝丞相。

②海上：指东海之滨。

③开皇：隋文帝年号。开皇二年即公元582年。

④铁称权：即铁制秤锤。

⑤涂(dù)：以金饰物。后作"镀"。镌(juān)：凿，雕刻。

⑥法：通"废"，废弃。度量：用以计量长短和容积的标准。则：标准权衡器。

⑦左：通"佐"。

⑧了了：明白；清楚。

⑨敕：委任。写：描摹缮写。读(dòu)：语句中的停顿。古代诵读文章，分句和读，短的停顿叫读，稍长的停顿叫句。后亦把"读"写成"逗"，这里应该是标点、点断的意思。

⑩对：核对，校对。

【译文】

《史记·秦始皇本纪》中记载："二十八年，丞相隗林、丞相王绾等人，在东海之滨议事。"所有的版本都写作"山林"的"林"。隋文帝开皇二年(582)五月，长安地区的百姓挖到秦朝的铁秤锤，铁秤锤的边侧有两处镀铜的铭刻。其中一处刻着："廿六年，皇帝尽并兼天下诸侯，黔首大安，立号为皇帝，乃诏丞相状、绾，法度量则不壹、歉疑者，皆明壹之。"原文共四十个字。另一处说："元年，制诏丞相斯、去疾，法度量，尽始皇帝为之，皆□刻辞焉。今袭号而刻辞不称始皇帝，其于久远也，如后嗣为之者，不称成功盛德，刻此诏□左，使毋疑。"一共五十八个字，其中一个字磨损消失了，能看见的有五十七个字，都可以清楚辨明。铭文的字体都是古隶书。我被委派抄写、点断这些铭文，与内史李德林相校对，见到了这个秤锤，它现在保存在官库里；它上面的"丞相状"几个字，就是"状貌"的"状"，在"爿"字旁加"犬"字；由此可知世人写作"隗林"是错误的,应当是"隗状"。

《汉书》云:"中外禔福①。"字当从"示"。禔,安也,音"匙
匕"之"匙",义见《苍》、《雅》、《方言》②。河北学士皆云如此。
而江南书本,多误从"手"③,属文者对耦④,并为"提挈"之
意⑤,恐为误也。

【注释】

①禔(zhī)福:安宁幸福。引文见《汉书·司马相如传》:"遐迩一体,
中外禔福,不亦康乎?"

②《方言》:全名《輶轩使者绝代语释别国方言》。原书十五卷,《隋
书·经籍志》以后定为十三卷,作者是汉代扬雄。该书仿《尔雅》
体例,汇集古今各地同义词语,分别注明通行范围,取材或来自
古籍,或为直接调查所得,由此可以考察汉代语言的分布状况,
为研究我国古代词汇的重要材料。

③从:聚合,归属。

④对耦:即对偶。是一种修辞格,用对称的字句加强语言的表达
效果。

⑤提挈(qiè):提携,牵扶。

【译文】

《汉书》中说:"中外禔福。""禔"字应当从"示"部。禔,是安宁的意
思,读作"匙匕"的"匙",释义参见《苍颉篇》、《尔雅》、《方言》。黄河以北
地区的学者都认为是这样。然而,江南地区的抄本,都把"禔"字错写成
从"手"部的字,写文章的人为了对偶,都把它理解为"提挈"的意思,这
恐怕是搞错了。

或问：“《汉书注》：'为元后父名禁①，故禁中为省中。'何故以'省'代'禁'？"答曰："案：《周礼·宫正》：'掌王宫之戒令纠禁。'郑注云：'纠，犹割也，察也②。'李登云③：'省，察也。'张揖云：'省，今省督也④。'然则小井、所领二反，并得训'察'。其处既常有禁卫省察，故以'省'代'禁'。督，古察字也。"

【注释】

①元后：指汉元帝皇后。她父亲名叫翁禁。

②纠（jiū）：同"纠"，督察，督责。

③李登：三国时期魏人，著有《声类》十卷，是我国最早的一部韵书。

④督（chá）："察"的古字。

【译文】

有人问："《汉书注》记载：'因为汉元帝皇后的父亲名叫'禁'，所以将禁中改称为省中。'为什么用'省'字代替'禁'呢？"回答说："据考证：《周礼·宫正》记载：'掌管王宫的禁令，负责纠察禁绝之事。'郑玄的注释说：'纠，相当于割、察之意。'李登说：'省，就是察。'张揖说：'省，就是如今的省督。'这样的话，那么小井反和所领反两种读音所代表的意义，都要解释称'察'。那里王宫既然总有禁卫军负责省察之事，所以用'省'来代替'禁'字。督，是古代的察字。"

《汉·明帝纪》："为四姓小侯立学①。"按：桓帝加元服②，又赐四姓及梁、邓小侯帛，是知皆外戚也。明帝时③，外戚有樊氏、郭氏、阴氏、马氏为四姓。谓之小侯者，或以年小获封，故须立学耳。或以侍祠猥朝④，侯非列侯，故曰小侯，《礼》云："庶方小侯⑤。"则其义也。

【注释】

①四姓：四个名门贵族姓氏的合称。指下文提到的东汉明帝时外戚樊、郭、阴、马四姓。见《后汉书·明帝纪》李贤注。小侯：旧时称功臣子孙或外戚子弟之封侯者，以其非列侯，故称小侯。

②桓帝：指汉桓帝刘志。元服：指冠。古称行冠礼为加元服。《仪礼·士冠礼》："令月吉日，始加元服。"

③明帝：指汉明帝刘庄。

④侍祠：陪从祭祀。此处指侍祠侯，汉代，王子封为侯者称诸侯；群臣异姓以功封者称彻侯。在长安者，皆奉朝请。其有赐特进者，位在三公下，称朝侯。位次九卿下者，只是陪从祭祀而没有朝位，称侍祠侯。猥（wěi）朝：即猥朝侯。汉代异姓侯的一种，不是朝侯也不是侍祠侯，而是被分封了偏远小国的皇室至亲，若公主子孙，有奉先侯坟墓在京师的，随时接受皇帝的见会，称猥朝侯。

⑤庶（shù）方小侯：荒远地区的方国小侯。语出《礼记·曲礼下》："庶方小侯入天子之国，曰某人，于外曰子，自称曰孤。"

【译文】

《后汉书·明帝纪》记载："为四姓小侯立学。"据考证：汉桓帝行冠礼时，又赏赐给四姓和梁、邓小侯等人束帛，由此可以知道这些人都是外戚。汉明帝时，外戚中的樊氏、郭氏、阴氏、马氏被称为四姓。《后汉书》中称他们为小侯，可能是因为年纪很小就获得封号，因此须为其设立学校；也可能是因为他们都是侍祠侯或猥朝侯，虽然是侯但并不是上等侯，所以称小侯。《礼记》中说的"荒远地区的方国小侯"，就是这个意思。

《后汉书》云："鹳雀衔三鳝鱼①。"多假借为"鳣鲔"之"鳣"②；俗之学士，因谓之为"鳣鱼"。案：魏武《四时食制》："鳣鱼大如五斗奁③，长一丈。"郭璞注《尔雅》："鳣长二三丈。"安有鹳雀能胜一者,况三乎? 鳣又纯灰色,无文章也^④。鳝鱼长者不过三尺,大者不过三指,黄地黑文;故都讲云:"蛇鳝,卿大夫服之象也^⑤。"《续汉书》及《搜神记》亦说此事^⑥,皆作"鳝"字。孙卿云:"鱼鳖鳅鳣。"及《韩非》、《说苑》皆曰:"鳣似蛇,蚕似蠋^⑦。"并作"鳣"字。假"鳣"为"鳝",其来久矣。

【注释】

①鹳(guàn)雀:即鹳。一种水鸟。

②鳣(zhān):即鲟鳇鱼。鲔(wěi):鲟鱼和鳇鱼的古称。《诗·周颂·潜》:"有鳣有鲔,鲦鲿鰋鲤。"

③奁(lián):指盒匣一类的盛物器具。

④文章:错杂的色彩或花纹。

⑤"故都讲云"三句:都讲,古代学舍中协助博士讲经的儒生。事见《后汉书·杨震列传》:"客居于湖,不荅州郡礼命数十年,众人谓之晚暮,而震志愈笃。后有冠雀衔三鳣鱼,飞集讲堂前,都讲取鱼进曰:'蛇鳣者,卿大夫服之象也。数三者,法三台也。先生自此升矣。'年五十,乃始仕州郡。"

⑥《续汉书》:晋司马彪撰,共八十三卷。《搜神记》:晋干宝撰,共三十卷,收集了大量民间传闻及鬼神灵异之事。

⑦蠋(zhú):鳞翅目昆虫的幼虫。色青,形似蚕,大如手指。《诗·豳风·东山》:"蜎蜎者蠋,烝在桑野。"

【译文】

《后汉书》中说:"鹳雀衔三鳝鱼。""鳝"字常常假借为"鳣鲔"的"鳣"字;世间的学者,因此就认为《后汉书》中说的是"鳣鱼"。据考证:魏武的《四时食制》里说:"鳣鱼像能盛五斗的盒子那样大,身长一丈。"郭璞注的《尔雅》中说:"鳣鱼长达二三丈。"哪有鹳鸟能衔住一条这样的大鱼,何况还是三条呢? 鳣鱼又是纯灰色的,没有花纹。鳝鱼长的也不超过三尺,大的也没有三指宽,鱼身是黄的,上面有黑色的花纹,所以《后汉书》中的都讲说:"蛇鳝,是卿大夫官服上的装饰图像。"《续汉书》和《搜神记》中也说到这件事,两本书中都写作"鳝"字。荀子说:"鱼鳖鳅鳣。"《韩非子》、《说苑》都说:"鳣形状像蛇,蚕的形状像蠋。"都写作"鳣"字。假借"鳣"为"鳝"字,这种用法由来已经很久了。

《后汉书》:"酷吏樊晔为天水郡守①,凉州为之歌曰:'宁见乳虎穴,不入冀府寺②。'"而江南书本"穴"皆误作"六"。学士因循,迷而不寤。夫虎豹穴居,事之较者③;所以班超云:"不探虎穴,安得虎子?"宁当论其六七耶?

【注释】

①酷吏:指滥用刑法残害人民的官吏。《史记·酷吏列传》:"高后时,酷吏独有侯封,刻轹宗室,侵辱功臣。"

②乳虎:育子的母虎。这时候的老虎非常凶暴。冀府寺:即天水太守官署。

③较:明显,显著。

【译文】

《后汉书》记载:"酷吏樊晔做天水郡太守时,凉州人给他编了首歌谣说:'宁见乳虎穴,不入冀府寺。'"江南地区的版本,都将"穴"字误写成"六"字。学者沿袭了这个错误,受到迷惑而没觉察。虎豹住在洞穴之中,这是很明显的事情,所以班超说:"不探虎穴,安得虎子?"怎么能去计量乳虎是六个还是七个呢?

《后汉书·杨由传》云①:"风吹削肺。"此是削札牍之柿耳②。古者,书误则削之,故《左传》云"削而投之"是也。或即谓"札"为"削",王褒《童约》曰:"书削代牍。"苏竟书云③:"昔以摩研编削之才。"皆其证也。《诗》云:"伐木浒浒④。"毛《传》云:"浒浒,柿貌也。"史家假借为"肝肺"字,俗本因是悉作"脯腊"之"脯",或为"反哺"之"哺"。学士因解云:"削哺,是屏障之名⑤。"既无证据,亦为妄矣! 此是风角占候耳⑥。《风角书》曰:"庶人风者,拂地扬尘转削⑦。"若是屏障,何由可转也?

【注释】

①杨由:字哀侯,成都人。

②札牍(dú):札与牍都是古代书写用的小木片,因借指簿册。柿(fèi):削下的木片、木皮。

③苏竟:字伯况,东汉扶风平陵人。

④浒浒:伐木声。

⑤屏障:屏风。泛指遮蔽、阻挡之物。

⑥风角:古代的一种占卜方法,以五音占四方之风而定吉凶。占候:指根据天象变化预测自然界的灾异和天气变化。

⑦"庶人风"二句:语出战国楚宋玉《风赋》。庶人风,指卑恶的风。转削,吹动木屑。

【译文】

《后汉书·杨由传》说:"风吹削肺。"这里的"肺"是指削札牍时落下的小木片。古时候,写错了字就用刀将它削掉,所以《左传》中的"削而投之",说的就是这个。有人认为"札"就是"削",王褒的《童约》中说:"书削代牍。"苏竟写道:"昔以摩研编削之才。"都是证明"札"就是"削"

的依据。《诗经》中说:"伐木浒浒。"毛《诗传》说:"浒浒,削下木片的样子。"史家将"柿"字假借成肝肺的"肺"字,世间流行的版本因此就都写成"脯腊"的"脯"字,或是"反哺"的"哺"字。学者因而解释说:"削哺,是屏风的名称。"这种解释既没有依据,也很无知。原文指的是利用风角占验吉凶。《风角书》中说:"恶劣的风,吹过地面扬起尘土,吹动碎木屑。"如果削肺是屏风的话,怎么能被吹动呢?

　　《三辅决录》云①:"前队大夫范仲公②,盐豉蒜果共一筒。""果"当作"魏颗"之"颗"③。北土通呼物一块,改为一颗,"蒜颗"是俗间常语耳。故陈思王《鹞雀赋》曰:"头如果蒜,目似擘椒④。"又《道经》云⑤:"合口诵经声璅璅⑥,眼中泪出珠子磲⑦。"其字虽异,其音与义颇同。江南但呼为"蒜符",不知谓为"颗"。学士相承,读为"裹结"之"裹",言盐与蒜共一苞裹,内筒中耳。《正史削繁音义》又音"蒜颗"为苦戈反⑧,皆失也。

【注释】

①《三辅决录》:《隋书·经籍志》:"《三辅决录》七卷,汉太仆赵岐撰,挚虞注。"

②前队(suì)大夫:南阳郡太守。王莽时期改南阳郡为前队。

③魏颗:春秋时期晋国大臣。

④擘(bò):分开,剖裂。

⑤《道经》:指《老子化胡经》。下文所引二句见该书。

⑥璅璅(suǒ):形容声音细碎。

⑦磲(kē):同"颗",颗粒。

⑧《正史削繁音义》:《隋书·经籍志》:"《正史削繁》九十四卷,阮孝

绪撰。”

【译文】

《三辅决录》中说:"前队大夫范仲公,盐豉蒜果共一筒。"这里的"果"应当是"魏颗"的"颗"字。北方地区都把一块物体说成一颗,"蒜颗"是民间的常用语。所以陈思王曹植的《鹞雀赋》中说:"头如果蒜,目似擘椒。"再者《道经》中说:"合口诵经声璅璅,眼中泪出珠子碨。""果"、"颗"、"碨"这几个字的字形虽然不同,但它们的读音和意义却大致相同。江南地区都说"蒜符",不知道称为"颗"。读书人前后沿袭,把"果"读成"裹结"的"裹",解释成把盐和蒜放在同一个包裹里,装进筒里。《正史削繁音义》又给"蒜颗"的"颗"注音为苦戈反,都错了。

有人访吾曰:"《魏志》蒋济上书云'弊刬之民'[①],是何字也?"余应之曰:"意为'刬'即是'皴倦'之'皴'耳[②]。张揖、吕忱并云:'支傍作刀剑之刀,亦是剞字[③]。'不知蒋氏自造'支'傍作'筋力'之'力',或借'剞'字,终当音九伪反。"

【注释】

①蒋济:字子通,三国时期魏人,魏明帝时为护军将军,曾多次上书反对大修宫室。刬(guì):困疲。事见《三国志·魏书·蒋济传》:"今其所急,唯当息耗百姓,不至甚弊。弊刬之民,傥有水旱,百万之众,不为国用。"

②皴(guì):疲弊。

③剞(jī):刻镂的刀具。

【译文】

有人询问我说:"《魏志》里记载蒋济给朝廷上书说'弊刬之民','刬'是什么字呀?"我回答说:"我想'刬'就是'皴倦'的'皴'字。张揖和吕忱都说：'支字旁加上刀剑的刀，也是'剈'字。'不知道蒋济是自己造了这个'支'字旁加'筋力'的'力'组成的'𠡠'字，还是假借了'剈'字，不论是哪种情况，这个字终究都应当读成九伪反。"

《晋中兴书》①："太山羊曼②，常颓纵任侠，饮酒诞节③，兖州号为'𩐈伯'④。"此字皆无音训⑤。梁孝元帝常谓吾曰："由来不识。唯张简宪见教⑥，呼为'噎羹'之'噎'⑦。自尔便遵承之，亦不知所出。"简宪是湘州刺史张缵谥也，江南号为硕学。案：法盛世代殊近，当是耆老相传⑧；俗间又有"𩐈𩐈"语，盖无所不施，无所不容之意也。顾野王《玉篇》误为"黑"傍"沓"⑨。顾虽博物，犹出简宪、孝元之下，而二人皆云重边。吾所见数本，并无作"黑"者。"重沓"是多饶积厚之意，从"黑"更无义旨。

【注释】

①《晋中兴书》：南朝宋何法盛撰。全书共七十八卷，记录年代起自东晋。

②太山：即泰山。羊曼：字祖延，晋代人，为人放诞，不拘礼法。

③诞节：放纵不拘。

④𩐈(tà)伯：放纵豁达的人。晋人特指羊曼。

⑤音训：对古籍中的字词注音释义。

⑥张简宪：即张缵。字伯绪，谥简宪。

⑦噎(tà)羹：指吃羹的时候不加咀嚼而连菜吞下。

⑧耆(qí)老：老年人。耆，古称六十岁曰耆，亦泛指寿考。

⑨顾野王：南朝陈人。精通经史，著有《玉篇》三十卷。

【译文】

《晋中兴书》说:"泰山人羊曼,平常为人志气消沉,行为放纵,喜好饮酒,不拘礼节,兖州人称他为'鼃伯'。""鼃"这个字没有注音也没有注释。梁孝元帝曾经对我说:"我向来不认识这个字。只有张简宪曾经教过我,说这个字应读成'噎羹'的'噎'。从那之后我就遵从这个读音,但还是不知道这个说法是怎么来的。"张简宪是湘州刺史张缵的谥号,江南地区的人都称他为大学问家。据考证:《晋中兴书》的作者何法盛生活的年代距离当时年代很近,很多事应该是听年纪大的老人说的;况且民间又有"鼃鼃"这个词,大概是没什么不能给予,没什么不能容纳的意思。顾野王的《玉篇》错把这个字写成"黑"字旁加"沓"字。顾野王虽然博学多识,但还是在张缵和孝元帝的见识之下,而他们两个人都说这个字应该是"重"字旁。我所见的各种版本,都没有把这个字写成"黑"字旁的。"重沓"是充裕丰足储备丰厚的意思,要是从"黑"部反而没有意义了。

《古乐府》歌词,先述三子,次及三妇,妇是对舅姑之称。其末章云:"丈人且安坐,调弦未遽央①。"古者,子妇供事舅姑,旦夕在侧,与儿女无异,故有此言。"丈人"亦长老之目,今世俗犹呼其祖考为先亡丈人。又疑"丈"当作"大",北间风俗,妇呼舅为"大人公"。"丈"之与"大",易为误耳。近代文士,颇作《三妇诗》,乃为匹嫡并耦己之群妻之意②,又加郑、卫之辞,大雅君子,何其谬乎?

【注释】

①遽(jù):匆忙。所引《古乐府》歌词当为《相逢行》:"相逢狭路间,道隘不容车。不知何年少,夹毂问君家。君家诚易知,易知复难

忘。黄金为君门,白玉为君堂。堂上置樽酒,作使邯郸倡。中庭
生桂树,华灯何煌煌。兄弟两三人,中子为侍郎。五日一来归,
道上自生光。黄金络马头,观者盈道傍。入门时左顾,但见双鸳
鸯。鸳鸯七十二,罗列自成行。音声何雍雍,鹤鸣东西厢。大妇
织绮罗,中妇织流黄。小妇无所为,挟瑟上高堂。丈人且安坐,
调丝方未央。"

②匹嫡:缔结婚姻。

【译文】

《古乐府》歌词中,先叙述三个儿子,接着叙述三个儿媳妇,妇是相
对于公婆而言的称呼。歌词的最后一段说:"丈人且安坐,调弦未遽
央。"古时候,儿媳妇侍奉公婆,早晚都陪在他们身边,和儿女没什么区
别,所以才有诗里这种话。"丈人"也是对老年人的称呼,现如今民间百
姓还称他们死去的祖父为"先亡丈人"。又怀疑"丈"字应该是"大"字,
北方地区的风俗,儿媳妇称公公为"大人公"。"丈"字与"大"字,很容易
弄错。近代的文人写了很多《三妇诗》,但都是把妇作为缔结婚姻并匹
配自己的众多妻子的意思,又在诗中用了很多淫词艳语,那些高尚雅正
的君子,怎么错到这样地步呢?

《古乐府》歌百里奚词曰①:"百里奚,五羊皮。忆别时,
烹伏雌②,吹扊扅③;今日富贵忘我为!""吹"当作"炊煮"之
"炊"。案:蔡邕《月令章句》曰:"键,关牡也,所以止扉④,或
谓之剡移。"然则当时贫困,并以门牡木作薪炊耳。《声类》
作"扊",又或作"启"⑤。

【注释】

①百里奚:春秋时期的贤相。本为虞国大夫,晋灭虞时被俘,为秦

穆公夫人陪嫁之臣,后出逃至宛,被楚人抓获。秦穆公听说他很
贤能,于是用五张羊皮将他赎了回来。

②伏雌:指母鸡。

③扊扅(yǎn yí):门闩。

④扉:门扇。

⑤扂(diàn):门闩。

【译文】

《古乐府》中歌唱百里奚的词说:"百里奚,五羊皮。忆别时,烹伏
雌,吹扊扅;今日富贵忘我为!""吹"应当是"炊煮"的"炊"字。据考证:
蔡邕的《月令章句》里说:"键,就是门闩,是用来闩门的,也把它叫做剡
移。"那么,这就是说百里奚那时候生活贫苦困难,甚至把门闩当柴烧。
《声类》把这个字写作"扊",又间或写成"扂"。

《通俗文》,世间题云"河南服虔字子慎造"①。虔既是汉
人,其叙乃引苏林、张揖;苏、张皆是魏人。且郑玄以前,全
不解反语②,《通俗》反音,甚会近俗③。阮孝绪又云"李虔所
造"④。河北此书,家藏一本,遂无作李虔者。《晋中经簿》及
《七志》,并无其目,竟不得知谁制。然其文义允惬⑤,实是高
才。殷仲堪《常用字训》⑥,亦引服虔《俗说》,今复无此书,未
知即是《通俗文》,为当有异? 近代或更有服虔乎? 不能
明也。

【注释】

①服虔:字子慎,初名重,又名只,后改为虔,东汉河南荥阳人也。
著有《春秋左氏传解》等书。

②反语:即反切,是古代的一种注音方法。

③会：符合，相合。

④阮孝绪：字士宗，南朝梁人，著有《七录削繁》。

⑤允惬：妥帖，适当。

⑥殷仲堪：东晋陈郡人，曾任荆州刺史，著有《常用字训》一卷，已
　亡佚。

【译文】

《通俗文》这本书，世间都标作"河南服虔字子慎造"。服虔是汉朝人，《通俗文》的《叙》却引用了苏林、张揖等人的话；苏林和张揖都是三国时期魏朝人。况且在郑玄所处的时代之前的人们，根本不懂反切，《通俗文》中的反切注音十分符合近世的注音习惯。阮孝绪又说是"李虔所著"。北方地区抄录的这本书，我家就收藏了一本，根本没有写成李虔的。《晋中经簿》以及《七志》中，都没有关于这本书的条目，竟然没法知道是谁写了这本书。然而这本书的文辞妥帖恰当，作者实在是才华高绝之人。殷仲堪的《常用字训》，还引用到服虔的《俗说》，现在也没有这本书了，不知这是否就是《通俗文》，或者还有不同？近代或许另外有个叫服虔的人？真是搞不清楚。

　　或问："《山海经》，夏禹及益所记，而有长沙、零陵、桂阳、诸暨，如此郡县不少，以为何也？"答曰："史之阙文，为日久矣；加复秦人灭学①，董卓焚书②，典籍错乱，非止于此。譬犹《本草》神农所述，而有豫章、朱崖、赵国、常山、奉高、真定、临淄、冯翊等郡县名，出诸药物；《尔雅》周公所作，而云'张仲孝友'③；仲尼修《春秋》，而《经》书孔丘卒④；《世本》左丘明所书⑤，而有燕王喜、汉高祖；《汲冢琐语》⑥，乃载《秦望碑》⑦；《苍颉篇》李斯所造，而云'汉兼天下，海内并厕，豨黥韩覆⑧，畔讨灭残'；《列仙传》刘向所造，而《赞》云'七十四人

出佛经'；《列女传》亦向所造，其子歆又作《颂》⑨，终于赵悼后⑩，而传有更始韩夫人、明德马后及梁夫人嫕⑪。皆由后人所羼⑫，非本文也。"

【注释】

①秦人灭学：指秦始皇"焚书坑儒"之事。

②董卓焚书：指东汉末年董卓作乱时，烧概观阁，焚烧经典之事。

③张仲：西周宣王时人，在周公之后约百余年。孝友：事父母孝顺、对兄弟友爱。《诗经·小雅·六月》："侯谁在矣，张仲孝友。"

④《经》：指左氏经。公羊经止于获麟，左氏经止于孔子卒。

⑤《世本》：书名。《汉书·艺文志·六艺略》载有《世本》十五篇，《司马迁传·赞》也曾提到此书。这本书主要记黄帝以来至春秋时（后人增补至汉）列国诸侯大夫的氏姓、世系、居（都邑）、作（制作）等，书在唐代时已有残缺，至宋末亡佚。

⑥《汲冢琐语》：西晋太康二年，汲郡人不准盗发魏襄王墓，得书数十车，有《琐语》十一篇，记战国时期各国卜梦妖怪相书。

⑦《秦望碑》：指秦始皇东游秦望山时所立的碑。事见《史记·秦始皇本纪》："三十七年（秦始皇）上会稽，祭大禹，望于南海，而立石刻颂秦德。"

⑧豨（xī）：指汉人陈豨。黥（qíng）：黥刑，墨刑。韩：指韩信。

⑨歆：刘歆。字子骏，后改名秀，字颖叔。西汉经学家，与父亲刘向总校群书，父亲死后，刘歆为中垒校尉，继承父业，整理六经群书，编成《七略》。

⑩赵悼后：战国时期赵悼襄王赵偃之后。

⑪更始韩夫人：指汉更始帝刘玄的宠姬韩夫人。明德马后：指东汉光武帝刘秀之后。梁夫人嫕（yì）：汉和帝的姨妹梁嫕。

⑫羼（chàn）：本为群羊杂居，引申为错乱掺杂。

【译文】

有人问道:"《山海经》这本书,是夏禹和伯夷所记录的,而里面却有长沙、零陵、桂阳、诸暨等地名,像这样的郡县名在这本书里提到不少,您认为这是怎么回事呢?"我回答说:"史书的文章残缺不全,这种情况由来已久;再加上秦朝灭绝学术,董卓作乱焚书,导致经书典籍杂乱无序,失去本来面貌,其中的错误不止这些。譬如《本草》这本书本是神农氏所著,而其中却出现了豫章、朱崖、赵国、常山、奉高、真定、临淄、冯翊等郡县名以及它们出产的各种药物;《尔雅》是周公所撰,然而却说西周人'张仲孝敬父母,友爱兄弟';孔子修订了《春秋》,而《春秋左氏传》中却写到了孔子去世;《世本》是春秋时人左丘明所著,而其中却提到战国时期的燕王喜和汉高祖刘邦;战国成书的《汲冢琐语》,竟然还记载了秦始皇出巡天下时所立的石刻碑文;《苍颉篇》是秦人李斯所著,然而书中却说'汉朝兼并天下,四海之内统一,陈豨被黜,韩信覆亡,讨伐叛乱消灭残兵';《列仙传》是西汉人刘向所写,而这本书的《赞》中却说'七十四人出于佛经';《列女传》也是刘向所著,他的儿子刘歆又为这本书写了《颂》的部分,书中的记录截止到战国时期的赵悼后,然而这本书的注本中却有了汉朝更始帝的宠姬韩夫人、光武帝的马皇后以及东汉梁夫人嫕。以上所举的例子都是由后人掺杂到书中的内容,并不是那些书的原文。

或问曰:"《东宫旧事》何以呼'鸱尾'为'祠尾'①?"答曰:"张敞者,吴人,不甚稽古②,随宜记注,逐乡俗讹谬③,造作书字耳。吴人呼'祠祀'为'鸱祀',故以'祠'代'鸱'字;呼'绀'为'禁'④,故以'系'傍作'禁'代'绀'字;呼'盏'为竹简反,故以'木'傍作'展'代'盏'字;呼'镂'字为'霍'字⑤,故以'金'傍作'霍'代'镂'字;又'金'傍作'患'为'镮'字⑥,'木'傍作

‘鬼’为‘魁’字，‘火’傍作‘庶’为‘炙’字，‘既’下作‘毛’为‘髻’字；金花则‘金’傍作‘华’，窗扇则‘木’傍作‘扇’：诸如此类，专辄不少⑦。”

【注释】

①《东宫旧事》：汉张敞所撰，共十卷。

②稽古：考察古事。《书·尧典》：“曰若稽古。帝尧曰放勋。”

③讹谬（miù）：讹误错谬，多指文字、训读方面的。

④绀（gàn）：天青色，深青透红之色。《论语·乡党》：“君子不以绀緅饰。”

⑤镬（huò）：无足鼎。古时用来煮肉及鱼、腊肉的器具。

⑥镮（huán）：环。泛指圆圈形物。

⑦专辄：专断，专擅。

【译文】

有人问道：“《东宫旧事》为什么把‘鸱尾’称为‘祠尾’？”回答说：“《东宫旧事》的作者张敞是吴郡人，不注重考察古事，随意记录史实，顺随民间时俗的讹传误说，伪造文字罢了。吴地的人称‘祠祀’为‘鸱祀’，所以张敞用‘祠’来代替‘鸱’字；把‘绀’读成‘禁’，所以用‘系’字旁加‘禁’来代替‘绀’字；把‘盏’读为竹简反，因此用‘木’字旁加‘展’来代替‘盏’字；把‘镬’字读成‘霍’字，因此用‘金’字旁加‘霍’字来代替‘镬’字；又在‘金’字旁加‘患’造‘镮’字，在‘木’字旁加‘鬼’作为‘魁’字，在‘火’字旁加‘庶’作‘炙’字，在‘既’字下面加‘毛’当作‘髻’字；金花则在‘金’字旁加‘华’字，窗扇的‘扇’字则是在‘木’旁加‘扇’：像这样的例子，主观专断的成分很大。”

又问：“《东宫旧事》‘六色罽緤’①，是何等物？当作何

音?"答曰:"案:《说文》云:'菵②,牛藻也,读若"威"。'《音
隐》③:'坞瑰反。'即陆机所谓'聚藻,叶如蓬'者也。又郭璞
注《三苍》亦云:'蕴,藻之类也,细叶蓬茸生④。'然今水中有
此物,一节长数寸,细茸如丝,圆绕可爱,长者二三十节,犹
呼为'菵'。又寸断五色丝,横着线股间绳之,以象菵草,用
以饰物,即名为'菵';于时当绀六色罽⑤,作此菵以饰绲带⑥,
张敞因造'糸'旁'畏'耳,宜作'隈'。"

【注释】

①罽(jì):一种毡类毛织物。

②菵(jūn):一种水藻。

③《音隐》:书名。《隋书·经籍志》载有《说文音隐》四卷。

④蓬:杂乱、松散的样子。

⑤绀:拴,缚。

⑥绲(gǔn)带:以色丝织成的束带。

【译文】

又问道:"《东宫旧事》中提到的'六色罽缇'是什么东西？应该读成
什么音?"回答说:"据考证:《说文解字》中说:'菵就是牛藻,读音如"威"
字。'《音隐》中注的音是:'坞瑰反。'就是陆机所说的'聚藻,叶子像蓬草
一样'的那种植物。再者郭璞注的《三苍》中也说:'蕴是藻类的一种,叶
子的形状细长,上面长着松散的茸毛。'现在的水中生长着这种植物,一
节枝茎约几寸长,细细的茸毛像丝一样,随着水流回环缭绕,十分令人
喜爱,长的有二三十节,仍然称为'菵'。另外,将五色丝线截成一寸长,
横着加在线股中编成绳子,做成菵草形状,用来装饰物品,这种丝织物
就称为'菵';那时候应该是编结六色的丝毛,做成这种菵来装饰丝带,
张敞就因此造了'糸'字旁加'畏'的字,其实应该是'隈'字。"

柏人城东北有一孤山①,古书无载者。唯阚骃《十三州志》以为舜纳于大麓②,即谓此山,其上今犹有尧祠焉;世俗或呼为"宣务山",或呼为"虚无山",莫知所出。赵郡士族有李穆叔、季节兄弟、李普济③,亦为学问,并不能定乡邑此山。余尝为赵州佐,共太原王邵读柏人城西门内碑。碑是汉桓帝时柏人县民为县令徐整所立,铭曰:"山有巏嵍④,王乔所仙⑤。"方知此"巏嵍"山也。"巏"字遂无所出。"嵍"字依诸字书,即"旄丘"之"旄"也⑥;"旄"字,《字林》一音亡付反,今依附俗名,当音"权务"耳。入邺,为魏收说之,收大嘉叹⑦。值其为《赵州庄严寺碑铭》,因云"权务之精",即用此也。

【注释】

①柏人城:古地名。在今河北唐山西。春秋晋地,战国属赵,汉置县。

②阚(kàn)骃:字玄阴,北魏敦煌人,撰有《十三州志》。

③李穆叔:即李公绪。他博通经史,撰有《典言》十卷、《礼质疑》五卷、《丧服章句》一卷、《古今略纪》二十卷、《赵纪》八卷、《赵语》十二卷。季节:李公绪之弟李概。

④巏嵍(quán wù):即尧山,在今河北隆尧西。

⑤王乔:即传说中的仙人王子乔。

⑥旄丘:前高后低的山丘。《诗·邶风·旄丘》:"旄丘之葛兮,何诞之节兮。"《尔雅·释丘》:"前高旄丘,后高陵丘。"

⑦嘉叹:赞叹。

【译文】

柏人城的东北方向有一座孤山,古书中都没有关于它的记载。只有阚骃的《十三州志》中认为尧曾经纳舜于大麓,指的就是这座山,这座山上现在还存有尧的祠堂;世间百姓有的把它叫做"宣务山",有的称作"虚无山",不知道这种称呼的由来。赵郡的士大夫中有李穆叔、李季节兄弟,以及李普济,都很有学问,却都不能确定自己家乡这座山的名称及由来。我曾经担任赵郡的州佐,和太原人王邵一起研读过柏人城西门内的石碑。那块碑是汉桓帝时的柏人县百姓为县令徐整立的,上面刻着:"县内有罐螯山,是王乔成仙的地方。"由此才知道"罐螯"就是这座山。"罐"字没有出处,"螯"字根据字书记载,就是"旄丘"的"旄"字。"旄"这个字,《字林》注音为亡付反,现在顺从俗名,应当读作"权务"。我到了邺城之后,向魏收说起这件事,魏收大为赞叹。等他撰《赵州庄严寺碑铭》时,因而写了"权务之精",就是用了这一典故。

　　或问:"一夜何故五更? 更何所训?"答曰:"汉、魏以来,谓为甲夜、乙夜、丙夜、丁夜、戊夜,又云'鼓',一鼓、二鼓、三鼓、四鼓、五鼓,亦云一更、二更、三更、四更、五更,皆以'五'为节。《西都赋》亦云:'卫以严更之署①。'所以尔者,假令正月建寅②,斗柄夕则指寅③,晓则指午矣;自寅至午,凡历五辰④。冬夏之月,虽复长短参差,然辰间辽阔,盈不过六,缩不至四,进退常在五者之间。更,历也,经也,故曰五更尔。"

【注释】

①严更:督察巡夜的更鼓。

②建寅:古代以北斗星斗柄的运转计算月分,斗柄指向十二辰中的寅即为夏历正月。《淮南子·天文训》:"天一元始,正月建寅。"

③斗柄:北斗柄。指北斗的第五至第七星,即衡、开泰、摇光。北斗,第一至第四星象斗,第五至第七星象柄。《国语·周语下》:"日在析木之津,辰在斗柄。"

④五辰：五个时辰。辰，旧时计时的单位，把一昼夜平分为十二段，
　　每段叫做一个时辰，合现在的两小时。

【译文】

　　有人问："一夜为什么划分成五更？更是什么意思？"回答说："汉、魏以来，称为甲夜、乙夜、丙夜、丁夜、戊夜；又称'鼓'，分为一鼓、二鼓、三鼓、四鼓、五鼓；也叫一更、二更、三更、四更、五更，都以'五'为节数。《西都赋》中又说：'卫以严更之署。'之所以这样，是因为假如正月建寅，北斗星的斗柄傍晚指向寅星，早晨就指向午星；从寅转到午，总共经过五个时辰。冬天和夏天，虽然经历的时间长短不一致，然而时辰之间的长短差别，最长的不超过六个时辰，短的不少于四个时辰，或长或短都基本在五个时辰左右。更，就是历、经的意思，所以称五更。"

　　《尔雅》云："术，山蓟也①。"郭璞注云："今术似蓟而生山中。"案：术叶其体似蓟，近世文士，遂读"蓟"为"筋肉"之"筋"，以耦"地骨"用之②，恐失其义。

【注释】

①术（zhú）：草名。多年生草本。有白术、苍术等数种。根茎可入
　　药。山蓟（jì）：术的别名。
②耦：匹敌，相对。地骨：枸杞的别名。

【译文】

　　《尔雅》中说："术，就是山蓟。"郭璞注释说："术长得像蓟草，长在山里。"按语：术叶的形状像蓟草，近代的文人于是就把"蓟"读成"筋肉"的"筋"，用来和"地骨"对偶，这恐怕不是它的意思。

　　或问："俗名'傀儡子'为'郭秃'①，有故实乎②?"答曰：

"《风俗通》云:'诸郭皆讳秃。'当是前代人有姓郭而病秃者,滑稽戏调③,故后人为其象,呼为'郭秃',犹《文康》象庾亮耳④。"

【注释】

①傀儡子:即傀儡戏。

②故实:出处,典故。

③戏调:诙谐,开玩笑。

④《文康》:舞乐名。又名《礼毕》,在这种舞蹈中,舞者扮演晋代的庾亮,因为庾亮的谥号叫文康,故名《文康》。事见《隋书·音乐志下》:"《礼毕》者,本出自晋太尉庾亮家,亮卒,其伎追思亮,因假为其面,执翳以舞,像其容,取其谥以号之,谓之《文康乐》。"

【译文】

有人问:"俗称'傀儡戏'为'郭秃',有什么出处么?"回答说:"《风俗通》中说:'所有姓郭的人都避讳秃字。'应该是前代中有姓郭而得了秃病的人,言行可笑,为人诙谐,所以后人把木偶做成他的样子,称为'郭秃',就好像《文康》舞模仿庾亮一样。"

或问曰:"何故名'治狱参军'为'长流'乎①?"答曰:"《帝王世纪》云:'帝少昊崩②,其神降于长流之山,于祀主秋。'案:《周礼·秋官》,司寇主刑罚、长流之职,汉、魏捕贼掾耳③。晋、宋以来,始为参军,上属司寇,故取秋帝所居为嘉名焉④。"

【注释】

①长流:指治狱参军。也称长流参军,司禁防。

②少昊(hào):传说中古代东夷首领,名挚(一作"质"),号金天氏。

东夷曾以鸟为图腾，相传少昊曾以鸟名为官名，传说他死后为西方之神。也称"少皞"。

③掾(yuàn)：官府中佐助官吏的通称。

④嘉名：美名。

【译文】

有人问："为什么称'治狱参军'为'长流'？"回答说："《帝王世纪》中说：'少昊帝死的时候，他的神灵降在长流山上，掌管秋天的祭祀。'据考证：《周礼·秋官》中记载：司寇掌管刑罚、长流的职责，也就是汉、魏时期的捕贼掾。两晋、刘宋以来，朝廷中才设参军之职，向上归属于司寇，所以用秋帝少昊所处的地名作为它的美称。"

客有难主人曰："今之经典，子皆谓非，《说文》所言，子皆云是，然则许慎胜孔子乎？"主人拊掌大笑①，应之曰："今之经典，皆孔子手迹耶？"客曰："今之《说文》，皆许慎手迹乎？"答曰："许慎检以六文②，贯以部分③，使不得误，误则觉之。孔子存其义而不论其文也。先儒尚得改文从意，何况书写流传耶？必如《左传》'止戈'为'武'，'反正'为'乏'，'皿虫'为'蛊'，'亥'有'二首六身'之类，后人自不得辄改也，安敢以《说文》校其是非哉？且余亦不专以说文为是也，其有援引经传，与今乖者，未之敢从。又相如《封禅书》曰：'导一茎六穗于庖，牺双觡共抵之兽④。'此'导'训'择'，光武诏云：'非徒有豫养导择之劳'是也。而《说文》云：'导是禾名。'引《封禅书》为证；无妨自当有禾名薚，非相如所用也。'禾一茎六穗于庖'，岂成文乎？纵使相如天才鄙拙，强为此语；则下句当云'麟双觡共抵之兽'，不得云'牺'也。吾尝笑许纯儒⑤,不达文章之体,如此之流,不足凭信。大抵服其为书,隐括有条例⑥,剖析穷根源,郑玄注书,往往引以为证;若不信其说,则冥冥不知一点一画⑦,有何意焉?”

【注释】

①拊(fǔ)掌:拍手,鼓掌。表示欢乐或愤激。

②检:考查,察验。六文:指六书。

③贯以部分:按部首分类,分别部居。贯,通。

④骼(gé):骨角。

⑤纯儒:纯粹的儒者。

⑥隐括:用以矫正邪曲的器具。引申为标准、规范。

⑦冥冥:懵懂无知的样子。

【译文】

有位客人责难我说:“现在流传的经书典籍中的文字,你都说是错误的,而《说文解字》对文字的解释,你认为都是正确的,这样说来,难道许慎比孔子高明吗?”我拍手大笑,回答说:“现在的经典,都是孔子的手迹吗?”客人反问道:“现在的《说文解字》都是许慎的手迹吗?”我回答说:“许慎依据六书来分析字形解释字义,将文字按部首分类,使文字的形、音、义都没有错误,一旦有错误就能发现错在何处。孔子校订经书,重视经书的文章大意,而不推究文字。前代的学者尚且还得改动文字以顺从文意,何况又经过了众人的抄写流传? 必定得是像《左传》中的‘止戈’为‘武’,‘反正’为‘乏’,‘皿虫’为‘蛊’,‘亥’有‘二首六身’这种明确地说出字体结构的情况,后人自然无法随意改变,我又怎么敢用《说文解字》去考校这种说法的对与错呢? 况且我也不认为《说文解字》是完全正确的,书中引用的典籍原文,如果与现在通行的典籍有出入,我也不敢盲目依从。例如司马相如的《封禅书》中说:‘导一茎六穗于庖,牺双骼共抵之兽。’这里的‘导’解释成‘择’,汉光武帝的诏书说:‘非徒有豫养导择之劳'中的'导'也是这种情况。而《说文解字》却解释说：
'导是一种禾的名字。'并且引用《封禅书》作为例证；或许真的有一种禾
名叫'蓂'，但那并不是司马相如《封禅书》中所用的'导'。如果照许慎
的解释，那就是'禾一茎六穗于庖'，这个句子还能讲得通么？纵然是司
马相如天生粗鄙拙劣，生硬地写出这种句子，那么下句就应该写成'麟
双觡共抵之兽'，而不会说'牺双觡共抵之兽'。我曾经笑话许慎是个纯
粹的儒生，不懂得文学作品的体裁和风格，像这一类的例证，就不足信
赖。我基本上还是信服许慎写的这本《说文解字》，书中对文字的分类
有明确的体例，通过分析字的形体来探求字的本义，郑玄注释经书时，
常常用《说文解字》作为论据；如果不相信许慎的学说，就会稀里糊涂不
懂得字的形体结构，这样即使饱读经书典籍又有什么意义呢？"

　　世间小学者，不通古今，必依小篆，是正书记①；凡《尔
雅》、《三苍》、《说文》，岂能悉得苍颉本指哉②？亦是随代损
益，互有同异。西晋已往字书，何可全非？但令体例成就，
不为专辄耳。考校是非，特须消息③。至如"仲尼居"，三字
之中，两字非体，《三苍》"尼"旁益"丘"，《说文》"尸"下施
"几"：如此之类，何由可从？古无二字④，又多假借，以"中"
为"仲"，以"说"为"悦"，以"召"为"邵"，以"閒"为"闲"：如此
之徒，亦不劳改。自有讹谬，过成鄙俗，"乱"旁为"舌"，"揖"
下无"耳"，"鼋"、"鼍"从"龟"，"奋"、"夺"从"雚"⑤，"席"中加
"带"，"恶"上安"西"，"鼓"外设"皮"，"鑿"头生"毁"，"离"则
配"禹"，"壑"乃施"豁"，"巫"混"经"旁，"皋"分"泽"片，"猎"
化为"獦"⑥，"宠"变成"寵"⑦，"业"左益"片"，"靈"底着"器"，
"率"字自有"律"音，强改为别；"单"字自有"善"音，辄析成

异:如此之类,不可不治。吾昔初看《说文》,蚩薄世字⑧,从正则惧人不识,随俗则意嫌其非,略是不得下笔也。所见渐广,更知通变,救前之执,将欲半焉。若文章著述,犹择微相影响者行之⑨,官曹文书,世间尺牍⑩,幸不违俗也。

【注释】

①是正:订正,校正。

②本指:原意。

③消息:斟酌。

④二字:指一个字有两个形体,两种写法。

⑤鹳(guàn):水鸟名。

⑥猎(liè):指打猎、捕捉禽兽。

⑦窿(lǒng):孔,洞。

⑧蚩(chī)薄:讥嘲鄙薄。蚩,通"嗤",嘲笑,讥笑。

⑨微相影响:稍微近似。

⑩尺牍:信札,书信。

【译文】

世上那些研究文字学的学者,不明白古今字体的演变规则,必定依据小篆的形体来校正现在的文字;只是,《尔雅》、《三苍》、《说文解字》等书,哪能尽得苍颉所造字体的本意呢? 这些字书也是随着时代的发展而有所变化,相互之间有同有异。西晋以前的字书,怎么能够全部加以否定呢? 只要它们体例完备自成系统而不是任由人随意发挥就可以了。考订校对文字的对错,尤其需要仔细斟酌。像"仲尼居",三个字中,就有两个字不合正体。《三苍》中的"尼"字旁边多了个"丘"字,《说文解字》中的"尼"是在"尸"字下面加"几"字;像这样的情况,怎么能够盲目依从呢? 古时候不存在一个字有两种形体这种情况,同时有很多假借的现象,把"中"字假借成"仲"字,把"说"字假借成

"悦"字,把"召"字假借成"邵"字,把"閒"字假借成"闲"字:像这种情况的字,也不用更改。自然也有讹误错谬的文字,这些错误形成了鄙陋的习俗,如把"乱"字的偏旁写成"舌","揖"字下面没有"耳"字,将"鼋"字、"鼍"字写成"龟"字旁,将"奮"字和"奪"字写成"蓲"字旁,在"席"字中加"带"字,在"恶"字上面安"西"字,在"鼓"外部加"皮"字,"鼕"字的顶部写成"毁"字,将"离"字配上"禹"字,"壑"字居然加了"豁"字,"巫"字和"经"字的部首相混,"皋"字写成"泽"字的半边,"猎"字变成了"獦"字,"宠"字变成"竉"字,"业"字的左边加了"片"字,"灵"字的底下添了个"器"字,"率"字本就有读成"律"的时候,非得改成别的字;"单"字本来就有"善"这个读音,往往被分析成别的读音:像这样的情况,不能不修改。我过去初读《说文解字》的时候,很鄙薄这些通行的俗字,按照正体写则怕别人不认识,顺从时俗写那么自己心里又厌恶写错字,不用这些字又没法下笔。随着见识日渐广博,才懂得适时变通,纠正以前用字时的过分拘泥,打算取二者中间。要是撰写文章,就选择稍微近似的字来用,要是写官府公文,以及与别人来往的书信,就不违背通行的用字习惯了。

　　案:弥亙字从二间舟①,《诗》云"亙之秬秠"是也②。今之隶书,转"舟"为"日";而何法盛《中兴书》乃以"舟"在"二"间为舟"航"字,谬也。《春秋说》以"人十四心"为"德",《诗说》以"二在天下"为"酉",《汉书》以"货泉"为"白水真人"③,《新论》以"金昆"为"银"④,《国志》以"天上有口"为"吴"⑤,《晋书》以"黄头小人"为"恭"⑥,《宋书》以"召刀"为"邵"⑦,《参同契》以"人负告"为"造"⑧:如此之例,盖数术谬语,假借依附,杂以戏笑耳。如犹转"贡"字为"项",以"叱"为"七",安可用此定文字音读乎?潘、陆诸子《离合

诗》、《赋》、《栻卜》、《破字经》⑨，及鲍照《谜字》，皆取会流
俗，不足以形声论之也。

【注释】

①亘(gèn)：假借为"亘"字。

②秬秠(jù pī)：秬是黑黍的大名，秠是黑黍中一稃二米者。

③白水真人：汉代钱币"货泉"的别称。

④金昆：指银子。"銀"字拆开为"金""艮"，"艮"又近"昆"，故讹作
　"金昆"。

⑤《国志》：即晋陈寿所著《三国志》。

⑥黄头小人：隐语。指"恭"字。《宋书·五行志二》："王恭在京口，
　民间忽云：'黄头小人欲作贼，阿公在城下，指缚得。'又云：'黄头
　小人欲作乱，赖得金刀作蕃扞。''黄'字上，'恭'字头也。'小
　人'，'恭'字下也。"

⑦召刀：隐语，指"劭"字。见《南史·列传第四》："初命之曰劭，在
　文为召刀，后恶焉，改刀为力。"

⑧《参同契》：全名《周易参同契》，是最早系统论述道教炼丹的书。

⑨《离合诗》：杂体诗名。常见之一种是拆开字形合成诗句。实际
　是文字游戏。汉魏六朝时即已有之。栻(shì)：古代占卜时日的
　器具，后称为星盘。破字：即拆字。以汉字加减笔画，拆开偏旁
　或打乱字体结构，加以附会，以推算吉凶。

【译文】

据考证："弥亘"的"亘"字，从属于"二"字当中加"舟"字，《诗经》里
说的"亘之秬秠"的"亘"就是这个字。现在的隶书，把"二"字中间的
"舟"字转化成了"日"字；而何法盛的《晋中兴书》中竟然认为"舟"字加
在"二"字中间所组成的字是"航"字，真是错得离谱啊。《春秋说》中以
"人十四心"作"德"字，《诗说》中以"二在天下"暗指"酉"字，《汉书》中

把"货泉"称为"白水真人"，《新论》之中以"金昆"暗指"银"字，《三国志》中用"天上有口"暗指"吴"字，《晋书》当中用"黄头小人"暗指"恭"字，《宋书》当中用"召刀"暗指"劭"字，《周易参同契》中以"人负告"暗指"造"字：像这样的例子，都是术数附会的荒谬说法，假借别的字来附会己意，混杂乱说用来游戏取乐罢了。就好像把"贡"字转化为"项"字，把"叱"字当做"七"字，哪能根据这些说法来确定文字的读音呢？潘岳、陆机等人所写的《离合诗》、《赋》、《栻卜》、《破字经》以及鲍昭的《谜字》，都是迎合社会流俗的作品，根本不配用形声造字的方法理论来评价它们。

河间邢芳语吾云："《贾谊传》云：'日中必熭①。'注：'熭，暴也。'曾见人解云：'此是暴疾之意，正言日中不须臾，卒然便昃耳②。'此释为当乎？"吾谓邢曰："此语本出太公《六韬》，案字书，古者'暴晒'字与'暴疾'字相似③，唯下少异，后人专辄加傍'日'耳。言日中时，必须暴晒，不尔者，失其时也。晋灼已有详释④。"芳笑服而退。

【注释】

①熭（wèi）：晒干，烤干。

②昃（zè）：指日西斜。《易·离》："日昃之离，何可久也！"

③暴（zè）："暴"的异体字。

④晋灼：河南人，晋尚书郎，有《汉书音义》十七卷。

【译文】

河间人邢芳对我说："《汉书·贾谊传》里说：'日中必熭。'注释说：'熭，就是暴的意思。'我曾经见到别人解释说：'这是迅猛的意思，就是说正午的时间不长，太阳很快就西斜了。'这个解释合适么？"我对邢芳说:"这句话本来出自姜太公的《六韬》,考证字书中的说法,古时候'暴晒'的'暴'字和'暴疾'的'暴'字形体相似,只是下半部分有点不同,后人擅自给'暴'字加了'日'字旁。这句话的意思是说太阳正午的时候,一定要物品晾晒在阳光下,不这样的话,就错过了适宜的时间。晋灼对此已经有过详细的解释。"邢芳心悦诚服地笑着回去了。

音辞第十八

【题解】

　　这一篇主要讲述语言和音韵方面的内容,作者认为自古以来,各地的方言就存在种种差异,在文中对南北地区的发音情况进行了比较。

　　夫九州之人,言语不同,生民已来,固常然矣。自《春秋》标齐言之传[①],《离骚》目《楚词》之经,此盖其较明之初也。后有扬雄著《方言》,其言大备[②]。然皆考名物之同异[③],不显声读之是非也。逮郑玄注《六经》,高诱解《吕览》、《淮南》,许慎造《说文》,刘熹制《释名》[④],始有譬况假借以证音字耳[⑤]。而古语与今殊别,其间轻重清浊,犹未可晓;加以内言外言[⑥]、急言徐言[⑦]、读若之类[⑧],益使人疑。孙叔言创《尔雅音义》[⑨],是汉末人独知反语[⑩]。至于魏世,此事大行[⑪]。高贵乡公不解反语[⑫],以为怪异。自兹厥后,音韵锋出,各有土风[⑬],递相非笑[⑭],指马之谕[⑮],未知孰是。共以帝王都邑,参校方俗,考覈古今,为之折衷。推而量之,独金陵与洛下耳。南方水土和柔,其音清举而切诣[⑯],失在浮浅,其辞多鄙俗。北方山川深厚,其音沉浊而钝钝[⑰],得其质直,其辞多古语。然冠冕君子，南方为优；闾里小人，北方为愈。易服而与之谈，南方士庶，数言可辩；隔垣而听其语⑱，北方朝野⑲，终日难分。而南染吴、越，北杂夷虏，皆有深弊，不可具论。其谬失轻微者，则南人以"钱"为"涎"，以"石"为"射"，以"贱"为"羡"，以"是"为"舐"；北人以"庶"为"戍"，以"如"为"儒"，以"紫"为"姊"，以"洽"为"狎"。如此之例，两失甚多。至邺已来⑳，唯见崔子约、崔瞻叔侄，李祖仁、李蔚兄弟，颇事言词，少为切正㉑。李季节著《音韵决疑》㉒，时有错失；阳休之造《切韵》㉓，殊为疏野。吾家儿女，虽在孩稚，便渐督正之；一言讹替㉔，以为己罪矣。云为品物㉕，未考书记者，不敢辄名，汝曹所知也。

【注释】

①齐言：齐国方言。何休《春秋公羊解诂》曾指明《公羊传》有用齐国方言者。如《隐公五年》："登来之也。"何休解诂："登，读言得。得来之者，齐人语也。齐人名求得为得来，作登来者，其言大而急，由口授也。"又如《桓公六年》："化我也。"何休解诂："行过无礼谓之化，齐人语也。"清人淳于鸿恩著有《公羊方言疏笺》一卷，言之甚详。

②备：完备，齐备。

③名物：事物的名称、特征等。

④刘熹：即刘熙。《释名》：书名。汉代刘熙所撰，书共八卷，以同声相谐，推论称名辨物之意。

⑤譬况：古代的一种注音方法，即用近似的字来比照说明某个字的发音。

⑥内言、外言：古代注家譬况字音用语。所谓内外指韵之洪细而

言,内言发洪音,外言发细音。

⑦急言:汉代注家譬况字音用语。与"缓言"、"徐言"对言。有 i[i] 介音的细音字,因发音时口腔的气道先窄而后宽,肌肉先紧而后松,其音急促,故名。徐言:缓言,缓气言之。

⑧读若:古代注音、释义用语。

⑨孙叔言:汉末孙炎,字叔言。《隋书·经籍志》:"梁有《尔雅音》二卷,孙炎、郭璞撰。"

⑩反语:即反切,是我国给汉字注音的一种传统方法,用两个汉字来注另一个汉字的读音。两个字中,前者称反切上字,后者称反切下字。被切字的声母和清浊跟反切上字相同,被切字的韵母和字调跟反切下字相同。如:东,德红切。取德的声母 d,红的韵母 ong,便构成东音(dōng)。

⑪大行:广为推行,普遍流行。

⑫高贵乡公:曹髦。魏文帝曹丕之孙,在位七年,为贾充所杀。

⑬土风:指土音方言。

⑭递相非笑:互相讥笑。

⑮指马:战国时名家公孙龙提出"物莫非指,而指非指"、"白马非马"等命题,讨论名与实之间的关系。《庄子·齐物论》则谓"以指喻指之非指,不若以非指喻指之非指也,以马喻马之非马,不若以非马喻马之非马也。天地一指也,万物一马也"。认为世界是一个统一体,应各任自然,不分彼此、是非、长短、多少。后遂以"指马"为争辩是非、差别的代称。

⑯清举:声音清脆而悠扬。切诣(yì):发音迅急。

⑰钝钝:浑厚,不尖锐。

⑱垣(yuán):矮墙。

⑲朝野:朝廷与民间。这里指官员和普通百姓。

⑳至邺:颜之推《观我生赋》自注云:"至邺便值陈兴",据此,则其入

邺之年在 557 年,当北齐文宣帝天保八年。

㉑切正:切磋相正。

㉒李季节:南北朝北齐李概,字季节,官至太子舍人。《隋书·经籍志》:"《修续音韵决疑》十四卷,李概撰。"

㉓阳休之:南北朝人,字子烈,仕北齐,官至尚书右仆射,卒于隋。著有《韵略》一书。造《切韵》:当指阳休之作《韵略》,与陆法言《切韵》不是一书。

㉔讹替:差误。

㉕品物:物品,东西。

【译文】

九州范围内的百姓,说话互不相同,从人类诞生以来,就一向如此。自从《春秋》有了标明齐地方言传本,《离骚》被视为楚地的歌谣,这大概是古人明白各地语言存在差异的开始。后来扬雄写了《方言》这本书,其中关于各地方言的不同,论述非常完备。然而这本书中的内容都是考证事物名称的异同,并不能显示出读音的对或错。到了郑玄注释《六经》,高诱注解《吕氏春秋》、《淮南子》,许慎撰写《说文解字》,刘熹写《释名》的时候,才开始用譬况或假借的方法来为音同或音近的字注音。然而古代的读音和现代的发音很不一样,其中语音的轻重、清浊,还不能明了;再加上他们注音时用的内言外言、急言徐言、读若之类的说法,更加让人迷惑。孙叔言撰写了《尔雅音义》,他是汉朝末年中唯一一个懂反切注音法的人。到了曹魏时期,用反切来为汉字注音的方法大行于世。高贵乡公曹髦因为不懂得这种反切注音法,被当时的人看做是一件怪异的事。从此之后,关于音韵的书纷纷出现,这些书各自记录不同地区的方言,相互嘲讽讥笑,彼此展开争辩,不知道到底哪种说法是正确的。后来大家都用帝王都城所在地区的语音,参考比较各地的方言俗语,研究考证古今读音,来制定准则调和这些争执。经过反复商讨和权衡之后,可以认定只有建康地区的发音和洛阳地区的发音足以分别代表南北地区发音标准。南方地区水土柔和，语音清亮悠扬而发音急切，不足之处在发音浅而浮，言辞大多鄙陋粗俗。北方地区山高水深，语音低沉浊重而浑厚，长处是质朴平实，言辞中保留着很多古语。然而就士大夫的言谈水平而论，南方优于北方；而从市井百姓的说话水平来看，则北方胜过南方。假如给两个不同阶层的人交换了服装让他们交谈，南方的士大夫和平民，只需听他们说过几句话之后就可以分辨出他的真正身份；隔着墙听人家说话，若是谈话的北方的官员和百姓，即使听一天也难以区分二人的身份。然而南方地区的语言沾染了吴语、越语的影响，北方话夹杂着蛮夷外族的语言，二者都存在着很大的弊病，这里不能具体论述。有些情况错在发音过于轻微，例如南方人把"钱"读作"涎"，把"石"读作"射"，把"贱"读作"羡"，把"是"读作"舐"；北方人把"庶"读作"戍"，把"如"读作"儒"，把"紫"读作"姊"，把"洽"读作"狎"。像例子中所说的这种情况，南方与北方都错得很多。我到邺城以来，只知道崔子约、崔瞻叔侄二人，李祖仁和李蔚兄弟俩，对语言略有研究，可以互相切磋补正。李季节写《音韵决疑》，经常会出现错误不当之处；阳休之撰的《切韵》，十分粗略草率。我家的儿女，纵然年龄还很小，也逐步纠正他们的发音；他们若是有一个字说得不对，我就认为那是我的过错。所有物品，没有在书籍记录中得到考证的，我就不敢随便称呼，这些都是你们所知道的事情。

　　古今言语，时俗不同；著述之人，楚、夏各异①。《苍颉训诂》②，反"稗"为"逋卖"，反"娃"为"於乖"；《战国策》音"刎"为"免"，《穆天子传》音"谏"为"间"；《说文》音"戛"为"棘"，读"皿"为"猛"；《字林》音"看"为"口甘反"③，音"伸"为"辛"；《韵集》以成、仍、宏、登合成两韵④，为、奇、益、石分作四章；李登《声类》以"系"音"羿"⑤，刘昌宗《周官音》读"乘"若

"承"⑥；此例甚广，必须考校。前世反语，又多不切。徐仙民《毛诗音》反"骤"为"在遘"⑦，《左传音》切"椽"为"徒缘"，不可依信，亦为众矣。今之学士，语亦不正；古独何人，必应随其讹僻乎⑧？《通俗文》曰⑨："入室求曰搜。"反为"兄侯"。然则"兄"当音"所荣反"。今北俗通行此音，亦古语之不可用者。玙璠⑩，鲁人宝玉，当音"余烦"，江南皆音"藩屏"之"藩"。"岐"山当音为"奇"，江南皆呼为"神祇"之"祇"。江陵陷没，此音被于关中，不知二者何所承案⑪。以吾浅学，未之前闻也。

【注释】

①夏：华夏，指中原国家。楚在南方，与中原华夏之国文化有异。

②《苍颉训诂》：书名。后汉杜林所撰。

③《字林》：《隋书·经籍志》："《字林》七卷，晋弦令吕忱撰。"

④《韵集》：《隋书·经籍志》："《韵集》十卷，（又）六卷，晋安复令吕静撰。"又："《韵集》八卷，段弘撰。"

⑤《声类》：《隋书·经籍志》："《声类》十卷，魏左校令李登撰。"

⑥刘昌宗：晋人。有《周礼音》、《仪礼音》各一卷，《礼记音》五卷。《周官音》：《隋书·经籍志》："《礼音》三卷，刘昌宗撰。"

⑦徐仙民：即晋代人徐邈。《隋书·经籍志》："梁有《毛诗音》十六卷，徐邈等撰；《毛诗音》二卷，徐邈撰。"

⑧讹僻：讹误。

⑨《通俗文》：《隋书·经籍志》："《通俗文》一卷，服虔撰。"

⑩玙璠（yú fán）：美玉。

⑪承：依从。

【译文】

古今的语言，因为时俗习惯的差异而有所不同；撰述文章的人，也是南楚北夏各不相同。《苍颉训诂》中给"稗"注的音是"逋卖反"，给"娃"注的音是"於乖反"；《战国策》把"刿"读成"免"；《穆天子传》给"谏"注音为"间"；《说文解字》将"夏"注音为"棘"，将"皿"读作"猛"；《字林》中给"看"注的音是"口甘反"，把"伸"注音为"辛"；《韵集》中把"成"、"仍"、"宏"、"登"合为两个韵，又把"为"、"奇"、"益"、"石"分入四个韵部；李登的《声类》用"系"给"羿"注音，刘昌宗的《周官音》将"乘"读若"承"；这种例子有很多，必须注意考证校正。前代的反切注音，又有很多是不合适的。徐仙民的《毛诗音》中将"骤"的读音注成"在遘反"，《左传音》中将"椽"注为"徒缘切"，这些不能信从的例子也是很多的。现在的学者，注音也有不正确的；古人是什么人，后人一定要沿袭他们的错误吗？《通俗文》中说："入室求曰搜。"作者将"搜"注为"兄侯反"。如果是这样的话，那么"兄"就应该读作"所荣反"。现在北方民间通行这个读音，这也是古代语言中不能沿用的例子。玙璠，是鲁国的宝玉，应该读成"余烦"，江南地区的人都把"璠"读成"藩屏"的"藩"。"岐山"的"岐"应该读作"奇"，江南地区的人都将它读作"神祇"的"祇"。江陵陷落以后，这两种读音在关中普遍流传，不知道它们的依据是什么。因为我才疏学浅，还没有听说过。

北人之音，多以"举"、"莒"为"矩"；唯李季节云："齐桓公与管仲于台上谋伐莒，东郭牙望见桓公口开而不闭，故知所言者莒也。然则莒、矩必不同呼[1]。"此为知音矣[2]。

【注释】

①呼：音韵学名词。汉语音韵学家依据口、唇的形态将韵母分为开口呼、齐齿呼、合口呼、撮口呼四类，合称四呼。李季节所云东郭

牙事见《管子·小问》:"桓公与管仲闱门而谋伐莒,未发也,而已闻于国矣。桓公怒谓管仲曰:'寡人与仲父闱门而谋伐莒,未发也,而已闻于国,其故何也?'管仲曰:'国必有圣人。'桓公曰:'然。夫日之役者,有执席食以视上者,必彼是邪?'于是乃令之复役,毋复相代。少焉,东郭邮至。桓公令傧者延而上,与之分级而上,问焉,曰:'子言伐莒者乎?'东郭邮曰:'然,臣也。'桓公曰:'寡人不言伐莒而子言伐莒,其故何也?'东郭邮对曰:'臣闻之,君子善谋,而小人善意,臣意之也。'桓公曰:'子奚以意之?'东郭邮曰:'夫欣然喜乐者,钟鼓之色也;夫渊然清静者,缞绖之色也;漻然丰满,而手足拇动者,兵甲之色也。日者,臣视二君之在台上也,口开而不阖,是言莒也;举手而指,势当莒也。且臣观小国诸侯之不服者,唯莒,于是臣故曰伐莒。'"

②知音:懂得音韵的人。

【译文】

北方人的语音,经常把"举"、"莒"读成"矩";只有李季节说:"齐桓公与管仲在台上商议讨伐莒国的事情,东郭牙远远望见桓公说话的时候嘴张开而不合上,因而知道他们谈论的对象是莒国。这样的话,那么'莒'、'矩'二字的发音方法必定有开口、合口的不同。"他是懂音韵的人。

夫物体自有精粗,精粗谓之好恶①;人心有所去取,去取谓之好恶②。此音见于葛洪、徐邈。而河北学士读《尚书》云好生恶杀③。是为一论物体,一就人情,殊不通矣。

【注释】

①好恶(hǎo è):好坏。

②好恶(hào wù):喜好与嫌恶。

③好生恶杀:爱惜生灵,厌恶杀生。此处好应读作(hào),恶读作
　　(wù),河北地区的学者可能是读成了好(hǎo)生恶(è)杀,所以颜
　　之推认为他们读错了。

【译文】
　　物体本身有精良、粗劣的分别,精粗也就是好恶;人的心意对事物
有舍弃或保留,这种舍弃或保留的心理就是好恶。后一种"好恶"的读
音见于葛洪和徐邈的著作。而黄河以北地区的读书人在读《尚书》时却
将"好(hào)生恶(wù)杀"读作"好(hǎo)生恶(è)杀"。这两种读音一种
是评论物体质地的,一种是表达人类情绪的,将这两种读音混为一谈实
在是说不通。

　　甫者,男子之美称,古书多假借为"父"字;北人遂无一
人呼为"甫"者,亦所未喻①。唯管仲、范增之号②,须依字
读耳。

【注释】
　　①喻:知晓明白。
　　②管仲、范增之号:管仲号仲父,范增号亚父。

【译文】
　　"甫"是男子的美称,古代写的时候多通假为"父"字;北方人竟然没
有一个人将假借为"甫"的"父"字读成"甫",这是因为他们不明白二者
的通假关系。只有管仲仲父和范增亚父二人名号中的"父"字应该依本
字而读。

　　案:诸字书,焉者鸟名,或云语词①,皆音"于愆反"。自
葛洪《要用字苑》分焉字音训:若训"何"训"安",当音"于愆

反”、“于焉逍遥”、“于焉嘉客”②，“焉用佞”、“焉得仁”之类是也③；若送句及助词，当音“矣愆反”，“故称龙焉”、“故称血焉”④，“有民人焉”、“有社稷焉”⑤，“托始焉尔”⑥，“晋、郑焉依”之类是也⑦。江南至今行此分别，昭然易晓；而河北混同一音，虽依古读，不可行于今也。

【注释】

①语词：即“语辞”，文言虚词。

②“于焉逍遥”、“于焉嘉客”句：语出《诗经·小雅·白驹》：“皎皎白驹，食我场苗。絷之维之，以永今朝。所谓伊人，于焉逍遥。皎皎白驹，食我场藿。絷之维之，以永今夕。所谓伊人，于焉嘉客。”

③“焉用佞”、“焉得仁”句：语出《论语》。《论语·公冶长》：“或曰：‘雍也仁而不佞。’子曰：‘焉用佞？御人以口给，屡憎于人。不知其仁，焉用佞？’”“子张问曰：‘令尹子文三仕为令尹，无喜色；三已之，无愠色。旧令尹之政，必以告新令尹。何如？’子曰：‘忠矣。’曰：‘仁矣乎？’曰：‘未知，焉得仁？’‘崔子弑齐君，陈文子有马十乘，弃而违之。至于他邦，则曰：“犹吾大夫崔子也。”违之。之一邦，则又曰：“犹吾大夫崔子也。”违。何如？’子曰：‘清矣。’曰：‘仁矣乎？’曰：‘未知，焉得仁？’”

④“故称龙焉”、“故称血焉”句：语出《周易·坤卦·文言》：“阴疑于阳必战，为其嫌于无阳也，故称‘龙’焉。犹未离其类也，故称‘血’焉。”

⑤“有民人焉”、“有社稷焉”句：《论语·先进》：“子路使子羔为费宰。子曰：‘贼夫人之子。’子路曰：‘有民人焉，有社稷焉，何必读书，然后为学。’子曰：‘是故恶夫佞者。’”

⑥托始焉尔：语出《春秋公羊传》："前此则曷为始乎此？托始焉尔。曷为托始焉尔？《春秋》之始也。"

⑦晋、郑焉依：语出《左传》："我周之东迁，晋、郑焉依。"

【译文】

据考证：各种字书都认为"焉"是鸟名，也有说是虚词的，都注音为"于愆反"。自葛洪的《要用字苑》起，才开始区别"焉"字的读音和意义：如果解释作"何"、"安"，就应该读作"于愆反"，"于焉逍遥"、"于焉嘉客"、"焉用佞"、"焉得仁"之类的句子就是这样；如果"焉"字是用作句末语气词及结构助词，就应该读作"矣愆反"，"故称龙焉"、"故称血焉"、"有民人焉"、"有社稷焉"，"托始焉尔"，"晋、郑焉依"这类句子就是如此。江南地区至今沿用这种不同读音，字的意思非常明了易懂；而黄河以北地区把两种读音混成了一种，这虽然遵从古音，却不能用在如今。

　　邪者，未定之词①。《左传》曰："不知天之弃鲁邪？抑鲁君有罪于鬼神邪②？"《庄子》云："天邪地邪③？"《汉书》云："是邪非邪"之类是也④。而北人即呼为也，亦为误矣。难者曰："《系辞》云：'乾坤，易之门户邪⑤？'此又为未定辞乎？"答曰："何为不尔！上先标问，下方列德以折之耳⑥。"

【注释】

①未定之词：即疑问词。

②"不知"二句：《左传·昭公二十六年》："不知天之弃鲁耶，抑鲁君有罪于鬼神，故及此也。"

③天邪地邪：今本《庄子》无"天邪地邪"，或当为"父邪母邪"。《庄子·大宗师》："子舆与子桑友，而霖雨十日。子舆曰：'子桑殆病矣！'裹饭而往食之。至子桑之门，则若歌若哭，鼓琴曰：'父邪！

母邪！天乎！人乎！'"

④是邪非邪：《汉书·外戚传》："上愈益相思悲感，为作诗曰：'是邪，非邪？立而望之，偏何姗姗其来迟！'"

⑤"《系辞》"三句：《周易·系辞下》："子曰：'乾坤，其《易》之门耶？'"

⑥折：判断；裁决。

【译文】

"邪"是表示疑问的语气词。《左传》说："不知天之弃鲁邪？抑鲁君有罪于鬼神邪？"《庄子》上说："天邪地邪？"《汉书》里说："是邪非邪？"这些例子中的"邪"字就是这种用法。而北方人却把"邪"字读作"也"，这就错了。有人诘难我说："《系辞》里说：'乾坤，易之门户邪？'这个'邪'字难道也是疑问语气词吗？"我回答说："为什么不是呢！前面先提出问题，后面才到列举乾坤之德来作裁断啊。"

　　江南学士读《左传》，口相传述，自为凡例①，军自败曰"败"，打破人军曰"败"。诸记传未见"补败反"，徐仙民读《左传》，唯一处有此音，又不言自败、败人之别，此为穿凿耳。

【注释】

①凡例：体制，章法。

【译文】

　　江南地区的学子读《左传》，是靠口授递相传述，自行制定了一套音读章法，军队自己溃败说"败"，打败对方军队也说"败"。各种记载和传本中都没有见过"补败反"这个注音，徐仙民读《左传》的时候，只在一处注了这个读音，并没有说自败和打败别人的分别，这就是牵强附会了。

古人云:"膏粱难整①。"以其为骄奢自足,不能克励也②。吾见王侯外戚,语多不正,亦由内染贱保傅③,外无良师友故耳。梁世有一侯,尝对元帝饮谑,自陈"痴钝",乃成"飔段"④,元帝答之云:"飔异凉风,段非干木⑤。"谓"郢州"为"永州",元帝启报简文,简文云:'庚辰吴入,遂成司隶⑥。"如此之类,举口皆然。元帝手教诸子侍读⑦,以此为诫。

【注释】

①膏粱:指富贵人家及其后嗣。整:正。《国语·晋语七》:"夫膏粱之性难正也。"

②克励:刻苦自励。

③保傅:古代保育、教导太子等贵族子弟及未成年帝王、诸侯的男女官员,统称为保傅。

④飔(sī):凉风。

⑤"飔异凉风"二句:此二句为梁元帝调侃语。《说文》:"飔,凉风也。从风思声。"段干木为战国魏文侯时人。

⑥"庚辰"二句:乃简文帝调侃某人谓"郢州"为"永州"语。庚辰吴入,指的是春秋时期吴国军队攻入楚国郢都的事。《左传·定公四年》:"冬十有一月庚午,蔡侯以吴子及楚人战于柏举,楚师败绩,楚囊瓦出奔郑。庚辰,吴入郢。"简文帝此处故意省略了"郢"字。司隶,指东汉司隶校尉鲍永,简文帝此处暗用"永"字。

⑦侍读:古代官名。其职责为陪侍帝王读书论学或为皇子等授书讲学。南北朝、唐、宋诸王属官,有侍读、侍讲。

【译文】

古人说过:"整天享用精美食物的人,他们的品行很少有端正的。"这是因为他们自满骄横奢侈地生活,而不能克制勉励自己。我见到的王侯外戚，语音多数都不标准，这也是因为他们在内受到了那些低贱保傅的熏染，在外又没有良师益友对其进行帮助的缘故。梁朝有一位侯爵，曾经和梁元帝一起饮酒玩笑，他自称"痴钝"，却把这两个字读成了"飔段"。元帝回答他说："你说的这个'飔'可不是凉风，'段'也不是段干木。"他还把"郢州"说成"永州"，元帝把这件事告诉了简文帝，简文帝说："庚辰日吴人攻入的地方，竟然变成了后汉的司隶校尉。"像这种发音不准的例子，那些王公贵戚众口皆然。元帝亲自为诸位皇子授书讲学时，就拿这件事来告诫他们。

　　河北切"攻"字为"古琮"，与"工"、"公"、"功"三字不同，殊为僻也。比世有人名暹①，自称为"纤"；名琨，自称为"衮"；名洸，自称为"汪"；名虪，自称为"狊"②。非唯音韵舛错③，亦使其儿孙避讳纷纭矣。

【注释】

①暹（xiān）：太阳升起。

②狊（shuò）：相惊的样子。

③舛（chuǎn）错：差错，不正确。

【译文】

　　黄河以北地区的人将"攻"字注音为"古琮切"，与"工"、"公"、"功"三字的读音不同，这是极端错误的。近代有人名叫"暹"，他自己将"暹"读成"纤"；有人名叫"琨"，他自己将"琨"读成"衮"；有人名叫"洸"，他自己将"洸"读成"汪"；有人名叫"虪"，他自己将"虪"读成"狊"。这不仅在音韵上有错误，也使子孙后代的避讳变得纷繁杂乱了。

杂艺第十九

【题解】

作者在这一篇主要讨论了书法、绘画、骑射、博弈、投壶、卜筮、算术、医学等其他技艺，他认为对于这些事情或者可以修身，或者可以怡情，或者可以有助于日常生活，对此需要有一定的了解，但是不能专门从事这些行业。

真草书迹①，微须留意②。江南谚云："尺牍书疏，千里面目也。"承晋、宋余俗，相与事之③，故无顿狼狈者④。吾幼承门业，加性爱重，所见法书亦多，而玩习功夫颇至，遂不能佳者，良由无分故也⑤。然而此艺不须过精。夫巧者劳而智者忧，常为人所役使，更觉为累；韦仲将遗戒⑥，深有以也⑦。

【注释】

①真草：书体名。真书和草书。真书，即楷书。

②微：略，稍微。

③相与：共同，一道。

④狼狈：为难窘迫。

⑤无分：缺乏天分。

⑥韦仲将：曹魏时期书法家。《世说新语·巧艺》："韦仲将能书。魏明帝起殿，欲安榜，使仲将登梯题之。既下，头鬓皓然，因敕儿孙：'勿复学书。'"

⑦深有以：很有道理。深，表示程度深。

【译文】

楷书、草书等书法技艺，是要稍加留意的。江南的谚语说："一封短信，就是千里之外给人看的面目。"现在的人继承了东晋和刘宋以来的风气，都用功学习书法，因此在这方面从没有突然感到为难窘迫的时候。我自小继承家传的学业，再加上本身也很爱好书法，所见到的书法字帖也多，而且在临摹玩味上也下了不少功夫，最终还是不能达到很高的水平，大概是因为缺少天分的缘故。然而这门技艺没必要学得太精深。巧者多劳，智者多忧，若因此而常被人家役使，反而会觉得精通书法是一种负累。魏代书法家韦仲将给儿孙留下"不要学书法"的训诫，是很有道理的。

　　王逸少风流才士①，萧散名人②，举世惟知其书，翻以能自蔽也。萧子云每叹曰③："吾著《齐书》，勒成一典，文章弘义④，自谓可观；唯以笔迹得名，亦异事也。"王褒地胄清华⑤，才学优敏，后虽入关，亦被礼遇。犹以书工，崎岖碑碣之间，辛苦笔砚之役，尝悔恨曰："假使吾不知书，可不至今日邪？"以此观之，慎勿以书自命。虽然，厮猥之人⑥，以能书拔擢者多矣⑦。故道不同不相为谋也。

【注释】

①王逸少：王羲之。字逸少。

②萧散：犹潇洒。形容举止、神情、风格等自然，不拘束；闲散舒适。

③萧子云：南北朝齐、梁之际文人。曾为梁国子祭酒，撰有《齐书》。

④弘义：大义，正道。

⑤王褒：字子渊，琅邪临沂人，南北朝时期著名文人。本为梁朝文臣，后入西魏、北周，与庾信齐名，《周书》有传。《周书·王褒传》："梁国子祭酒萧子云，褒之姑夫也，特善草隶。褒少以姻戚，去来其家，遂相模范。俄而名亚子云，并见重于世。"地胄（zhòu）清华：门第清高显贵。地胄，南北朝时，称皇族帝室为天潢，世家豪门为地胄，后亦泛指门第。

⑥厮猥：地位卑微。

⑦拔擢（zhuó）：选拔提升。

【译文】

王羲之是一位洒脱飘逸的才子，潇洒而不受约束的名士，世间所有人都只知道他的书法精妙，反而把其他方面的才华都掩盖了。萧子云常常感叹说："我撰写的《齐书》，编纂成一套制度，书中的文章大义，我自以为很值得一看；可是到头来却只是因抄写的书法精妙而使我得名，也真是怪事。"王褒出身高贵门第，学识渊博，文思敏捷，后来虽然到了北周，也依然受到礼遇。他尚且因为擅长书法，而经常困顿于碑碣之间，辛辛苦苦替别人写字，他曾后悔地说："假如我不精通书法，就不至于像现在这样吧？"由此看来，千万不要以精通书法而自命不凡。话虽这样说，地位低下的人，因写得一手好字而被提拔的事例很多。所以说处境不同的人是不能互相谋划的。

梁氏秘阁散逸以来①，吾见二王真草多矣②，家中尝得十卷；方知陶隐居、阮交州、萧祭酒诸书③，莫不得羲之之体，故是书之渊源。萧晚节所变，乃右军年少时法也④。

【注释】

①秘阁：皇宫中藏图书秘籍之所。

②二王：指王羲之、王献之父子。

③陶隐居：指陶弘景，南朝著名隐士。阮交州：指梁朝人阮研，字文几，陈留人，官至交州刺史，善书。萧祭酒：指萧子云，他曾为梁国子祭酒。

④右军：王羲之尝为右军将军，故称王右军。

【译文】

梁朝秘阁珍藏的图书文籍散失以后，我见过很多王羲之、王献之的楷书、草书作品，家里曾经有十卷；看了这些作品，才知道陶弘景、阮研、萧子云等人的字，无不是学习了王羲之的字体布局，所以说王羲之的字是书法的渊源。萧子云晚年时的字体有所变化，就是学习了王羲之年轻时所写的字。

晋、宋以来，多能书者。故其时俗，递相染尚，所有部帙①，楷正可观，不无俗字，非为大损。至梁天监之间，斯风未变；大同之末，讹替滋生。萧子云改易字体，邵陵王颇行伪字②；朝野翕然③，以为楷式④，画虎不成，多所伤败。至为一字，唯见数点，或妄斟酌，逐便转移。尔后坟籍，略不可看。北朝丧乱之余，书迹鄙陋，加以专辄造字，猥拙甚于江南。乃以"百""念"为"忧"，"言""反"为"变"，"不""用"为"罢"，"追""来"为"归"，"更""生"为"苏"，"先""人"为"老"，如此非一，遍满经传。唯有姚元标工于楷隶⑤，留心小学，后生师之者众。洎于齐末⑥，秘书缮写⑦，贤于往日多矣。

【注释】

①部帙(zhì):指书籍。

②邵陵王:梁武帝第六子萧纶,封邵陵王。伪字:指不规范的字。

③翕然:一致。

④楷式:法则,典范。

⑤姚元标:北魏左光禄大夫。工书。

⑥洎(jì):至,到。

⑦缮写:誊写,编录。

【译文】

　　东晋、刘宋以来,有很多精通书法的人。所以一时形成了风气,在人们中互相产生了影响,所有的书籍文献都抄录得非常端正美观,即使难免出现个别俗体字,但并没有多大损害。直到梁武帝天监年间,这种风气也没有改变;到了大同末年的时候,异体错讹之字开始大量出现。萧子云改变字的形体,邵陵王常使用不规范字;朝野上下都一致效仿,将他们奉为典范,结果画虎不成反类犬,造成很大的损害。以致一个字简化只有几个点,有的将字体随意安排,任意改变偏旁的位置。自那以后的文献书籍,几乎没法看。北朝经历了长期的兵荒马乱以后,书写字迹丑陋难看,再加上擅自生造新字,情况比江南地区还要拙劣。甚至出现将"百"、"念"两字组合成"忧"字,把"言"、"反"两字相组合当成"变"字,将"不"、"用"两字组合当成"罢"字,把"追"、"来"两字组合当成"归"字,将"更"、"生"两字组合作为"苏"字,"先"、"人"两字组合当成"老"字。像这样的情况不是个别的,而是遍布于经籍传书之中。只有姚元标擅长于楷书、隶书,专心研究文字训诂的学问,跟从他学习的年轻人很多。到了北齐末年,秘阁书籍的抄写就比以前强多了。

　　江南闾里间有《画书赋》,乃陶隐居弟子杜道士所为;其人未甚识字,轻为轨则①,托名贵师,世俗传信,后生颇为所误也。

【注释】

①轨则：规则，准则。

【译文】

　　江南民间流传有《画书赋》一书，是陶弘景的弟子杜道士撰写的；这个人不怎么认识字，却轻率地规定字体的法则，假托名师，世人以讹传讹，信以为真，年轻学子多被他所误导。

　　画绘之工，亦为妙矣；自古名士，多或能之。吾家尝有梁元帝手画蝉雀白团扇及马图，亦难及也。武烈太子偏能写真①，坐上宾客，随宜点染②，即成数人，以问童孺，皆知姓名矣。萧贲、刘孝先、刘灵③，并文学已外，复佳此法。玩阅古今，特可宝爱。若官未通显，每被公私使令，亦为猥役。吴县顾士端出身湘东王国侍郎，后为镇南府刑狱参军，有子曰庭，西朝中书舍人，父子并有琴书之艺，尤妙丹青，常被元帝所使，每怀羞恨。彭城刘岳，橐之子也，仕为骠骑府管记、平氏县令，才学快士，而画绝伦。后随武陵王入蜀④，下牢之败⑤，遂为陆护军画支江寺壁⑥，与诸工巧杂处⑦。向使三贤都不晓画，直运素业，岂见此耻乎？

【注释】

①武烈太子：梁元帝长子萧方等，字实相，南讨河东王，军败溺死，谥曰忠壮世子，元帝即位，改谥武烈太子。写真：画人的真容。

②随宜：随其所宜。

③萧贲：字文奂，南齐竟陵王萧子良之孙，有文才，善书画。刘孝先：南朝梁人，善写五言诗。刘灵：梁人，工文，善画。

④武陵王：梁武帝第八子萧纪，封武陵王。后据蜀自立，被萧绎派

兵攻灭。

⑤下牢：即下牢关。在今湖北宜昌西北。

⑥陆护军：指陆法和。护军：官名。即监军。

⑦工巧：泛指匠人，工匠。

【译文】

擅长绘画，也是件好事；自古以来的名人，很多人擅长绘画。我家曾保存有梁元帝亲手画的蝉雀白团扇和马图，他的画技也是旁人很难企及的。武烈太子萧方等特别擅长画人物肖像，在座的宾客，他只要用笔随意点染，就能画出这些人的样子，拿了画像去问小孩，小孩都能指出画中人物的姓名。还有萧贲、刘孝先、刘灵，这些人除了精通文学创作之外，绘画技术也高。赏玩古今名画，确实让人爱不释手。但如果善于作画的人官位还未显贵，就会因为能绘画而常被公家或私人使唤，作画也就成了一种下贱的差使。吴县顾士端曾是湘东王国的侍郎，后来任镇南府刑狱参军，他有个儿子名叫顾庭，是梁元帝的中书舍人，父子俩都通晓琴艺和书法，尤其精通绘画，常因此而被梁元帝使唤，时常感到羞愧悔恨。彭城人刘岳，是刘橐的儿子，担任过骠骑府管记、平氏县令，富有才学，为人豪爽，绘画技艺十分高超。后来跟随武陵王萧纪到蜀地，下牢关战败后，就为陆护军画支江寺壁画，和那些工匠杂处一起。如果这三位贤能的人当初都不懂得绘画，一直专心致力于清高儒雅的事业，怎么会受这样的耻辱呢？

弧矢之利①，以威天下，先王所以观德择贤，亦济身之急务也。江南谓世之常射，以为兵射，冠冕儒生，多不习此；别有博射②，弱弓长箭，施于准的，揖让升降，以行礼焉。防御寇难，了无所益。乱离之后，此术遂亡。河北文士，率晓兵射，非直葛洪一箭③，已解追兵，三九宴集，常縻荣赐④。虽然要轻禽⑤，截狡兽，不愿汝辈为之。

【注释】

①弧矢：弓箭。

②博射：我国古代一种游戏性的习射方式。

③直：只。葛洪一箭：《抱朴子·外篇·自叙》："少尝学射，但力少
　不能挽强，若颜高之弓耳。意为射既在六艺，又可以御寇辟劫，
　及取鸟兽，是以习之。昔在军旅，曾手射追骑，应弦而倒，杀二贼
　一马，遂以得免死。"

④縻(mí)：分得，获得。

⑤要：同"邀"，邀击，截击。

【译文】

　　弓箭的锋利，可以威震天下，古代的帝王以射箭来考察人的德行，
选择贤能，同时操弓射箭也是保全自己性命的紧要事情。江南的人将
世上常见的射箭，称为是"兵射"，士大夫和读书人都不肯学习此道；另
外有一种"博射"，弓的力量很弱，箭身较长，设有箭靶，宾主相见，揖让
进退，按一定的仪式致敬。这种射箭对于防御敌寇，一点儿帮助都没
有。战乱之后，这种"博射"就没人玩了。北方的文人，都懂得"兵射"，
不仅能像葛洪那样一箭射死追兵，而且在三公九卿宴会时也常常因精
于射箭获得赏赐。尽管这样，用射箭去猎获飞禽走兽这种事，我仍是不
愿意你们去做的。

　　卜筮者，圣人之业也；但近世无复佳师，多不能中。古
者，卜以决疑，今人生疑于卜，何者？守道信谋，欲行一事，
卜得恶卦，反令怵怵①，此之谓乎！且十中六七，以为上手，
粗知大意，又不委曲②。凡射奇偶③，自然半收，何足赖也。

世传云：“解阴阳者，为鬼所嫉，坎壈贫穷④，多不称泰⑤。”吾观近古以来，尤精妙者，唯京房、管辂、郭璞耳⑥，皆无官位，多或罹灾，此言令人益信。傥值世网严密，强负此名，便有诖误⑦，亦祸源也。及星文风气⑧，率不劳为之。吾尝学《六壬式》⑨，亦值世间好匠，聚得《龙首》、《金匮》、《玉轳变》、《玉历》十许种书⑩，讨求无验，寻亦悔罢。凡阴阳之术，与天地俱生，亦吉凶德刑，不可不信；但去圣既远，世传术书，皆出流俗，言辞鄙浅，验少妄多。至如反支不行⑪，竟以遇害；归忌寄宿⑫，不免凶终：拘而多忌，亦无益也。

【注释】

①怵怵(chì)：忧惧不安的样子。

②委曲：知其详尽。

③射：猜度。

④坎壈(lǎn)：困顿不得志。

⑤泰：太平，顺畅。

⑥京房：西汉人，易学大师。《汉书·京房传》：“京房字君明，东郡顿丘人也。治《易》，事梁人焦延寿。延寿字赣。赣常曰：‘得我道以亡身者，必京生也。’其说长于灾变，分六十四卦，更直日用事，以风雨寒温为候：各有占验。房用之尤精。好钟律，知音声。初元四年以孝廉为郎。”管辂：东汉末年人，善于占卜。《三国志·魏书·管辂传》：“管辂字公明，平原人也。容貌粗丑，无威仪而嗜酒，饮食言戏，不择非类，故人多爱之而不敬也。”郭璞：晋人，长于占卜。《晋书·郭璞传》：“郭璞，字景纯，河东闻喜人也。父瑗，尚书都令史。时尚书杜预有所增损，瑗多驳正之，以公方著称。终于建平太守。璞好经术，博学有高才，而讷于言论，词赋

为中兴之冠。好古文奇字，妙于阴阳算历。有郭公者，客居河东，精于卜筮，璞从之受业。公以《青囊中书》九卷与之，由是遂洞五行、天文、卜筮之术，攘灾转祸，通致无方，虽京房、管辂不能过也。璞门人赵载尝窃《青襄书》，未及读，而为火所焚。"

⑦诖（guà）误：贻误，连累。

⑧星文风气：指根据星相、风向等天文气象要素判断吉凶的占卜方法。汉代十分流行。《汉书·艺文志》曰："天文者，序二十八宿，步五星日月，以纪吉凶之象，圣王所以参政也。《易》曰：'观乎天文，以察时变。'然星事殊悍，非湛密者弗能由也。夫观景以谴形，非明王亦不能服听也。以不能由之臣，谏不能听之王，此所以两有患也。"著录"天文二十一家，四百四十五卷"，分别为："《泰壹杂子星》二十八卷。《五残杂变星》二十一卷。《黄帝杂子气》三十三篇。《常从日月星气》二十一卷。《皇公杂子星》二十二卷。《淮南杂子星》十九卷。《泰壹杂子云雨》三十四卷。《国章观霓云雨》三十四卷。《泰阶六符》一卷。《金度玉衡汉五星客流出入》八篇。《汉五星彗客行事占验》八卷。《汉日旁气行事占验》三卷。《汉流星行事占验》八卷。《汉日旁气行占验》十三卷。《汉日食月晕杂变行事占验》十三卷。《海中星占验》十二卷。《海中五星经杂事》二十二卷。《海中五星顺逆》二十八卷。《海中二十八宿国分》二十八卷。《海中二十八宿臣分》二十八卷。《海中日月彗虹杂占》十八卷。《图书秘记》十七篇。"

⑨六壬（rén）式：用阴阳五行之说进行占卜凶吉的方法之一。《隋书·经籍志》："《六壬式经杂占》九卷（梁有《六壬式经》三卷，亡）。《六壬释兆》六卷。"

⑩《龙首》、《金匮》、《玉轮变》、《玉历》：皆为占卜类书籍。《隋书·经籍志》著录有"《太一龙首式经》一卷（董氏注。梁三卷。梁又有《式经》三十三卷，亡。）"，"《黄帝龙首经》二卷"。《汉书·艺文

志》著录"《堪舆金匮》十四卷"。《隋书·经籍志》著录"《遁甲叙
三元玉历立成》一卷,郭弘远撰"。

⑪反支:即反支日。古术数星命之说,以反支日为禁忌之日。《汉书·
游侠传·陈遵》:"及王莽败,二人俱客于池阳,(张)竦为贼兵所
杀。"注:"李奇曰:'竦知有贼,当去,会反支日不去,因为贼所杀,
桓谭以为通人之蔽也。'"

⑫归忌:阴阳家认为某些日子不宜在家,是为归忌。《后汉书·郭
陈列传第三十六》:"桓帝时,汝南有陈伯敬者,行必矩步,坐必端
膝,呵叱狗马,终不言死,目有所见,不食其肉,行路闻凶,便解驾
留止,还触归忌,则寄宿乡亭。年老寝滞,不过举孝廉。后坐女
婿亡吏,太守邵夔怒而杀之。时人罔忌禁者,多谈为证焉。"

【译文】

　　卜筮,是圣人的事务;只是近世没有高明的巫师,所以占卜大多数
都不灵验。古时候,占卜是用来解除疑惑的,现在的人反而因为占卜产
生了疑惑,为什么呢?坚守道德规范,相信自己谋划的人,打算去办一
件事,占卜时却得到了不好的卦,反让他感到忧虑不安,生疑于卜就是
这个意思吧!况且,现在人十次占卜,其中有六七次应验,就认为是占
卜的高手,实际上只是粗略地知道占卜的大意,并不精通。但凡是猜测
奇偶正负,自然会有一半猜中的机会,这样的结果怎么值得信赖呢?世
人传说:"精通阴阳占卜的人,被鬼神所憎恶,一生坎坷艰难,大多都过
得不太平。"我看近古以来,特别精通占卜的人,也就是京房、管辂、郭璞
三人罢了。他们都没有官职,又多遭灾祸,因此这个传言更加让人觉得
可信。倘若碰上世间法制严密,勉强地背负占卜的名声,就会受到牵累
祸害,这也是祸根呀!至于看天文、观星相、测气候之类,一概都不要去
研究。我曾学过《六壬式》,也遇到过世间的占卜高手,收集了《龙首》、
《金匮》、《玉轮变》、《玉历》等十几种占卜的书,探讨一番之后发现书中
所说的并没有应验,不久也就因后悔而作罢了。凡阴阳占卜之术,与天

地共生,它所昭示的吉兆凶象、施加恩泽与惩罚,是不能不信的;只是现在离圣人的年代已久,世上流传的占卜书,都是庸人所撰,言词粗鄙浅陋,应验的少,虚妄的多。至于有人在反干支日不敢远行,反而因此遇害;有人在归忌日寄居在外,还是免不了一死:因拘泥于此类说法而忌讳多多,是没什么益处的。

算术亦是六艺要事,自古儒士论天道,定律历者,皆学通之。然可以兼明,不可以专业①。江南此学殊少,唯范阳祖暅精之②,位至南康太守。河北多晓此术。

【注释】

①专业:专门从事某种学业或职业。

②祖暅(xuǎn):即祖暅之。他是祖冲之的儿子,字景烁,精通天文数理。

【译文】

算术也是六艺中重要的一项,自古以来的读书人中能谈论天文,推定律历的人,都精通算术。然而,可以在学别的同时学习算术,不要专门去学习它。江南通晓算术的人很少,只有范阳人祖暅精通,他官至南康太守。北方人大多通晓这门学问。

医方之事,取妙极难,不劝汝曹以自命也。微解药性,小小和合①,居家得以救急,亦为胜事,皇甫谧、殷仲堪则其人也②。

【注释】

①小小:稍稍。和合:调和,混合,汇合。

②皇甫谧：字士安，幼名静，西晋安定朝那人，工诗赋，曾撰《帝王世纪》、《年历》、《高士传》、《逸士传》、《列女传》、《玄晏春秋》等书。

殷仲堪：东晋陈郡人，曾任荆州刺史，著有《常用字训》一卷，已亡佚。

【译文】

医道这种事，要达到精妙极为困难，我不鼓励你们以会看病自许。稍微懂得一些药性，稍微能够配点药，日常生活中能够用来救急，也是件很好的事。皇甫谧、殷仲堪就是这样的人。

《礼》曰："君子无故不彻琴瑟①。"古来名士，多所爱好。泊于梁初②，衣冠子孙，不知琴者，号有所阙③；大同以末④，斯风顿尽。然而此乐愔愔雅致⑤，有深味哉！今世曲解⑥，虽变于古，犹足以畅神情也。唯不可令有称誉，见役勋贵，处之下坐，以取残杯冷炙之辱。戴安道犹遭之⑦，况尔曹乎！

【注释】

①彻：撤除，撤去。《礼记·曲礼下》："大夫无故不彻县，士无故不彻琴瑟。"

②泊（jì）：至，到。

③阙：缺，缺憾。

④大同：梁武帝所用年号之一，共十年，536—546。

⑤愔愔（yīn）：和悦安舒的样子。

⑥曲解：古乐府一节称一解，因以泛指乐曲。

⑦戴安道：晋人戴逵，字安道，善弹琴。《晋书·隐逸传》："戴逵，字安道，谯国人也。少博学，好谈论，善属文，能鼓琴，工书画，其余巧艺靡不毕综。总角时，以鸡卵汁溲白瓦屑作《郑玄碑》，又为文

而自镌之，词丽器妙，时人莫不惊叹。性不乐当世，常以琴书自娱。师事术士范宣于豫章，宣异之，以兄女妻焉。太宰、武陵王晞闻其善鼓琴，使人召之，遽对使者破琴曰：'戴安道不为王门伶人！'晞怒，乃更引其兄述。述闻命欣然，拥琴而往。"

【译文】

《礼记》里说："君子无故不撤去琴瑟。"自古以来的名士，大多爱好弹琴。到了梁朝初期，如果贵族子弟不懂弹琴，就要被认为有缺憾；到了大同末年，这种风气就已经荡然无存了。然而这种音乐安闲和雅，确实有着深厚的意味啊！现在的琴曲歌词，虽然不同于古曲，听了之后还是足以使人神情舒畅。只是不要以擅长弹琴闻名，那样就会因此而被达官贵人所役使，坐在宴席下面，身受伶人般的屈辱。戴安道尚且遭遇过这样的事，何况你们呢！

《家语》曰："君子不博，为其兼行恶道故也①。"《论语》云："不有博弈者乎？为之，犹贤乎已②。"然则圣人不用博弈为教，但以学者不可常精，有时疲倦，则傥为之，犹胜饱食昏睡，兀然端坐耳③。至如吴太子以为无益，命韦昭论之④；王肃、葛洪、陶侃之徒⑤，不许目观手执，此并勤笃之志也。能尔为佳。古为大博则六箸⑥，小博则二茕⑦，今无晓者。比世所行，一茕十二棋，数术浅短，不足可玩。围棋有手谈、坐隐之目⑧，颇为雅戏；但令人耽愦⑨，废丧实多，不可常也。

【注释】

①"《家语》曰"三句：《孔子家语·五仪解》哀公问于孔子曰："吾闻君子不博，有之乎？"孔子曰："有之。"公曰："何为？"对曰："为其有二乘。"公曰："有二乘则何为不博？"子曰："为其兼行恶道也。"

②"为之"二句：《论语·阳货》："子曰：'饱食终日，无所用心，难矣
　　哉！不有博弈者乎？为之，犹贤乎已。'"

③兀（wù）然：无知的样子。

④韦昭：即韦曜，本名"昭"，史书为避晋讳改作"曜"。曜字弘嗣，三
　　国时期吴郡云阳人，曾为太子中庶子。时蔡颖亦在东宫，（蔡颖）
　　性好博弈；太子和以为无益，命曜论之。事见《三国志·吴书·
　　王楼贺韦华传第二十》。

⑤王肃：魏人，著名学者。葛洪：晋人，著有《抱朴子》。陶侃：东晋
　　人，曾平定王敦之乱，官拜大司马。

⑥博：指博戏，又称"局戏"，为古代的一种游戏，六箸十二棋。六
　　箸：古代博弈之具。

⑦茕（qióng）：赌具，骰子。

⑧手谈、坐隐：都是下围棋的别称。

⑨耽愦（kuì）：沉迷昏聩。

【译文】

《孔子家语》说："君子不参与博戏，是因为它能很快使人走上不正
之道。"《论语·阳货篇》说："不是有玩博弈下棋等游戏吗？干点这个，
也比什么都不干强！"话虽如此，但圣人并不是要用这个来教学生，只是
认为读书人不可能总是一直专注学习，有的时候感到疲倦了，偶尔玩
玩，要比吃饱了饭昏昏而睡，或是傻愣愣地坐着强罢了。倘若像吴太子
那样认为博弈毫无益处，命韦昭写文章议论这件事；王肃、葛洪、陶侃的
弟子，则不许围观参与，这都是勤奋专一的标志。能这样是很好的，古
时候，大规模的博戏就用六根竹筷，小规模的博戏则用两个骰子，现在
无人知晓这了。近代流行的是用一个骰子十二个棋子，路数技巧简单
乏味，不值得深玩。围棋另有"手谈"、"坐隐"的名称，可算是一种高雅
的游戏；但是令人沉迷其中，从而旷废很多别的事，不能经常玩。

投壶之礼①，近世愈精。古者，实以小豆，为其矢之跃也。今则唯欲其骁②，益多益喜，乃有倚竿、带剑、狼壶、豹尾、龙首之名③。其尤妙者，有莲花骁④。汝南周璸，弘正之子，会稽贺徽，贺革之子，并能一箭四十余骁。贺又尝为小障，置壶其外，隔障投之，无所失也。至邺以来，亦见广宁、兰陵诸王⑤，有此校具⑥，举国遂无投得一骁者。弹棋亦近世雅戏，消愁释愤，时可为之。

【注释】

①投壶：古代宴会礼制，亦为娱乐活动。宾主依次用矢投向盛酒的壶口，以投中多少决胜负，负者饮酒。

②骁（xiāo）：古代投壶游戏。箭从壶中跳出，用手接住再投，屡投屡跃，箭不坠地，称之"骁"。

③倚竿：投壶的一种招数，箭斜倚壶口中。带剑：投壶的一种招数，把箭投插入壶耳中。狼壶：投壶的一种招数，箭旋转壶口之上最后像倚竿那样斜倚壶口中。豹尾：投壶的一种招数，即龙尾，箭斜倚壶口中而箭羽正向投壶之人。龙首：投壶的一种招数，箭斜倚户口中而箭首正向投壶之人。

④莲花骁：亦是投壶的一种招数。

⑤广宁、兰陵诸王：广宁王、兰陵王皆为北齐文襄皇帝高澄之子。见《北齐书·文襄六王传》。

⑥校具：装饰的物品。

【译文】

投壶的讲究，近代越发精妙。古时候，壶里要装满小豆子，怕箭从壶中跳出来。现在人在投壶的时候却只想让箭能从壶中跳出来，跳出来的次数越多越高兴，于是就有了倚竿、带剑、狼壶、豹尾、龙首等名目。

其中最精妙的是莲花骁。汝南人周瓒,是周弘正的儿子,会稽人贺徽,是贺革的儿子,他们都能使一支箭连续投跃四十多次。贺徽曾经安置了一个小屏风,把壶放在屏风的外面,他自己隔着屏风投壶,没有投不进去的。自从我到邺城以来,看见广宁王、兰陵王等王公也有投壶的器具,但是举国上下竟然没有人能投一骁。弹棋也是近代的一种高雅游戏,能够消愁解闷,偶尔可以玩一玩。

终制第二十

【题解】

终制即送终之制,类似于现在的遗嘱,作者因为自己年事已高,又疾病缠身,感慨自己一生坎坷遭遇,在这一篇中预先安排自己的身后之事,叮嘱子女将他薄葬,一切从简,同时还劝诫子孙要以立身扬名为重,不要因为顾恋为他守墓而埋没前程。

死者,人之常分①,不可免也。吾年十九,值梁家丧乱②,其间与白刃为伍者③,亦常数辈;幸承余福,得至于今。古人云:"五十不为夭。"吾已六十余,故心坦然,不以残年为念。先有风气之疾④,常疑奄然⑤,聊书素怀,以为汝诫。

【注释】

①常分:定分,指命中注定的事情。

②梁家丧乱:指梁武帝死于侯景之乱一事。

③与白刃为伍:指身逢战乱,出没于刀光剑影之中。白刃,指锋利的刀。《北齐书·颜之推传》:"绎遣世子方诸出镇郢州,以之推掌管记。值侯景陷郢州,频欲杀之,赖其行台郎中王则以获免。被囚送建业。景平,还江陵。"大宝二年(551)四月,侯景击破郢

州刺史萧方诸军，颜之推时在萧方诸军幕，为侯景军所擒，几死。

④风气：病名。湿病的一种。

⑤奄然：快死，将死。

【译文】

死亡，这是人生注定的事，不可避免。我十九岁的时候，正值梁朝覆亡，动乱期间出没刀光剑影中，也有很多次；幸亏蒙受祖上的福荫，我才能活到今天。古人说："活到五十岁就不算短命了。"我已经六十多岁了，所以面对死亡心里非常坦然，不因剩下的年月无多而挂怀。我以前患有风气病，常怀疑自己会突然死去，因而姑且记下自己平时的想法，作为对你们的嘱告。

先君先夫人皆未还建邺旧山①，旅葬江陵东郭。承圣末②，已启求扬都③，欲营迁厝④。蒙诏赐银百两，已于扬州小郊北地烧砖，便值本朝沦没⑤，流离如此，数十年间，绝于还望。今虽混一，家道馨穷⑥，何由办此奉营资费？且扬都污毁，无复孑遗，还被下湿，未为得计。自咎自责，贯心刻髓。计吾兄弟，不当仕进；但以门衰，骨肉单弱，五服之内⑦，傍无一人，播越他乡，无复资荫⑧；使汝等沉沦厮役，以为先世之耻；故觍冒人间⑨，不敢坠失⑩。兼以北方政教严切，全无隐退者故也。

【注释】

①旧山：旧茔。

②承圣：梁简文帝萧纲年号，前后共四年（552—555）。

③扬都：指南朝首都建业。

④迁厝（cuò）：迁葬。

⑤本朝：古人称自己曾任职的王朝。

⑥罄穷：精光，荡然无存。

⑦五服：本指古代以亲疏为差等的五种丧服，这里指远近亲戚。

⑧资荫：凭先代的勋功或官爵而得到授官封爵。

⑨觍(tiǎn)冒：厚颜冒昧。

⑩坠失：失去，废弛。

【译文】

　　我的亡父与亡母的灵柩都没能葬回建邺祖坟，因为客死他乡就暂时葬在江陵城的东郊。承圣末年，我已经启奏要求回扬州，准备迁葬。承蒙圣上下诏赐给百两银子，我已在扬州近郊北边烧制墓砖，却赶上梁朝灭亡，我辗转流离来到这里，几十年来，早已灭绝了归还的希望。现在天下虽然已经统一，但是家境困窘，哪有门路筹集这笔奉还营葬所需的费用？况且扬州已被破坏，什么也没有残存下来，将亡父亡母的灵柩运返葬在低洼潮湿的地方，也不算得当。我自己怪罪自己，愧疚之情刻骨铭心。思量我们兄弟几个本来不该做官；只是因为家道衰落，人口孤单，力量薄弱，至亲之中，没有一人可以依傍，逃亡在外地，更没有再凭先代的勋功得到荫庇；如果让你们沦落到给人做杂役的境地，那就是祖先的耻辱；所以我才厚着脸皮混迹于社会，不敢有任何差错。同时也有北朝政纪严格，根本不允许官员隐退的缘故。

　　今年老疾侵，傥然奄忽①，岂求备礼乎？一日放臂②，沐浴而已，不劳复魄③，殓以常衣④。先夫人弃背之时，属世荒馑，家涂空迫，兄弟幼弱，棺器率薄⑤，藏内无砖⑥。吾当松棺二寸，衣帽已外，一不得自随，床上唯施七星板⑦；至如蜡弩牙、玉豚、锡人之属⑧，并须停省，粮罂明器⑨，故不得营，碑志旒旐⑩，弥在言外。载以鳖甲车⑪，衬土而下，平地无坟；若惧拜扫不知兆域⑫,当筑一堵低墙于左右前后,随为私记耳。灵筵勿设枕几,朔望祥禫⑬,唯下白粥清水干枣,不得有酒肉饼果之祭。亲友来馈酹者⑭,一皆拒之。汝曹若违吾心,有加先妣,则陷父不孝,在汝安乎? 其内典功德⑮,随力所至,勿刳竭生资⑯,使冻馁也。四时祭祀,周、孔所教,欲人勿死其亲,不忘孝道也。求诸内典,则无益焉。杀生为之,翻增罪累。若报冈极之德⑰,霜露之悲,有时斋供,及七月半盂兰盆⑱,望于汝也。

【注释】

①傥然:假若。奄忽:死亡。

②放臂:指人死亡。

③复魄:古丧礼。将始死者之衣升屋,北面三呼,以冀还魂复苏。《仪礼·士丧礼》:"复者一人,以爵弁服,簪裳于衣,左何之,扱领于带。升自前东荣,中屋,北面招以衣,曰:'皋某复!'三。降衣于前。"郑玄注:"复者,有司招魂复魄也。"

④殓(liàn):给死者穿衣入棺。

⑤棺器:棺材。率:草率,简陋。

⑥藏(zàng):墓穴,坟墓。

⑦七星板:旧时停尸床上及棺内放置的木板,上凿七孔,斜凿枧槽一道,使七孔相连,大殓时纳于棺内。

⑧蜡弩(nǔ)牙:古代的明器,蜡制的弩弓。弩牙,弩上发矢的机件。玉豚:古时用来殉葬的玉器,猪形。锡人:用锡铸造的人像,古代用以殉葬。

⑨粮罂(yīng):盛粮的陶器,大肚小口,古代墓葬用为明器。明器:即冥器。专为随葬而制作的器物,一般用竹、木或陶土制成。

《礼记·檀弓下》："其曰明器，神明之也。涂车刍灵，自古有之，明器之道也。"

⑩碑志：碑记。刻在碑上的纪念文字。旒旐(liú zhào)：指铭旌。

⑪鳖甲车：灵车。

⑫兆域：墓地四周的疆界，亦以称墓地。《周礼·春官·冢人》："掌公墓之地，辨其兆域而为之图。"

⑬朔望：朔日和望日，旧历每月初一日和十五日。祥禫(dàn)：丧祭名。语出《礼记·杂记下》："期之丧，十一月而练，十三月而祥，十五月而禫。"

⑭酹(lèi)：以酒浇地，表示祭奠。

⑮内典：佛典。

⑯刳(kū)：挖，挖空。

⑰周极：无尽。

⑱盂(yú)兰盆：梵文 uIIambana，意译为救倒悬。旧传目连从佛言，于农历七月十五日置百味五果，供养三宝，以解救其亡母于饿鬼道中所受倒悬之苦。南朝梁以来，成为民间超度先人的节日，每年在农历七月十五这一天请僧尼结盂兰盆会，诵经施食。后来演变成为只有祭祀仪式而不请僧尼的活动。

【译文】

我现在年纪已经老了，而且疾病缠身，假如突然死了，难道还要求丧事一定要礼仪完备么？哪一天我撒手离世，只要帮我沐浴身体就可以了，不用再举行复魄的仪式，给我穿上我日常所穿的衣服装殓。我的亡母辞世的时候，到处都在闹饥荒，家境贫困窘迫，我们兄弟年幼孤弱，所以她的棺木很薄，坟内也没有用砖。因此，埋葬我时应当用两寸厚的松木棺材，里面除了衣服和帽子之外，什么都不要放进去，棺材的底部只放一块七星板；至于像蜡弩牙、玉豚、锡人之类的随葬品，都要撤掉不用，粮罂之类的明器，不要置办，碑志铭旌，就更不用说了。棺木用鳖甲车运送,贴着土埋下就行,墓顶跟地面平齐,不要堆坟;你们要是担心以后祭拜扫墓时不知道墓的四周疆界,可以在墓的前后左右建一堵矮墙,或者你们随意做一些标记。灵床上不要放置枕几,朔日、望日,以及祥日、禫日祭奠的时候,只要放些白米粥、清水和干枣就行,不准有酒、肉、糕饼、鲜果等祭品。亲友们如果要来祭奠,一概回拒他们。你们要是违背我的心意,营葬的标准超过我亡故的母亲,那就是陷你们的父亲于不孝,这样的话,你们能够心安么?像诵经施舍这些功德事,你们量力而行,不要倾尽家财,以致你们自己饥寒交迫。四季的祭祀,是周公、孔子所教化的事,目的是使人不要忘记死去的亲人,不要忘记奉行孝道。若按照佛经的观点来看,这都是没有用处的。要是宰杀生灵进行祭祀,反而会增加死者的罪孽。你们要是想报答父亲的无尽之恩,表达你们的追思之情,按时斋供,到七月十五的盂兰盆会时,我期望你们能来扫祭。

　　孔子之葬亲也,云:"古者墓而不坟。丘东西南北之人也①,不可以弗识也②。"于是封之崇四尺③。然则君子应世行道,亦有不守坟墓之时,况为事际所逼也④!吾今羁旅,身若浮云,竟未知何乡是吾葬地;唯当气绝便埋之耳。汝曹宜以传业扬名为务,不可顾恋朽壤⑤,以取埋没也⑥。

【注释】

①东西南北之人:到处奔走、居无定所的人。

②识(zhì):做标志,留记号。

③崇:高度,从下向上的距离。《礼记·檀弓上》:"孔子既得合葬于防,曰:'吾闻之,古也墓而不坟。今丘也,东西南北人也,不可以弗识也。'于是封之,崇四尺。"

④事际:犹言多事之秋。

⑤顾恋:顾念留恋。朽壤:腐土。此处指坟墓。

⑥堙(yān)没:埋没,湮没。

【译文】

孔子安葬亲人时说道:"古时候建墓而不堆坟。我孔丘是一个四处奔走的人,不能不留个标志。"于是在墓上堆了个四尺高的坟。这样看来君子顺应时世实践自己的主张,也有不能守着坟墓的时候,何况是被情势所逼迫呢!我现在滞留异乡,自己就像浮云一样漂泊不定,都不知道哪里是我的葬身之地;在我气绝身亡后,随地埋葬就行了。你们应该致力于传承家业、弘扬声名,不可以因为顾念留恋我的葬身之处,而埋没了自己的前程。

中华经典名著
全本全注全译丛书
（已出书目）

周易

尚书

诗经

周礼

仪礼

礼记

左传

韩诗外传

春秋公羊传

春秋穀梁传

孝经·忠经

论语·大学·中庸

尔雅

孟子

春秋繁露

说文解字

释名

国语

晏子春秋

穆天子传

战国策

史记

吴越春秋

越绝书

华阳国志

水经注

洛阳伽蓝记

大唐西域记

史通

贞观政要

营造法式

东京梦华录

唐才子传

大明律

廉吏传

徐霞客游记

读通鉴论	黄帝内经
宋论	素书
文史通义	新书
鹖子·计倪子·於陵子	淮南子
老子	九章算术（附海岛算经）
道德经	新序
帛书老子	说苑
鹖冠子	列仙传
黄帝四经·关尹子·尸子	盐铁论
孙子兵法	法言
墨子	方言
管子	白虎通义
孔子家语	论衡
曾子·子思子·孔丛子	潜夫论
吴子·司马法	政论·昌言
商君书	风俗通义
慎子·太白阴经	申鉴·中论
列子	太平经
鬼谷子	伤寒论
庄子	周易参同契
公孙龙子（外三种）	人物志
荀子	博物志
六韬	抱朴子内篇
吕氏春秋	抱朴子外篇
韩非子	西京杂记
山海经	神仙传

搜神记	近思录
拾遗记	洗冤集录
世说新语	传习录
弘明集	焚书
齐民要术	菜根谭
刘子	增广贤文
颜氏家训	呻吟语
中说	了凡四训
群书治要	龙文鞭影
帝范·臣轨·庭训格言	长物志
坛经	智囊全集
大慈恩寺三藏法师传	天工开物
长短经	溪山琴况·琴声十六法
蒙求·童蒙须知	温疫论
茶经·续茶经	明夷待访录·破邪论
玄怪录·续玄怪录	陶庵梦忆
酉阳杂俎	西湖梦寻
历代名画记	虞初新志
唐摭言	幼学琼林
化书·无能子	笠翁对韵
梦溪笔谈	声律启蒙
东坡志林	老老恒言
唐语林	随园食单
北山酒经(外二种)	阅微草堂笔记
折狱龟鉴	格言联璧
容斋随笔	曾国藩家书

曾国藩家训

劝学篇

楚辞

文心雕龙

文选

玉台新咏

二十四诗品·续诗品

词品

闲情偶寄

古文观止

聊斋志异

唐宋八大家文钞

浮生六记

三字经·百家姓·千字
文·弟子规·千家诗

经史百家杂钞